環境条約交渉の政治学

なぜ水俣条約は合意に至ったのか

Designing an International Environmental Treaty:
The Minamata Convention on Mercury

宇治 梓紗　著
Azusa Uji

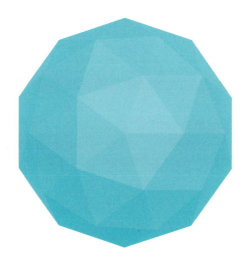

目　次

序章　本書の射程 ───────────────────────────── 1

  1　なぜ水俣条約を分析するのか　1

  2　水銀問題と水俣条約の概要　4
    水銀問題とは（4）　　水銀規制をめぐる国際協調の萌芽から水俣条約へ（7）

  3　国際制度とグローバル環境ガバナンス　12
    国際関係理論と制度（12）　　グローバル環境ガバナンス（13）

  4　本書の課題　16
    条約制度と制度デザイン（16）　　水俣条約の制度的特徴――三位一体制度（17）　　三位一体制度の成立という謎（19）　　分析枠組みと方法（21）　　本書の構成（22）

第Ⅰ部　条約制度を問う

第1章　国際関係学における遵守の確保 ───────────── 31
    ──三位一体制度の本質

  1　**執行理論とその限界**　33
    執行理論の説明（33）　　執行理論の限界（34）

  2　**管理理論とその限界**　36
    管理理論の説明（36）　　管理理論の限界（38）

  3　**執行と管理の統合による遵守の確保**　41
    執行と管理の統合――モントリオール議定書における成功（41）　　包括的な制度としての三位一体制度（46）

  4　**三位一体制度の意味**　49

i

第2章 環境条約交渉の理論と分析方法 ─────53

1 環境条約に関する先行研究　53
条約の成立に着目した研究（54）　　制度デザインに着目した研究（56）
水俣条約に関する研究（58）　　本研究の分析視座（60）

2 環境条約交渉の理論──条約交渉における2つの問題　61
条約の費用便益の配分をめぐる問題（62）　　制度の帰結をめぐる情報不確実問題（63）

第II部　交渉内の要因の検討──条約交渉分析

第3章 協調枠組みをめぐる交渉──水俣条約の設置 ─────71

1 国際環境条約交渉の手順と交渉資料　72
コンセンサスの形成過程（72）　　議場に入るまでの作業（73）

2 UNEPによる選択肢の整理──法的枠組みか，自主的枠組みか　74
交渉に影響を与えた3つの資料（75）　　法的枠組みの長所と短所（76）
法的枠組みの下で設置可能な諸制度（77）　　自主的枠組みの長所と短所（79）　　自主的枠組みの下で設置可能な諸制度（80）

3 法的枠組み陣営　81
先進国の中の支持グループ（81）　　途上国の中の支持グループとその背景（82）　　新たな条約の設置への収斂（83）

4 自主的枠組み陣営　84
当初の支持グループ（84）　　アメリカの交渉姿勢の転換（85）　　規制対象物質の限定化（86）　　水銀条約の設置への収斂（88）

5 前半の交渉のまとめ──情報問題と分配問題への対処　89

第4章 諸制度をめぐる交渉 ─────93
　　　　──資金メカニズムと遵守システム

1 UNEPによる選択肢の整理　94
資金メカニズムに関する報告書（95）　　遵守システムに関する報告書

（96）　両制度の連関（98）

2　2つの制度をめぐる交渉　99
　　　対立構造（99）　2つの交渉の連関（100）

3　第1回政府間交渉委員会（INC1）——対立の表面化　102
　　　資金メカニズムに関する議論（102）　遵守システムに関する議論（103）　INC1のまとめ（104）

4　第2回政府間交渉委員会（INC2）——先進国による譲歩の兆し　104
　　　資金メカニズムに関する議論（105）　遵守システムに関する議論（106）　INC2のまとめ（107）

5　第3回・第4回政府間交渉委員会（INC3・INC4）　108
　　　——イシュー・リンケージ
　　　資金メカニズムに関する議論（108）　遵守システムに関する議論（110）　INC3・INC4のまとめ（112）

6　第5回政府間交渉委員会（INC5）——合意への到達　114
　　　資金メカニズムに関する議論（114）　遵守システムに関する議論（116）　INC5のまとめ（117）

7　後半の交渉のまとめ——情報問題と分配問題への対処　117

第5章　交渉比較分析——ストックホルム条約との比較　121

1　ストックホルム条約　121
　　　概要（121）　水俣条約との共通点（122）　水俣条約との相違点（123）

2　ストックホルム条約の交渉過程　125
　　　資金メカニズムについて（125）　遵守システムについて（127）

3　情報問題への対処——情報仲介者の不在　127

4　分配問題への対処——規制対象物質追加条項の代償　129
　　　アメリカの積極姿勢（129）　アメリカの締結見送り（130）　規制対象物質追加条項の代償（132）　先進国の政策能力の不足（133）

5　2つの交渉過程の比較分析　134

第Ⅲ部　交渉外の要因の検討――国際機関と国内政策

第6章　UNEPと国際環境条約 ――――――――――141

1　水俣条約交渉の舞台裏――UNEPによる資料提供　142
　　交渉国からの要請（143）　　UNEP内の意識（143）

2　UNEPの起源――1970年代　144
　　UNEPの設立と既存の機関との関係（144）　　UNEPの使命と役割（146）

3　UNEPの危機――1980年代〜90年代前半　147
　　危機の背景（1）――環境問題への解決アプローチの変化（147）　　危機の背景（2）――国際環境条約の成立（148）

4　UNEPの改革――1990年代後半以降　150
　　UNEP事務局長のイニシアティブ（151）　　カルタヘナ・パッケージ（152）　　共同議長案報告書と一つの国連（153）　　国連合同監査団による報告書（154）　　ベオグラード・プロセス（155）　　改革の3つの方向性（155）

5　UNEPの改革が水俣条約交渉に与えた影響　156
　　UNEPによる効率性の模索（157）　　交渉国による効率性の模索（158）　　UNEPの情報能力（159）　　ストックホルム条約交渉の場合（161）

6　UNEPの強み　161

第7章　先進国の水銀政策――アメリカ，EU，日本 ――――――165

1　国内政策の視角　166
　　国内政策に着目する理由（166）　　アメリカ，EU，日本に着目する理由（167）　　水俣条約における主要な規制項目（167）

2　水俣条約成立前の水銀政策――政策形成過程と政策の中身　169
　　2-1　**アメリカ**　170
　　　多元主義構造（170）　　アメリカの水銀政策（172）　　アメリカの水銀政策の特徴（176）
　　2-2　**EU**　177

ネットワークを通じた政策形成（177）　EUの水銀政策（180）
EUの水銀政策の特徴（182）

2-3　日本　183
政府と産業の協力関係（183）　戦後の環境政策の進展（185）　日本の水銀政策（188）　日本の水銀政策の特徴（189）

2-4　アメリカ，EU，日本の比較　190

3　水俣条約成立後の各国の水銀政策の進化　190

3-1　アメリカ　192
既存の政策に基づく条約締結（192）　3つの項目に関する規制（193）

3-2　EU　195
EU水銀戦略と水俣条約批准パッケージ（195）　複数の政策案の提示（196）　3つの項目に関する規制（198）

3-3　日本　200
法の改正・制定を通じた国内担保措置（200）　3つの項目に関する規制（201）

3-4　アメリカ，EU，日本の比較　203

4　国内政策と条約交渉の連関　205

結章　水俣条約の現在と展望 ——————————211

1　三位一体制度が成立する鍵　211
三位一体制度が合意に至った因果メカニズム（211）　他の環境条約への示唆（212）

2　情報問題と分配問題をめぐって　213
情報問題への対処と国際機関（213）　分配問題への対処と条約の規制範囲（215）　国際関係理論からの解釈（216）

3　環境条約とは何か　217
環境条約と環境ガバナンス（217）　環境条約に根ざす「政治」（219）

4　水俣条約のゆくえ　221

あとがき　223
引用・参考文献　227
索引　245

◆ 本文中および注・図表における引用・参考文献は，巻末の「引用・参考文献」欄に一括して掲げ，本文中では，「著者名また編者名 刊行年：引用頁数」を（　）に入れて記した。
◆ 本文中の図表は，特に注に出所を示したもの以外は，すべて筆者が作成したものである。

主要略語一覧

ASGM	Artisanal and Small-Scale Gold Mining	人力小規模金採掘
CAIR	Clean Air Interstate Rule	大気浄化州際規制
CAMR	Clean Air Mercury Rule	大気浄化水銀規則
CLRTAP	Convention on Long-range Trans-boundary Air Pollution	長距離越境大気汚染条約
COP	Conference of Parties	締約国会議
CSAPR	Cross-State Air Pollution Rule	州横断型大気汚染規制
EEC	European Economic Community	欧州経済共同体
EMG	Environmental Management Group	環境管理グループ
ENB	Earth Negotiations Bulletin	交渉議事録
EPA	Environmental Protection Agency	環境保護庁
EU	European Union	欧州連合
FAO	Food and Agriculture Organization of the United Nations	国連食糧農業機関
FIFRA	Federal Insecticide, Fungicide, and Rodenticide Act	連邦殺虫剤殺菌剤殺鼠剤法
GAIA	The Global Anti Incineration Alliance	脱焼却グローバル連合
GC	Governing Council	管理理事会
GEF	Global Environment Facility	地球環境ファシリティ
GMEF	Global Ministerial Environment Forum	グローバル閣僚級環境フォーラム
HCWH	Health Care Without Harm	ヘルス・ケアー・ウィズアウト・ハーム
IAEA	International Atomic Energy Agency	国際原子力機関
ICCM	International Conference on Chemicals Management	国際化学物質管理会議
IGM	Open-ended Intergovernmental Group of Ministers or their Representatives on International Environmental Governance	国際環境ガバナンスに関する公開閣僚級政府間会合
ILO	International Labour Organization	国際労働機関
INC	Intergovernmental Negotiating Committee	政府間交渉委員会
IPEN	The International POPs Elimination Network	国際POPs廃絶ネットワーク
MACT	Maximum Achievable Control Technology	汚染物質最大削減達成可能管理技術
MATS	Mercury and Air Toxics Standards	水銀・大気有害物質基準
NESHAP	National Emission Standards for Hazardous Air Pollutants	有害性大気汚染物質国家排出基準
NGO	Non Governmental Organization	非政府組織
OEWG	Open-ended Working Group	公開作業部会
OMB	Office of Management and Budget	行政管理予算局
POPs	Persistent Organic Pollutants	残留性有機汚染物質
QSP	Quick Start Programme	クイック・スタート・プログラム
SAICM	Strategic Approach to International Chemicals Management	国際的な化学物質管理のための戦略的アプローチ

SDGs	Sustainable Development Goals	持続可能な開発目標
SIP	Specific International Program	特定の国際的な計画
TSCA	Toxic Substances Control Act	有害物質規制法
UNCTAD	United Nations Conference on Trade and Development	国連貿易開発会議
UNDP	United Nations Development Programme	国連開発計画
UNEP	United Nations Environment Programme	国連環境計画
UNIDO	United Nations Industrial Development Organization	国連工業開発機関
WHO	World Health Organization	世界保健機関
WMO	World Meteorological Organization	世界気象機関
WSSD	World Summit on Sustainable Development	持続可能な開発に関する世界首脳会議
WTO	World Trade Organization	世界貿易機関
ZMWG	Zero Mercury Working Group	ゼロ・マーキュリー・ワーキング・グループ

序　章

本書の射程

　本章では，第1節で水銀に関する水俣条約（以下，水俣条約）を分析する意義について述べた後，第2節では水銀問題について紹介し，水俣条約の概要およびその成立背景についてふれる。そのうえで，第3節では，環境条約としての水俣条約を，広く，国際制度およびグローバル環境ガバナンスの文脈でとらえる。第4節では，水俣条約の制度的特徴に着目する本書の問いを提示した後に，その問いを解明するにあたって，どのように本書が展開されるかを示す。

1　なぜ水俣条約を分析するのか

　本書は，水俣条約で実現した特徴的な制度デザインに着目する。水俣条約では，国家間の約束として「法的拘束力のある規制」，約束の遵守を確保するための制度として「独立基金」および「遵守システム」という，3つの制度が実現した。後述するように，この3つの制度は，理論的にも既存条約における制度の実施を参照しても，条約の有効性を高めることが期待できる制度といえる。というのは，規制をめぐる約束に法的拘束力をもたせながらも，遵守システムと資金メカニズムの相乗効果によって，約束の遵守を確保することが期待でき

るからである。すなわち，水銀問題の解決に資するという意味において，条約の有効性が期待できる「包括的な制度」が水俣条約で実現したというのが，本書の分析の出発点である。このような3つの制度の包括性に着目し，これを本書では「三位一体制度」と呼ぶことにしたい。

ここでは，包括的な制度と有効な制度の2つを区別している。制度の有効性は，ひいては制度が環境問題の解決にどの程度貢献したかによってのみ判断できる。水俣条約は発効して間もない段階であることに鑑みると，三位一体制度は有効な制度であるかは判断できない。そこで本書では，「有効な制度としての潜在性がある」という意味で包括的な制度という表現を用いる。この点については，水俣条約暫定事務局長であるデュアも，独立基金と遵守システムの2つが備わっていると高いレベルでの遵守確保が可能になるとして，水俣条約を「野心的な（ambitious）」条約であると述べている[1]。

しかし，内政不干渉を尊重する主権国家体系の中で，国家の行動を強く規制する三位一体制度に合意することは，非常に困難であったはずである。というのは，法的拘束力のある規制は，条約の約束を国が遵守することを法的な義務とするものであり，国の政策を強く拘束する内政干渉性の強いものである。独立基金は，豊富な資金供与によって途上国の有効な能力構築が期待できる一方で，大規模の資金拠出を強いるため，先進国からの合意をとりつけるのは難しい。また遵守システムについては，遵守をめぐる評価は履行をめぐる評価よりも内政に関与する可能性が高いため，条約交渉や発効直後といった早い段階では，詳細に議論することに政府は消極的である（Raustiala 2001: 12-13）。条約締結の段階において条文中で遵守システムの設置が規定された例はなく，授権条項によって将来的に遵守システムを設置する旨が記されたのみである[2]（Raustiala 2001: 12-13）。実際に，過去に3つの制度をすべて設置するに至ったのは，オゾン層保護条約の実施条約として1987年に採択された，オゾン層を破壊する物質に関するモントリオール議定書（以下，モントリオール議定書）のみである。モントリオール議定書でさえ，独立基金と遵守システムは，議定書の発効後に事後的に設置されたにとどまる。

このように，有効性が期待できる一方で，主権国家体系において合意することが政治的に難しいはずの三位一体制度がなぜ合意されたのか，という点に本

書が解明すべき謎が生まれる。そもそも制度の「有効性」と「合意可能性」の間には乖離(かいり)があるはずである。すなわち,有効性の観点からすると,行動転換ひいては問題解決をうまく導くことのできる制度が望ましい。他方で,合意可能性の観点からすると,ある制度を採用することが交渉国の利益に合致するときにのみ,同制度は交渉国の間で合意される。実際のところ,交渉国間で合意可能な制度は問題解決に有効でなかったり,逆に問題解決に有効な制度はそもそも政治的に実現が困難で,合意できなかったりする場合が多い(North 1990: 63)。

したがって,有効な制度に合意できるかどうかは,交渉における合意形成のあり方に大きく依存すると考えられる。これは,デュア局長へのインタビューからもうかがえる。多くの環境条約では,交渉国は交渉開始時には野心的な制度の設計を試みるが,交渉が進むにつれて合意形成の難しさが認識され,合意への野心は小さくなっていくという。ところが水俣条約では,異例にも,交渉の中で野心を押し上げることができたと評価する。そして,その成功の鍵は,交渉をうまく管理する(manage)ことができた点にあるという[3]。したがって,本書では,交渉分析を通じて,制度の合意可能性と有効性を同時に確保できる条件を明らかにすることがめざされる。

本書の分析を通じて筆者が最も強調したいのは,制度の有効性と合意可能性をつなぐ条件は,制度を作る主体にあるという点である。これまで,制度デザインに関する主要な研究では,当該条約が扱う環境問題の性質によって制度デザインが決まると考えられてきた。また,交渉過程が制度デザインに与える影響を考察した研究も,交渉において合意を導いた要因を特定するにとどまる。すなわち,例えばある国のリーダーシップが制度合意の鍵であったと分析されても,なぜその国がそもそもリーダーシップをとることができたのかまでは明らかにされてこなかったのである。

総じて,これまでの研究は,制度デザインを説明するにあたって,問題の性質に由来する交渉外の要因と交渉国の行動を切り離して論じてきた。本書は,両者をともに分析射程に入れることにより,交渉外の要因が整ったときに,交渉国は交渉をうまく展開することができることを指摘する。そして,環境条約の制度デザインはひとえに政治的営為の産物であると結論づける。

なお本書は、類い稀な三位一体制度が成立した水俣条約を逸脱事例として取り上げ、その成立を導いた因果メカニズムをたどる試みである。しかし、筆者は少数事例に依拠した分析知見は決して他の事例への援用可能性を損ねるものではないと考える。これまでの研究において、制度デザインに影響を及ぼす重要な要因と考えられてこなかったものは、深い分析によって、初めてその影響が浮き彫りになる。本書の分析知見は、他の環境条約のあり方をよりよく理解する助けになると同時に、将来のよりよい制度設計の方途を提示する。また、環境条約を理解することは、環境ガバナンスを理解することでもある。本書を通じて、国家間協調を基軸とした環境条約が、グローバルな政策から国内政策まで、他のレベルのガバナンスと密接に結び付きながら展開されている様子を描いていく。

2 水銀問題と水俣条約の概要

▶水銀問題とは

　産業革命以後、より便利な生活、経済成長を人々は追求してきた。その代償として生じた問題が、環境問題である。今日、環境問題の中で社会的に最も注目されているものが地球温暖化であろう。しかし、ある特定の地域の河川汚染や森林破壊といったローカルなものから、オゾン層の破壊や地球温暖化問題といったグローバルなものまで、環境問題は実に多岐にわたる。中でも本書が扱うのは、水銀問題である。

　水銀とは化学物質の一つであり、常温で液体である唯一の金属という珍しい性質をもつことから、とりわけ産業革命以降、さまざまな用途に使用されてきた。例えば、小規模な金の採掘（金鉱石に水銀を加えて鉱石中の金を採掘）、塩化ビニルや塩素アルカリなどの工業分野での利用、歯科用アマルガム（虫歯の充填剤）、さらには電池、計測機器（血圧計、体温計など）、照明ランプ（蛍光灯など）などの生活に関連する製品への利用が挙げられる。2015年時点では、世界で年間約3400-6000tが消費されている（UN Environment 2017: 46）[4]。

序　章　本書の射程

　水銀は大気，水，土壌中など自然界に存在し，金属水銀，無機水銀化合物および有機水銀化合物に分類される。中でも，水俣病の原因でもあるメチル水銀に代表される有機水銀化合物は，とりわけ神経中枢を冒す毒性が強く生物濃縮を受けやすいため，健康被害が深刻とされる（中野 2013: 115）。実際に，日本における水俣病の発生をはじめとして，これまでにアメリカ，イギリス，カナダ，ブラジル，中国など世界各地で水銀による健康被害が報告されている。これらの被害は，水銀を扱う工場に従事する労働者，工場排水に含まれた水銀に汚染された魚介類の摂取，水銀が含まれた農薬によって殺菌・消毒された農作物の摂取による中毒に起因する（中野 2013: 115）。今日でも，こうした健康被害が各国にとって大きな経済コストを強いると推定される。例えばアメリカや欧州連合（EU）では，新たに生まれてくる多くの子ども（アメリカでは毎年約30-60万人，EUでは毎年約150-200万人）から基準値を上回るメチル水銀が検出されている。これは子どもの神経・知能（IQ）の発達障害を引き起こし，アメリカでは年間87億ドル，EUでは年間90億ユーロのコストになるという。その結果，国・地域全体の経済状況や安全保障を脅かすとして，大きく問題視されている（Trasande et al. 2005; Bellanger et al. 2013）。

　水銀の排出源には，火山活動に伴う自然起源のものと人為起源のものとがあり，後者を規制することが今日の課題である。2010年における人為起源の排出量は1960 tとなっており，排出源は多い順に小規模金採掘，発電・熱供給を目的とした化石燃料の燃焼，金やその他金属の製造，セメント製造となっている（中野 2013: 114）。例えば，小規模金採掘では，金鉱石に水銀を加えて金を精錬する過程で大量の水銀が排出される。また化石燃料の燃焼からは，二酸化炭素などと一緒に水銀が排出される。さらに，金以外の金属を製造する際にも，鉱石に不純物として含まれる水銀や，製鉄で用いるコークスに含まれる水銀などが排出される。

　世界で最初の水銀被害である水俣病とは，戦後の経済復興戦略の下で化学産業の急速な発展を志向した代償として生じた，環境汚染であり人災であった。当時は小さな漁村であった熊本県水俣市における唯一無二の経済基盤として，また一国の経済成長の一翼として大きな期待を背負った化学製造工場からの工業廃水が海洋を汚染した。そして，その海域の魚介類を食べた村人たちのあら

ゆる身体機能を麻痺させ，彼らの人生を奪った。その後，日本では水銀が使用される体温計は電子体温計に取って替わられるなど，我々日本国民が日常生活で水銀の危険性やその存在すら意識することがないくらいに，水銀問題への対策は積極的にとられてきたといえる。産業化の負の遺産として，類似の公害問題を同時期に経験してきた他の先進国も，公害対策の一環として，国内政策を通じて有害物質である水銀の規制を行い，水銀問題に取り組んできた。実際に，技術の発達も相まって，欧米での人為活動による大気への水銀排出量は大きく減少している。

他方で，中国やインドをはじめとする経済成長の著しい新興国および途上国では，水銀排出量は増加する傾向にある。地域別では，アジアからの排出が世界の約半数を占めており，次いでアフリカ，中南米である。世界最大の排出国は中国で，全世界の排出量の約3分の1を占める（中野 2013: 114）。特に水銀は揮発性および生物濃縮性を有することから，残留性有機汚染物質（Persistent Organic Pollutants: POPs）等と同様に自然界で減衰することなく残留する。したがって，新興国や途上国で深刻さを増す水銀汚染が発生源から長距離を移動して遠隔地まで到達することで，広域・地球規模の汚染へと拡大し，長期にわたる環境への悪影響が懸念される。例えば第2位の水銀排出源となっている石炭火力発電について，北太平洋における魚の水銀汚染の原因は，アジアの石炭火力発電であるといわれており，また日本各地で観察される水銀濃度の上昇は中国の石炭火力発電からの水銀排出によるものであるといわれる（Blum et al. 2013）。

同時に，多くの途上国では，水銀の危険性を知らないまま水銀が利用されている場合や，危険性について認識していたとしても，水銀代替技術を利用するだけの資金的余裕がない場合が多い。例えば第1位の排出源となっている小規模金採掘について，世界70カ国以上の途上国では金採掘事業は小規模金採掘地で，手掘りで行われている。過酷な労働であるにもかかわらず，金の高値が影響し，限られた資本で比較的大きな利益が得られるため，女性や子どもを含む約1000-1500万人以上の労働者が従事する。ここで金の抽出に大量の水銀が使用され続けているのは，多くの場合，水銀使用の危険性への知識がなかったり，水銀を用いずに金を抽出する代替技術が入手できなかったりするためであ

る。その結果，金鉱山周辺の飲料水，土壌，堆積物，魚介類の水銀濃度は国際的な基準を上回っており，周辺住民への健康被害が危惧されている。

　さらに，先進国の規制強化に伴い，かつて使用されていた水銀含有製品から回収された水銀が，途上国に輸出されて小規模金採掘や製品に使用されたり，製造工程で利用されたりしている実態もあり，先進国側の行動転換も求められる。先進国も，途上国の水銀問題を招いているとされる水銀輸出を規制する必要があることを知りつつも，今日に至るまでこれを野放しにしてきた。

　以上のように，水銀問題は拡散性のある世界規模の問題である一方で，先進国・途上国の双方にとって行動転換のためのインセンティブは欠如している。このことに鑑みれば，各国ごとの自主的な国内政策のみに依存していたのでは，問題は解決できないことがわかる。ここに，先進国と途上国が協調しながら，国際レベルで水銀の使用・排出の削減に取り組む大きな意義が見出せる。

▶ 水銀規制をめぐる国際協調の萌芽から水俣条約へ

　2013年10月10日に，水銀の供給，使用，排出および廃棄を国際レベルで規制する国際環境条約として，水俣条約が採択された。そして50以上の締約国を集め，4年後の2017年8月16日に発効した。2019年7月時点では締約国（批准・受諾・承認・加入を含む）は107カ国となっている。[5] 水俣条約は，一有害化学物質である水銀や水銀化合物の排出から人の健康および環境を保護することを目的として掲げ，水銀の産出から使用，廃棄に至るまでの水銀ライフサイクル全体に包括的な規制をかけるものである。水俣条約における主な規制項目は，表序-1のようにまとめられる。

　このように水銀規制をめぐる国際的な協調枠組みを設置することが合意された背景には，1990年代から始まった化学物質管理の国際的議論の高まりに加え，科学的証拠を提示した国際機関（国連環境計画〈UNEP〉）の積極的な役割があった。[6] まず，上述のような水銀の危険性が世界的に認識されるにつれ，国際的な化学物質管理の枠組みの一部として水銀規制が取り組まれてきた。[7]化学物質管理についての議論は，1992年にリオ・デ・ジャネイロで開かれた国連環境開発会議（以下，地球サミット）に遡る。[8] ここで採択された「アジェンダ21」の第19章において，国際社会が対処すべき環境分野として有害化学物質

表序-1 水俣条約における規制項目の概要

構　成	主な内容	条
前　文	水銀のリスクの再確認，水俣病の教訓，水銀対策を進めるうえでの基本的な考え方など	
目的・定義	目的：水銀および水銀化合物の人為的排出から人の健康および環境を保護すること	1条
	定義：本条約に使われている用語の定義	2条
供給（産出）・貿易	鉱山からの水銀の産出	3条
	国際貿易について	
水銀の利用	水銀添加製品	4条
	製造工程での水銀の使用	5条
	人力小規模金採掘（ASGM）	7条
排出・放出	大気への排出	8条
	水・土壌への放出	9条
暫定的保管，廃棄，汚染サイト	水銀（廃棄物である水銀を除く）の暫定的保管	10条
	水銀廃棄物	11条
	汚染サイト	12条
資　金	資金供与・資金メカニズム	13条
技術支援	能力構築・技術支援	14条
履行・遵守	遵守システム（履行・遵守委員会）	15条
普及啓発，研究等	健康上の側面，情報交換，公衆のための情報・啓発と教育，研究・開発とモニタリング，実施計画，報告，有効性の評価	16-22条

［出所］　環境省資料『水銀規制に向けた国際的取組「水銀に関する水俣条約」について（平成26年5月）』より抜粋，筆者が加筆・修正。

の管理が盛り込まれた。これに伴い，1994年には化学物質の安全性に関する政府間フォーラムが設立された。

　さらに，地球サミットから10年後の2002年に南アフリカのヨハネスブルクで開催された持続可能な開発に関する世界首脳会議（WSSD）では2020年目標が採択された。その中で，化学物質の項目については「化学物質が人の健康と環境にもたらす著しい悪影響を最小化するような方法で生産・使用されることを2020年までに達成することを目指す」という目標が設定された。そして，この目標を達成するための戦略的アプローチを2005年までに策定することが決定され，06年の第1回国際化学物質管理会議（ICCM）において，国際的な

化学物質管理のための戦略的アプローチ（SAICM）が採択された。SAICMは，2020年目標の達成を目的とした戦略と行動計画である。予防的なアプローチの考え方に沿いながら，科学的なリスク評価に基づくリスク削減，化学物質に関する情報の収集と提供，各国における化学物質管理体制の整備，途上国に対する技術協力の推進などの分野を念頭に置く。そして，SAICM行動計画の実施をフォローアップするため，定期的にICCMが開催されている。

　同時に，水銀規制は，上記の化学物質管理の議論の流れの中で合意された化学物質・廃棄物に関する3つの環境条約（以下，化学物質3条約）の中でも部分的に取り組まれてきた。化学物質3条約とは，次の3つの条約のことを指す。第1に，1989年に採択された「有害廃棄物の国境を越える移動及びその処分の規制に関するバーゼル条約」である。第2に，1998年に採択された，先進国で使用が禁止または制限されている有害な化学物質や駆除剤が，途上国にむやみに輸出されることを防ぐことを目的とする「国際貿易の対象となる特定の有害な化学物質及び駆除剤についての事前のかつ情報に基づく同意の手続に関するロッテルダム条約」である。第3に，2001年に採択された，環境への残留性が高いPCB（ポリ塩化ビフェニル），DDT（ジクロロジフェニルトリクロロエタン），ダイオキシン類などのPOPsによる環境汚染を防止するために，その製造・使用の禁止，排出の削減などを行う「残留性有機汚染物質に関するストックホルム条約」である。これらは化学物質規制という目的を一にしていることから，締約国会議を同時開催したり（ExCOPs），また三領域に横断的な任意基金を設立したりするなど，条約間の連携が図られている。

　このうち，バーゼル条約とロッテルダム条約では，水銀についても，その移動，処分，取引が規制されてきた。とりわけストックホルム条約は，第3章でふれるように水俣条約と同様の規制目標を掲げ，条約交渉では水銀議定書として水銀規制をストックホルム条約の一部とする案も検討されたほどである。他方で，第5章で分析されるように，その交渉過程と合意内容は，水俣条約交渉とは異なる様相をみせた。

　このように，水銀規制は既存の枠組みや条約で部分的にカバーされてきた。しかし，UNEPによって水銀の危険性に関する確固たる科学的根拠が提示されたことが一つの契機となって，水銀に特化した国際協調が本格的にめざされ

表序-2　水俣条約にかかわる主な国際的動き

年　月	会　合	成　果
2001年2月	GC21	水銀アセスメントの実施を決定
03年2月	GC22	水銀アセスメントの結果を受け，国際的行動の必要性を認識
05年2月	GC23	UNEPグローバル水銀パートナーシップの実施（自主的取り組み）を決議
07年2月	GC24	公開作業部会（OEWG）の設立を決定
11月	OEWG1	可能な選択肢をめぐる意見表明
08年10月	OEWG2	条約による規制と自主的取り組みの2つの選択肢を併記
09年2月	GC25	水俣条約の交渉に合意，政府間交渉委員会（INC）を招集
10月	Adhoc OEWG	INC交渉を開始するための準備会合
10年6月	INC1	可能な選択肢をめぐる意見表明
11年1月	INC2	条約草案を視野に入れた交渉の開始
10-11月	INC3	交渉中盤，2つの主要な争点（義務化の程度，資金メカニズム）が浮き彫りに，問題領域ごとのコンタクト・グループの設置
12年6月	INC4	総会とコンタクト・グループを通じて条約草案の完成
13年1月	INC5	総会において条約草案をめぐる最終交渉
10月	外交会議	熊本において条約の署名・採択
14年11月	INC6	条約発効と第1回締約国会議に向けた制度詳細の設計
16年3月	INC7	条約発効と第1回締約国会議に向けた制度詳細の設計
17年9月	COP1	第1回締約国会議

るようになった。近年までの主要な動きは表序-2のようにまとめられる。まず，UNEPの全体会合である2001年の第21回UNEP管理理事会（Governing Council: GC）におけるアメリカの提唱を受けて，UNEPは世界水銀アセスメントに着手した（Selin 2014: 5）。翌年発表された世界水銀アセスメントの報告では，水銀の人体への危険性および水銀問題の越境性が強調された。すなわち，有機水銀とその化合物の人体への毒性がきわめて強く，特に，胎児，幼児など発達途上の神経系への悪影響が甚大であることが強調された。同時に，水銀は環境中で分解されずに大気や水系によって国境を越えて遠距離を移動し，排出国から遠く離れた場所で食物連鎖によって蓄積する性質をもつことが示された。したがって，各国が連携して行動を起こさなければ，地球規模で環境汚染や健

康被害が深刻化すると警鐘が鳴らされた。

　水銀問題に対する科学的理解は不完全な部分があるとしつつも，国際的行動を起こすにあたって科学的コンセンサスや証拠が完全である必要はないとして，予防原則に沿って協調を進めることの重要性が認識された（UNEP 2002a: 228）。同アセスメントは 2003 年の第 22 回 UNEP 管理理事会に提出された。同管理理事会は，水銀問題は環境への悪影響がグローバル規模に及ぶ深刻な問題であって，人的健康および環境へのリスクを減らすために国際的行動が必要であることが十分な証拠によって示されているとして，これを受け入れた。またこの科学的証拠に依拠し，従来から水銀規制に力を入れてきた EU，ノルウェー，スイスが，法的拘束力のある水銀規制として，自らが率先してきた長距離越境大気汚染条約（CLRTAP）のもとで，1998 年に成立した重金属議定書に倣った環境条約を設置することを求めた（Selin 2014: 6）。

　このような提案の一方で，当時の国々の間にはレジーム疲れが蔓延していた。1990 年代はレジームの年代と呼ばれ，数々の国際環境条約が合意され，各国は条約交渉や締結作業に追われた。条約交渉は，一国内の複数の関連省庁を巻き込み，署名，国内立法府での承認，締結，遵守に向けた国内政策の整備に行政的な煩雑さを伴う。したがって，交渉者にとって条約交渉自体が目的化してしまい，条約が実際の成果へとつながらないといわれる中で，国際環境条約・関連条約運用組織への懐疑心が募っていた（von Moltke 2005: 175; Najam et al. 2006）。そして当時は，2 つの化学物質条約であるロッテルダム条約とストックホルム条約がそれぞれ 1998 年，2001 年に採択されたばかりであり，新たに条約の交渉を開始するには時期尚早の感があった（Selin 2014: 6）。

　また，上述したような国際的な化学物質管理の高まりは，水銀をめぐる国際協調を促進した一方で，同時に足かせとしても働いた。2000 年代初頭，国々は既存の化学物質条約の履行，とりわけこれら個別の条約を包括的に履行するための SAICM の合意形成に尽力していた。こうした状況にあって，アメリカ，カナダ，日本，ロシア，オーストラリアといった非西欧諸国および途上国は，水銀規制をめぐる環境条約を設置する動きに反対の意を示した（Selin 2014: 6）。このように，諸国間で意見の隔たりがみられる中，ひとまず妥協として，2003 年に自主的取り組みとして UNEP 水銀プログラムが，05 年には同じく自主的

な取り組みとして UNEP グローバル水銀パートナーシップが採用された (Selin 2014: 6)。

しかし、いったん 2006 年に SAICM が採択されると、水銀問題への政治的機運が高まり、07 年に開かれた第 24 回 UNEP 管理理事会において、水銀問題に対する国際的行動を強化する手段を検討するための公開作業部会（Open-ended Working Group: OEWG）を設置することが決定された（Selin 2014: 6）。2007, 08 年に開かれた第 1, 2 回の OEWG では、協調枠組みとして規制に法的拘束力をもたせたもの（以下、法的枠組み）にするか、自主的なもの（以下、自主的枠組み）とするかを中心に、とりうる協調の形態が話し合われた。法的枠組みの設置が合意された後、2010〜13 年に行われた 5 回の政府間交渉委員会（Intergovernmental Negotiating Committee: INC）の交渉では、規制をめぐる約束の範囲からその履行プロセスに至るまで詳細な条文が議論され、13 年 10 月の外交会議において水俣条約は採択されるに至った。

3 国際制度とグローバル環境ガバナンス

▶ **国際関係理論と制度**

　環境条約は、環境問題の解決をめざした国家間の合意であり、国家を規制単位とする政府間主義（intergovernmentalism）に依拠しつつ国際法を重視したものである。主権国家体系の上に立つ国際社会において、一般の国際条約では、国家は条約の義務に即して国内政策を策定し、これにより国内アクターを規制する。環境条約も同様に、こうした 2 段階の実施プロセスが想定されてきた[9]。すなわち、環境条約に盛り込まれる規制や諸制度を通じて、各国の環境政策を促進し、ひいては国内アクターの環境にかかわる行動転換をめざす。環境条約は伝統的に、国家間の協調を通じて環境問題に対処するための主な方途とみなされてきた。一般国民の間でもよく知られる環境条約としては、オゾン層の保護のためのウィーン条約（以下、オゾン層保護条約）や気候変動に関する国際連合枠組条約（以下、気候変動枠組条約）が挙げられよう。

このように，環境条約は数ある国際条約の中の一つであり，国際関係学では，いわゆる国際制度として分析されてきた。また，環境条約は広義の国際レジーム，すなわち地球環境レジームの一つともみなされる。ここでいう制度とは，行動を規定・制約し，期待を形成する，持続的で互いに関連し合った公式・非公式のルールの集合と定義される（Keohane 1988: 383）。

　環境条約がどのように行動転換を促進するかについて，国際関係学の各理論は異なる見方を提示する。まず，本書が依拠するインスティテューショナリズムの観点からは，国際制度は，「主体が制度によって保障されるべきもの（例えば国際平和や繁栄）と自己の利益との関係で，制度に従うことは結局自己の利益になるという結果主義に即しながら，自発的に制度を受容するところにその存在理由がある」（鈴木 2017: 102）と考えられる。すなわち，環境条約に期待される役割とは，国家に環境条約の参加に利益を見出させることによって，条約なくしてはとらなかったであろう環境にかかわる行動転換の可能性を高めることである。次に，リアリズムの視点からは，国際制度は国際関係におけるパワー構造によって規定されると考えられる。すなわち，大国が環境条約に埋め込まれたパワー構造を利用して，説得や圧力を通じて行動転換を導くと考えられる。またコンストラクティヴィズムでは，国家間で共有された認識によって国際協調は可能になるとされる。これによれば，環境条約における環境問題の深刻さや問題解決の重要性といった認識が協調を通じてさらに深化し，制度に基づいた行動が正統性をもつことによって行動転換がなされることになる。

　以上のように，環境問題への国家間ベースの対処法として，環境条約が分析対象とされてきた。他方で，国家主権が協調の阻害要因として立ちはだかる環境条約は，有効な対処策とはなりえないという見方も台頭するようになった。また環境問題をめぐる統治（ガバナンス）では，国家以外の企業や個人も重要な主体（アクター）であることから，次項でみるように，今日では，国家以外のアクターの役割に着目した環境問題への対処法が注目されるようになっている。

▶ **グローバル環境ガバナンス**

　上述のような環境問題へのさまざまな対処のあり方は，環境問題をめぐる統

治，すなわち「環境ガバナンス」の諸形態ととらえることができる（Andonova and Mitchell 2010: 258-261）。環境ガバナンスとは，環境問題にかかわるあらゆるステークホルダーを統治して当該問題の解決に向けた管理を行うことを指し，多様なレベルおよび多様なアクターの活動から構成される（Andonova and Mitchell 2010: 256-257）。統治のレベルとしては，国家間協調から国内政策，地域的な取り組みまで含まれる。またアクターとしては，環境にかかわる国際機関から政府，官僚機構，州・地方政府，企業や非政府組織（NGO）といった非国家アクター（non-state actor），さらには個人に至るまで，環境問題の統治にかかわるすべてのアクターが含まれる（Andonova and Mitchell 2010: 257）。

特に近年では，国家をベースとした環境条約に代わって，非国家アクターの自主性に依拠した環境ガバナンスの形態として，トランスナショナル・ガバナンス（transnational governance）や私的ガバナンス（private governance）に注目が高まっている（Hoffmann 2011; Abbott 2012a, 2012b; Bulkeley et al. 2012）。例えば，企業による自主的な環境配慮行動の取り組みや，NGO による環境基準の設置，中央政府ではない州や都市ごとの地域レベルでの自主的な取り組みが，多くの地域において国の政策レベルよりも進展していることが注目されている。[14] グローバル化が進展した社会において，こうした非国家アクターはしばしば政府を介さずに国境を越え，他国で同様の活動を行う非国家アクターと協調する。すなわち，環境条約が外部から行動転換のインセンティブを与えるのとは対照的に，非国家アクターは拘束されることなく自発的にインセンティブを作り，もしくは見出して行動転換できるのであり，ここに新たなガバナンスの可能性が見出されている。例えば，国連レベルで取り組まれている持続可能な開発目標（SDGs）も，グローバル・レベルで環境にかかわる総体的な目標を掲げているが，具体的な行動は非国家アクターの自主性に委ねるというものである（Abbott 2012a）。[15]

このように，多様なアクター，統治レベルを巻き込みながらグローバル・レベルで展開される環境ガバナンスは，グローバル環境ガバナンスや地球環境ガバナンスと呼ばれる。例えば，星野は，地球環境ガバナンスを，「地球環境問題の解決に向けて国際的な合意を形成するための枠組みあるいは交渉のプロセスであり，それには主権国家，国際機関，環境 NGO，企業などの多様なアク

ターが参加する」(星野 2017: 241) と定義する。グローバル環境ガバナンスの台頭は，安全保障，貿易，金融，移民，人権といったさまざまな国際問題領域において，国際システムにおける「政府なき統治」とされるグローバル・ガバナンスへの関心が高まりをみせてきたのと軌を一にする (Rosenau and Czempiel 1992)[16]。

　国際関係学におけるグローバル（環境）ガバナンスへの近年の関心の高まりを踏まえると，国家を基本的単位とする環境条約を真正面から扱おうとする本書は，やや古典的な試みに映るかもしれない。しかし，国家を公式のメンバーとする環境条約は，決して今日において意味がないわけではない。むしろその逆で，非国家アクターに着目する他のガバナンス形態と相互に補完し合いながら環境ガバナンスの礎を成す，というのが本書の基本的な認識である。それには2つの理由がある。第1に，たしかに非国家アクターの役割に着目した研究で指摘されるように，非国家アクターは拘束されずとも，自ら行動を転換することが可能であろう。このことは，例えば先進国において，企業イメージの向上につなげようと企業が環境配慮行動をとることに例証されている。しかし，経済利益を最優先したい新興国や資金的・技術的余裕のない途上国における企業を想定すれば，自ら行動転換できないアクターのほうがむしろ多数であるはずである。本書は，国内の企業や個人による行動転換は，多くの場合，条約を通じて初めて実現すると考える。すなわち，強力な環境条約があることによって他の形態のガバナンスは機能しうるのであり，両者は補完的な関係にあるという見方に立つ。

　第2に，今日のグローバル環境ガバナンスの議論では，しばしば国家間レベルから国内，さらにはローカルへといったように統治権限の所在が移行していると指摘される。しかし本書が示すように，国内レベルの政策が国家間協調を可能にしたり，逆に国家間協調が国内レベルの政策を推し進めたりする側面もある。すなわち，複数の統治レベルは，決してその有効性が比較されるべきものではなく，むしろ相互に補完し合いながらグローバル環境ガバナンスを構成する。

　こうした2つの理由から，本書は，環境条約は依然としてグローバル環境ガバナンスの重要な構成要素であるという考えに依拠する。したがって，本書の

分析焦点は水俣条約に置かれるが，環境条約が各統治レベルとどのように連関しているかを明らかにすることを通じ，グローバル水銀ガバナンスの全体像を浮き彫りにすることをめざす。

4　本書の課題

▶条約制度と制度デザイン

　本書の主眼は，三位一体制度，すなわち条約下に設けられる「制度」形態である「制度デザイン（institutional design）」に置かれる。環境条約それ自体も国家間制度とみなされるが，本書では環境条約を一貫して条約と呼び，ルールの集合であるレジームと互換的に用いる。[17] 他方で本書が着目する条約下の制度は，規制に関して定めた国家間の約束（commitment）と，国がその約束を守ること，すなわち条約の遵守を確保するための諸制度によって構成される。後者の具体例としては，政策能力に乏しい締約国が約束を守るよう支援するための資金供与の制度や，締約国の政策実施状況を把握するための報告制度などが挙げられる。各制度にどのような機能をもたせるかには複数の選択肢が存在し，どのような制度形態が合意されるかは条約によって異なるため，条約によってさまざまな制度デザインが生まれることとなる（Koremenos et al. 2001）。このような視点に立つと，条約交渉とは，どのような制度デザインを採用するかをめぐる，いわゆる制度設計のプロセスととらえることができる。

　制度デザインによって「どのように（how）」アクターを拘束して行動転換を引き出すかが決まる。例えば，強力な規制によって国家の行動を強く拘束しすぎたり遵守状況の監視が厳しすぎたりする場合には，国家は条約への参加を敬遠する。しかし，規制が弱いまたは監視が緩い場合には，国家は条約に参加しやすくなる一方で，環境問題の解決に資するほどの行動転換には結び付きにくい。また，資金供与が期待できる場合には，規制が強い場合でも国家は遵守コストを小さく見積もり条約に参加するかもしれない。このように，交渉における制度設計は，国家による条約の締結や遵守，アクターの行動転換の程度を規

定し，ひいては条約の有効性を左右する。

▶ **水俣条約の制度的特徴——三位一体制度**

本書が着目する3つの制度は，それぞれどのような特徴をもっているのであろうか。

(1) **法的拘束力のある規制とは何か**

本書のいう法的拘束力のある規制とは，協調枠組みとして法的枠組みを採用することを意味する。水銀問題をめぐる何らかの国際協調枠組みを設けようという機運が高まったのは，2003年に発表されたUNEPによる水銀アセスメントにおいて，水銀問題の危険性・深刻性に関する科学的な証拠が提示されたことに遡る。その後，2007，08年には，水銀協調枠組みを自主的枠組みにするか，もしくは法的枠組みにするかが話し合われた。自主的枠組みとしては，2002年のWSSD（ヨハネスブルク・サミット）において提唱されたような，官民パートナーシップの形態をとるものが考えられた。また，法的枠組みとしては，新たな独立した水俣条約を作る，または化学物質3条約の一つであるストックホルム条約の中に水銀議定書を作る案が話し合われた[18]。しかし最終的に，一つの独立した新たな国際環境条約として水俣条約を作る，すなわち法的拘束力のある規制が合意されるに至った。

(2) **遵守システムとは何か**

今日の国際環境条約における約束の遵守確保をめざすシステムは，その制度化のレベルによって，おおよそ「報告システム」「履行システム」「遵守システム」の3つに分けられる。これらの違いを理解する際，「履行」と「遵守」の区別が重要となる。法的義務のある約束が果たされた状態を「遵守」と呼ぶ一方，規制をめぐる約束の内容に関連して国内レベルで進められる政策などの活動を「履行」と呼ぶ。履行は活動自体を指し，約束を果たすレベルに履行が十分なされた場合には遵守と判断されるが，履行が一定程度なされていても約束レベルに満たない場合には不遵守と判断される[19]。

報告システムは，締約国の履行活動の進捗状況についての情報入手を目的とする。履行システムでは，報告システムによって得られた情報をもとに締約国の履行活動が分析・評価される。水俣条約で成立した遵守システムでは，同じ

く水俣条約で成立した報告システムを通じて把握した履行状況をふまえたうえで，不遵守が特定される。さらに不遵守の原因を探り，その解決へ向けた支援も行う（UNEP 2007a: 29-32）。このように，遵守システムには報告システムと履行システムが埋め込まれる形となっており，最も強力な遵守確保が可能となる。この遵守システムは，最も公式な形では，補助機関として設置される遵守委員会によって運用されるが，委員会を設置することなく締約国会議がこれを担うという，より非公式な形もある。

水俣条約では条約が採択される段階で遵守システムと，それを運用するための正式な主体として履行・遵守委員会の設置が条文中に規定された。この点において，水俣条約の遵守システムは公式かつ強固なものといえる。

(3) 独立基金とは何か

資金メカニズムについては，特定の国際的な計画（Specific International Program: SIP）と呼ばれる独立基金，地球環境ファシリティ（GEF），GEFを補完するための国連特別プログラム（Special Program）と呼ばれる任意基金の3つのメカニズムが併用して用いられることとなった。交渉では，資金メカニズムとしては，独立基金，GEF，任意基金の3つの選択肢が考えられ，このうち1つ目の独立基金と2つ目のGEFが採用されたといえる。[20]

独立基金は，条約内に設置される資金メカニズムであって，この3つの選択肢の中で最も条約のニーズに的確に応えることができるとされる。またGEFは，世界銀行の下部組織として置かれる国際環境開発銀行であり，これまでに多くの国際環境条約がその資金メカニズムをGEFに委譲してきた。しかしGEFは条約外部の一国際機関であって，それが採用する独自の資金供与基準が厳しく，資金を必要としている最貧途上国に資金が配分されていないと批判されている。こうした事実は途上国だけでなく先進国にも理解されている（Earth Negotiations Bulletin 2010）。3つ目の資金メカニズムである国連特別プログラムは，最貧途上国の制度強化を目的としており，政治・経済制度の基盤が脆弱なゆえにGEFからの資金供与が得られない途上国を受給可能に導くことが期待される。[21]

表序-3　三位一体制度を構成する各機能の実現（他の国際環境条約）

三位一体制度	オゾン層保護モントリオール議定書(1987年)	化学物質規制		
		バーゼル条約(1989年)	ロッテルダム条約(1998年)	ストックホルム条約(2001年)
法的拘束力のある規制	○	○	○	○
独立基金	△(改正1990年)	×	×	×
遵守システム	△(改正1992年)	△(改正2002年)	×(授権条項)	×(授権条項)

▶ **三位一体制度の成立という謎**

　三位一体制度の合意の難しさは，過去に作られた環境条約にも例証される。表序-3では，モントリオール議定書および化学物質3条約における3つの制度の有無を比較している。ここで，水俣条約と関連のある化学物質3条約に加え，大気保護に分類されるモントリオール議定書を比較対象として加えたのは，一般に同議定書が，環境条約の最も大きな成功例として，他の環境条約との引き合いに出されるためである。

　法的拘束力のある規制は多くの既存環境条約に備わっている一方で，独立基金と遵守システムは，先進国・途上国間で意見の対立が激しく，合意への政治的障壁は高い。水俣条約で成立した独立基金を備える既存の条約はモントリオール議定書のみである。ストックホルム条約では，暫定的な資金メカニズムとしてGEFが利用されており，バーゼル条約とロッテルダム条約では，任意基金が資金メカニズムとして利用されている。また，報告システムや履行システムは多くの環境条約に盛り込まれている一方で，遵守システムを採用している主要な環境条約は，モントリオール議定書とバーゼル条約に限られる。さらに，ストックホルム条約とロッテルダム条約では，条約発効後の締約国会議でも，遵守システムの設置をめぐる政治的対立は収束せず，授権条項は未だに制度化されていない。すなわち，過去の環境条約において三位一体制度が実現したのは，オゾン層保護条約の実施条約として1987年に採択された，モントリオール議定書のみである。モントリオール議定書でさえ，当初から規制に法的拘束力が備えられていたものの，条約改正を通じて独立基金が正式に設立されたの

は，採択から3年後の1990年である。さらに遵守システムが設立されたのは採択から5年後の1992年である。最終的に遵守システムを備えるに至ったバーゼル条約でさえ，遵守システムが設立されたのは，条約採択から13年後の2002年である。

　ここで，条約制度の一つとして「法的拘束力のある規制」を分析する意義について述べておきたい。広く知られるオゾン層保護条約や気候変動枠組条約といった環境条約が国際法とみなされていることに鑑みれば，環境条約の規制にはすべて法的拘束力があると思われるかもしれない。そもそも本書のいうところの法的拘束力のある規制とは，規制をめぐる約束に法的拘束力があり，協調枠組みが法的枠組みであることを指す。法的枠組みの下では，枠組みの実施にあたって，締約国会議のような正式な運用主体や正式な基金運用主体が設置される。こうした法的枠組みは気候変動枠組条約やオゾン層保護条約といった国連レベルで合意された，主要な環境条約に取り入れられてきた。

　他方で，環境条約の中には運用にあたって正式な制度化や組織化がなされていない自主的な協調枠組みも存在する。国際環境条約とは，多国間環境合意 (Multilateral Environmental Agreement) であり，その多くは，規制に実質的な法的拘束力のない自主的枠組みとなっている (Raustiala 2000: 423; Victor 1999: 151)[24]。例えば国連レベルで合意された多国間環境合意としては，森林保護分野における国際的な協調枠組みが挙げられる。森林保護分野において，法的枠組みとしての国際森林条約に代わる自主的枠組みとして，2007年に「全てのタイプの森林に関する法的拘束力を持たない文書」が採択された。2015年に，この枠組みに法的拘束力をもたせるか否かが議論されたが，交渉国の意見の相違により，これは自主的枠組みにとどまっている。

　このように環境合意には法的枠組みと自主的枠組みとが存在するのであって，ここに法的拘束力のある規制が合意された背景を分析する意義を見出すことができる。水俣条約も同様に，法的枠組みか自主的枠組みかという選択肢の中で，前者が選択された結果である。また，先に述べたように非国家アクターの自主性が新たなガバナンス形態として注目されていることに鑑みると，環境ガバナンスの一形態である環境条約において，自主的枠組みではなく，規制に法的拘束力をもたせた法的枠組みが合意された背景とその意義を分析することは重要

な意味をもつといえる。

▶ 分析枠組みと方法

　問いの解明にあたって，本書は次のような分析手順を踏む。第2章で詳述するように，分析枠組みとして，環境条約のような多人数プレーヤー間の複数の争点をめぐる交渉では，条約の費用便益の配分をめぐる問題（分配問題）と制度の帰結をめぐる情報不確実問題（情報問題）という2つの問題が合意を妨げるという見方を提示する。[25] 分配問題とは，制度を通じて費用・便益をどのように国の間で分配するかをめぐる問題である。情報問題とは，交渉国にとって選択する制度の効果がわからないという問題である。この2つの問題が対処されたときに合意が形成され，条約が採択されるのではないか，という推論を行う。

　そして，この2つの問題への対処を可能にした要因を探るため，水俣条約交渉を含む環境に関する主要な国際会議の交渉過程が詳細に記された議事録（Earth Negotiations Bulletin: ENB）を用いて過程追跡（process-tracing）を行い，両問題が対処されるまでの因果メカニズムを探る。[26] 具体的には次の2つの方法で水俣条約の交渉議事録を分析する。

　第1に，情報問題がどのように対処されたかを以下の手順で検証する。まず，交渉手続きを明らかにし，手続きの中で交渉国が制度の効果について情報を得る手段はあるのか，あるならば，どの時点でどのような情報をどのように入手したのかを探索する。その次に，交渉過程における交渉国の提案の中に，交渉国が入手した専門的な情報が現れているかどうかを分析し，入手した情報を交渉国はどのように交渉戦略に生かしたのかを解明する。

　第2に，分配問題がどのように対処されたかを探るため，交渉国の発言を分析する。交渉国が他の交渉国と取引を行う中で，どのように自国の提案を強めたり弱めたりすることで交渉戦略を変えていったかを，時系列順に追跡する。このように，交渉国間の立場の隔たりが徐々に収斂していく過程を詳細に解析することで，合意形成の政治的背景を明らかにする。なお，本書の交渉分析は交渉国に着目するが，交渉には水銀問題にかかわる国際環境NGOも参加し，合意形成に重要な役割を担ったことに留意されたい。[27]

　さらに，上記の水俣条約交渉分析を補完するために，ストックホルム条約交

渉を反対事例として分析する。ストックホルム条約は，水俣条約と同じく化学物質規制に関する条約であり，さらに水俣条約と類似した問題構造を有するにもかかわらず，三位一体制度の実現に失敗した。そこでは情報問題と分配問題がどのように対処されたかを明らかにすることで，三位一体制度を実現に導いた交渉要因を包括的に検証する。

次のステップとして，本書は，条約交渉分析を通じて明らかとなった情報問題と分配問題の対処法を規定した交渉外要因を探る。これまでの先行研究では，交渉外要因の交渉過程への影響は十分に考察されてこなかった。それに対して，本書は，UNEPや国内政策といった交渉外要因が交渉のゆくえに影響を及ぼし，制度の合意を規定することを示す。このように本書は，三位一体制度が成立するまでの因果メカニズムを掘り下げていくという形をとる。

本書の分析を通じて，交渉過程のうち議事録から明らかではない部分や，他の条約交渉との比較に基づく水俣条約交渉への見解については，日本政府の交渉官，交渉に携わったUNEP担当官（水俣条約暫定事務局長，元UNEP環境法条約局長，UNEP化学部局職員），日本の環境省職員へのインタビューを行った。また，第6章で扱うUNEPの組織改革と水俣条約交渉の関連についても，UNEP担当官（水俣条約暫定事務局長，元UNEP環境法条約局長，元UN合同監査団）への豊富なインタビューを通じて分析を補完した。

▶本書の構成

本書は，以下のように展開される。第1章は，水俣条約で成立した三位一体制度は，理論からも過去の制度の実施を参照しても，より高いレベルで環境問題を解決することが期待される，いわゆる「包括的制度」であることを示す。具体的には，「法的拘束力のある規制」を通じて約束に法的な遵守義務を負わせ，その遵守については，「独立基金」と「遵守システム」を通じて制裁と支援をうまく組み合わせて不遵守への対処を可能にするという意味において，三位一体制度は包括的な制度であることを示す。

第1章におけるこの作業は，本書の中心的な実証分析となる第3章との関係において，2つの意味をもつ。第1に，本書の問いに意味をもたせるのが第1章である。実証分析で取り組まれる問いは，なぜ包括的な制度である三位一体

制度が政治的に合意できたかである。この問いは，三位一体制度に潜在的な有効性があるという文脈の中で初めて意味をもつ。3つの制度の有効性については，いくつかの先行研究で指摘されているものの，これまで詳細な議論は行われてこなかった。そのため，なぜ三位一体制度を機能面で包括的制度とみなすことができるのかについて，理論面と実施面の双方からその根拠を示すことが第1章の最大の目的である。第2に，水俣条約における3つの制度がどのような選択肢の中から選ばれ，合意されたかについて明らかにする。これは，条約制度の複雑性に鑑み，第3章で交渉過程の分析に入る前に，制度の選択肢およびその機能についてあらかじめ記しておく必要性があるからである。

　第2章では，本書の試みに関連する先行研究および本書が依拠する理論と方法について述べる。ここで扱う先行研究は，3つに分けられる。第1に環境条約自体の成立要因を探るもの，第2に環境条約に盛り込まれる制度デザインに関するもの，第3に水俣条約に関するものである。これらの先行研究の限界を指摘したうえで，先行研究に対する本書の位置づけを明確にする。問題の性質が制度デザインを左右すると論じてきた先行研究に対する本書の狙いは，そこで見逃されてきた交渉過程を分析の中心に置くことに加え，交渉外の要因が交渉過程に及ぼす影響を分析射程に収めることである。これに立脚し，先述のように，環境条約のような多人数プレーヤー間の複数の争点をめぐる交渉では，分配問題と情報問題という2つの問題が合意を妨げるという分析枠組みを提示する。

　この2つの問題がどのように対処された結果として合意が形成されたかをめぐる検証が第3章以降の課題となる。第3章では法的枠組みが合意されるに至った交渉過程を分析する。交渉の第1段階（前半）と位置づけられる2008年と09年のOEWGでは，国際水銀協調枠組みとして法的枠組みまたは自主的枠組みの適切性をめぐって議論が展開され，法的拘束力のある規制が合意された。第4章では独立基金と遵守システムが合意された背景を明らかにする。交渉の第2段階（後半）である2010年から13年までに5回行われた政府間交渉委員会では，条約義務の範囲からその遵守確保をめぐるものまで，詳細な条文が議論の対象となった。ここで，本書が扱う独立基金（13条）と遵守システム（15条）が合意された。そして第5章では，三位一体制度の合意に失敗したス

トックホルム条約の交渉過程を分析し，水俣条約の交渉過程と比較する。

　交渉外要因を探る第6，7章では，UNEPの役割と先進国の国内政策のそれぞれに焦点を当てる。第6章では，環境条約に対するUNEPの役割が，2000年代に遂行されたUNEPの改革の中で再認識された結果として，UNEPは水俣条約交渉において情報提供者としての大きな役割を果たすことができたことを指摘する。第7章では，水俣条約交渉の開始以前に，アメリカ，EU，日本はどの程度の水銀政策をすでにとっており，また条約の採択に呼応する形で後にどのような水銀政策の進展をみせたかを探る。第6，7章は，実証分析に必要な最小限の情報以上のものを含んでいる。これは，実証に必要な情報を有機的に理解するために予備的な情報を提示することが必要であることへの認識と，それぞれが単独の章としても読めるよう意識したためである。したがって第6章は今日のSDGsに代表される環境ガバナンスの動向や国際機関の役割への関心に，第7章は環境ガバナンスにおける国内と国際レベルの連関，国内の水銀政策への関心に沿って読み進めることができる。

　結章では，本書の分析をまとめたうえで，理論的な含意を提示する。さらに，明らかになった制度の有効性と合意可能性を結ぶ条件の意味するところについて考察を加えることで，環境条約とは何かという問いに関する本書の立場を示したい。

■注
1) ジェイコブ・デュア水俣条約暫定事務局長へのインタビュー（2017年6月29日，UNEP国際環境技術移転センター）。
2) 授権条項とは，条文中において，条約発効後の締約国会議において当該制度を設置する旨を記す条項のことをいう。
3) 同1)
4) 水銀問題の性質についてはGlobal Mercury Assessment 2013（UNEP 2013）を参照した。
5) 水俣条約のウェブサイトを参照。http://www.mercuryconvention.org/Countries/Parties/tabid/3428/language/en-US/Default.aspx（2019年7月2日最終アクセス）。
6) 今日，UNEPはUN Environmentと改称されているが，本書における議論の対象となるのは，主に改称前のUNEPであることから，本書では一貫して「UNEP」を用いる。
7) 第21回UNEP管理理事会から第24回UNEP管理理事会における公開作業部会の設

置を決定するまでの流れは，セリンの研究を参照した（Selin 2014: 5-6）。また，交渉開始前の水銀規制をめぐる国際協調に関する一連の流れについてはエリクセンとペレスの研究が詳しい（Eriksen and Perrez 2014: 196-197）。また邦語文献では，井芹が，交渉前の一国・地域レベルでの水銀政策の整備について，現地調査をふまえた貴重な知見を提示している（井芹 2008）。また中地は，水銀問題の所在および水俣条約の概要について体系的な整理を行っている（中地 2013）。

8) 一連の流れは環境省環境保健部環境安全課・水谷好洋「化学物質管理政策の最新動向」を参照。環境省ウェブサイトよりダウンロード（http://www.kankyo.metro.tokyo.jp/air/air_pollution/voc/event/h24voc03.files/kankyousyou_siryou.pdf，2017 年 6 月 22 日最終アクセス）。

9) 国際条約一般の国内実施については城山（2013a）を，環境条約の国内実施については高村（2013）を参照されたい。

10) さまざまな環境条約の形成過程をレジーム論から実証的に分析したものとして信夫（2000）がある。また，地球環境レジームの一つとして，ワシントン条約の形成と発展の過程を分析したものとして，阪口（2006）がある。

11) コヘインは，あらゆる制度の定義について概観したうえで，制度の本質を「ルールのセットであり，それは行為を制約し，期待を形成し，そして役割を指定するもの（persistent and connected sets of rules 〈formal or informal〉 that prescribe behavioral roles, constrain activity, and shape expectations)」と指摘する（山本 2008: 40；Keohane 1988: 384）。

12) ここでのインスティテューショナリズムは，国際関係学におけるネオリベラル・インスティテューショナリズム（ネオリベラル制度論）のことを指し，合理的選択制度論とも呼ばれる。これは，国家における個人の利益や権利に着目するリベラリズムの考え方を国際制度の分析に適用したものである。ネオリベラル・インスティテューショナリズムの視点から国連安保理改革を分析したものとして，飯田（2009）がある。

13) コンストラクティヴィズムの視点から国際関係の諸領域を分析したものとしては，例えば大矢根（2013）や西谷（2017）を参照されたい。また鈴木（2017）は，政治思想を手掛かりに各国際関係理論の架橋をめざしながら国際政治を歴史的に読み解く試みである。日本の文脈の中で国際関係論を考察したものとしては，大矢根（2016）がある。なお，地球環境問題の分析に対する国際関係理論の位置づけを概観したものとしては亀山（2011）が詳しい。

14) グローバル・レベルでの環境ガバナンスおよび環境政策については，松下（2007），亀山（2010）を参照されたい。

15) SDGs について包括的に述べた邦語文献として，蟹江（2017）がある。

16) グローバル・ガバナンスと国際レジームについて理論的に論じたものとして山本（2008）がある。また，グローバル・ガバナンスについて論じつつ，それが展開される諸問題領域を扱う書としては，渡辺・土山（2001），大芝ほか（2018），グローバル・ガバナンス学会（2018a, 2018b）などを参照されたい。

17) クラズナーは，レジームを「国際関係の特定の分野における，アクターの期待が収斂する非明示的または明示的な原理，規範，ルール，意思決定手続き（implicit or explicit principles, norms, rules, and decision-making procedures around which actors'

expectations converge in a given area of international relations)」と定義する（Krasner 1982: 185）。
18) 法的枠組みとして環境条約を用いる案の中でも，約束に包括的に法的拘束力をもたせるものから，約束の一部を自主的な目標とするものまで，強固な法的枠組みから，より自主的枠組みに近いものまで，多様な代替案が話し合われた。
19) UNEPの遵守ガイドラインによれば，遵守は「条約締約国が国際環境合意の下で定められている義務を果たすこと」と，履行は「条約締約国が国際合意およびその改正の下で定められている義務を果たすために採用する，関連するすべての法律，規則，政策その他の基準や方針」と定義される（UNEP 2007a: 19, 21）。
20) 国連特別プログラムは選択肢として考えられた任意基金とは異なるものである。
21) これは，水俣条約だけでなく，他の化学物質3条約とSAICMの履行のための制度強化をめざすものである。国連特別プログラムに関するウェブサイトを参照。https://www.unenvironment.org/explore-topics/chemicals-waste/what-we-do/special-programme（2019年2月16日最終アクセス）。
22) 本書では，有害な化学物質の排気や排出を規制するという水俣条約の特徴をふまえたうえで，同条約と比較可能な環境問題の構造をもつ条約を中心に取り上げて例示している。ゆえに，野生動物や世界遺産といった自然保護に関する条約や，産業に限らず個人レベルの活動に至るまで排出源が多岐にわたる気候変動問題は，表序-3の比較対象から外している。

　表序-3に挙げた条約に加え，移動性野生動物種の保全に関する条約（ボン条約），世界の文化遺産及び自然遺産の保護に関する条約（世界遺産条約），特に水鳥の生息地として国際的に重要な湿地に関する条約（ラムサール条約），絶滅のおそれのある野生動植物の種の国際取引に関する条約（ワシントン条約），生物多様性条約，国連海洋法条約，砂漠化対処条約といった，主要な国際環境条約において遵守システムや独立基金は成立していない（Raustiala 2001）。また，本書は気候変動枠組条約は遵守システムを有する一方で，資金メカニズムとして独立基金を有さないという見方をとる。というのは，GEFと並んでその資金メカニズムである緑の気候基金は民間の資金を活用したものであり，本書でいう独立基金とは性質を異にするためである。

　以下，本書で今日に至る環境条約の動向について言及する際，すべての環境条約を念頭に置いているが，具体的に環境条約名を例示する際には，表序-3で示した比較可能な条約を中心に扱うこととする。
23) また，水俣条約ではGEFも資金メカニズムとして併用されているが，これはモントリオール議定書にも当てはまる。同議定書は独立基金を主な資金メカニズムとしつつ，途上国を対象とする独立基金の利用が認められない新興国に対し，GEFが資金を供与した（Victor 1996: xi）。
24) しばしば国際環境条約と互換的に用いられる多国間環境合意とは，3カ国以上の国の間の環境に関する合意を指す。したがって，これは必ずしも全世界的な合意である必要はなく，その中には地域的な合意も多数存在する。本書のいうところの国連の主導で締結されるいわゆる環境条約は，多国間環境合意の一つとして位置づけられる。
25) 本書では，制度の帰結と制度の効果を互換的に用いる。とりわけ後者は，問題の解決にかかわる制度の帰結を指す。

26) ENBによる環境条約の交渉記録は，次のウェブサイトから入手可能である（http://enb.iisd.org/enb/　2017年10月13日最終アクセス）。
27) 会合に参加した主要な国際環境NGOとしては，水銀に特化したNGOであるゼロ・マーキュリー・ワーキング・グループ（Zero Mercury Working Group: ZMWG），水銀を含む残留性有機汚染物質を対象とする国際POPs廃絶ネットワーク（The International POPs Elimination Network: IPEN）や，医療分野従事者団体であるヘルス・ケアー・ウィズアウト・ハーム（Health Care Without Harm: HCWH）や脱焼却グローバル連合（The Global Anti Incineration Alliance: GAIA），歯科アマルガムに関する団体などが挙げられる。全体では55以上の団体が会合に参加し，交渉での意見表明を行うとともに，サイドイベントを通じた参加者への知識提供によって，重要な役割を果たした。

第Ⅰ部

条約制度を問う

第**1**章

国際関係学における遵守の確保
三位一体制度の本質

　国際条約を含めて広く国際協調を考察する際に，国家間で合意する「約束」が重要な意味をもつ。国際条約の拘束力の程度は，インフォーマルまたはソフトな政治的な約束から，よりフォーマルかつハードな法的拘束力のある約束までさまざまである（Abbott and Snidal 2000）。条約の約束に法的拘束力があり，違反することが困難になればなるほど，国家は他国が約束を遵守することに信頼を置き，自国も遵守しようとする。しかし，約束に法的拘束力をもたせるだけでは遵守は保障されず，また有効な条約とはなりえない。逆に約束に法的拘束力のない合意であっても，それが実行に移されれば，約束に法的拘束力があるが実行されない場合よりも有効なものとなる。

　すなわち，法的拘束力のある約束に基づく規制は，その遵守を確保するための制度を別に必要とする。例えば，遵守能力が欠如している途上国が遵守しようとすると大きなコストを伴うため，途上国をうまく遵守に導くためには十分な能力のある先進国による，能力の欠如する途上国の能力構築を目的とする資金メカニズムが必要となる。このような遵守確保制度が備わっていない場合，条約は約束を掲げただけに終わり，機能不全に陥る。つまり，次のステップである遵守確保がなされて初めて，約束に法的拘束力をもたせた条約は意味をもつ。[1]

　水俣条約において三位一体制度が実現した意義は，理論的にどのように説明

されるのであろうか。国際関係学では，遵守に関して2つの理論が存在し，国に約束を守らせるための手段として，競合する2つの手段が考えられてきた。一つは，法的手段に依拠する執行理論であり，もう一つは行政的色彩を強くもつ管理理論である。遵守の確保を説明する2つの理論は，序章で述べた3つの国際関係理論に対応したものというよりも，むしろこれらの諸要素を組み合わせたものととらえることができる。例えば，国家は自国のパワーと国益を追求する主体とみなすリアリズムからは，これらの国家目標と相いれない国際法の遵守は，国家の強制なくしては実現不可能であると考えられる。とりわけ不遵守は意図的になされるため，強い制裁を通じて懲らしめる必要があるという見方に立つ。この点において，執行理論と親和性をもつ。同様に国家を利益追求の主体とみなすインスティテューショナリズムは，国際法の遵守が国にとって利益となるように工夫することが重要であるとみる。すなわち，執行理論が示唆するように制裁を通じて不遵守のコストを上げるが，管理理論が指摘するように資金などの積極的なインセンティブによって遵守の便益を高めることによっても遵守が達成されるという。コンストラクティヴィズムは，国際法の遵守は共有認識や規範の形成によって達成されるという見方に立つ点において，透明性の確保を通じた規範形成を重視する管理理論の考え方に沿ったものである。

本章では，執行理論と管理理論はそれぞれ単独では，三位一体制度のうちの一部の制度の成立しか説明できないことを指摘する。そのうえで，管理理論をベースとしつつ執行理論の要素を合わせた統合理論によって，水俣条約における三位一体制度を，その機能面から理論的に説明することをめざす。[2] 総じて，三位一体制度とは，管理理論と執行理論がそれぞれに重要であるとみなす制度の欠陥を補い合うことで遵守問題を解決可能な制度の集合であると論じる。

以下では，本章の第1，2節で遵守の確保を説明する各理論の限界について述べたうえで，第3節では両理論を統合した理論によって三位一体制度を考察する。

1 執行理論とその限界

▶執行理論の説明

　先に述べたように，国際関係学において，本書が依拠するインスティテューショナリズムは，合理的選択制度論とも呼ばれる。その合理的選択制度論は，国際環境条約を国家間の集合行為問題を解決する手段とみなす（Keohane 1984; Young 1989a, 1989b）。経済成長に伴う工業化に起因する環境問題を食い止めるためには，国家自らによる環境政策・規制が必要となる。しかし，地球環境問題は多くの場合，国境を越えるグローバルな問題であるゆえ，一部の国が規制を行うだけでは他国による環境破壊は継続するので意味がなく，すべての国が協調して規制を行うことが求められる。したがって，他の国が規制を行うという確証がなければ，国家は自国の努力が無駄となるので，環境規制を実施することにインセンティブを見出すことはできない。こうしたフリーライド問題への懸念から，国が自発的にコストを払って環境規制を行うことは難しい。ところが，国際環境条約を通じて国が環境規制を行うことを約束し合い，それに法的義務を負わせることによって，他国のフリーライドを懸念せずに，安心して環境協調行動をとることが可能となる（Bodansky 2003: 38）。したがって，約束を確実に遵守させることでフリーライダーの出現を抑止し，国々の協調意欲を確保することが肝要となる。

　国内法と同様に合理的選択制度論は，法的手段を用いる執行理論に依拠し，その施策を監視と制裁に見出してきた。執行理論によれば，義務違反行為は費用便益計算の帰結，すなわち意図的な行為である。したがって，監視によって国家の行動を定期的に把握し，義務違反行為が判明した際には制裁を加えることがめざされる（Olson 1965; Axelrod and Keohane 1985; Downs et al. 1996; Dorn and Fulton 1997; Underdal 1998）。このように執行理論では，遵守の確保には法的手段が必要であって，一定の条件が満たされた場合に，不遵守コストを高めることで不遵守行動は阻止でき，遵守が確保できるとされる。

第 I 部　条約制度を問う

　執行理論からは，環境条約には法的拘束力のある規制が必要なのであり，その遵守は不遵守を罰することによって確保されるため，制裁や罰則といった法的色彩をもつ，強い遵守確保の手段が必要であるとされる。したがって，条約の規定としては，約束違反を特定するための報告・監視システム，紛争解決手続き，制裁・罰則規定を遵守確保の手段として重視する。このような見方からは，水俣条約が規制に法的拘束力をもたせたものであることと，同条約の 21 条の報告システムおよび 25 条の紛争解決手続きの存在は執行理論によって説明できることがわかる。しかし，三位一体制度を構成する，非制裁的な遵守システムと独立基金が同時に実現したことは説明できない[3]。

▶ 執行理論の限界

　執行理論には，制度の実施においてもその限界がみられる。国内法のような厳格な立法・執行・司法プロセスが存在しない国際社会においては，たとえ約束に法的拘束力のある国際条約であっても，その履行にあたっては国内法と同程度の法規律をもたせることはできない。しかし，一般的な国際条約と同様に国際環境条約においても，伝統的に執行理論によって説明されるところの制度が採用され，実施に移されてきた。

　ほとんどすべての環境条約には報告システムが設けられており，自国の履行活動について，締約国会議への定期的な報告が求められる[4]。これを通じ，条約において各国の履行活動と約束の遵守状況を監視することがめざされてきた。さらに，不遵守と判断された場合の対処として，罰則，制裁，さらには紛争解決手続きが規定される（UNEP 2007a: 5, 10-11, 2010a: 117-121）。まず，罰則の種類としては，不遵守の公表，条約が規定する特権または優遇措置の留保といったものが挙げられるが，環境条約で罰則が規定されることは稀である（UNEP 2010a: 10-11）。例えば気候変動問題では，京都議定書において，温暖化ガス削減目標を達成できなかった（不遵守）場合，達成できなかった削減義務量が次期の削減義務に上乗せされるという形で罰則が規定された（UNEP 2007a: 12）。また，制裁の種類として，貿易関連の規制が盛り込まれている環境条約では，貿易制裁が規定されることがあるが，制裁についての規定も稀である（UNEP 2010a: 5）。他方で，不遵守への対応として多くの条約が規定しているのが，紛

争解決手続きである（Romano 2012: 1037）。この紛争解決手続きは，国家間で条約の解釈に相違がある場合，とりわけ条約違反をめぐる責任の所在，違反の程度，その帰結についての解釈をめぐって争いがある場合に利用され，その結果として，要求された是正に従わないと対抗措置がとられる場合がある（Romano 2012: 1039）。

このように，国際環境条約はその制度設計において執行理論によって説明される遵守確保の手段を念頭に置いてきたといえる。しかし，これら諸制度は，オゾン層保護条約をはじめ，化学物質3条約，気候変動枠組条約といった主要条約においてすら，実際には機能していないといわれる（Faure and Lefevere 2014: 124-125）。

第1に，上述のように多くの条約は各国の履行状況について報告の義務を規定しており，こうした情報が履行や遵守をする際の基本となるはずである。しかし実際には，うまく機能している報告システムはほとんどないという（Victor 1996: 1）。例えば，報告システムを通じた国による正確な報告率は非公表で定かではないが，一般的に50％を下回るとみられている（Raustiala 2001: 63）。さらに，報告を通じて提出されたデータは，分析などに活用されることもなく，しばしば収集されたままの状態になっている。履行システムを採用している条約であれば，報告データを用いて履行活動を評価する場合もあるが，具体的な不遵守問題の解決をめざす形で運用されるものはほとんどない（Victor 1996: 1）。つまり，不遵守を罰することを念頭に置いて履行状況を把握するための報告システムであるが，実際には遵守確保からはほど遠いレベルで運用されていることがわかる。

第2に，報告システムと同じように，多くの環境条約に盛り込まれている紛争解決手続きも機能していないといわれる。紛争解決手続きは不遵守問題を解決するための手段として備えられ，条約下で解決が困難な場合には国際司法裁判所（ICJ）に持ち込むことができる。しかし，これまで実際に違反が疑われる事案に対して紛争解決手続きが用いられた例はほとんどなく，ICJに持ち込まれた環境紛争事例はこれまで存在しないという（Birnic and Boyle 1992: 14, Faure and Lefevere 2014: 124-125）。そもそも，条約がめざすのは，環境問題の「管理」であるのに対し，紛争解決手続きが解決できるのは環境問題の法的側

面の一部であって，紛争または不遵守を誘発する原因の根本的解消にはなりえないという (Romano 2012: 1038)。ロマーノは，条約の規制内容や規制レベルといった実質的な内容をめぐる長い交渉が終わった後，外交官たちは，紛争解決手続きについては，深い考察なしに過去の環境条約から当該規定をそのまま移してきたと揶揄する (Romano 2012: 1037)。

第3に，罰則と制裁がこれまで積極的に採用されてこなかったのは，これらは国内法とは異なり，国家間協調とりわけ環境協調にはそもそも馴染まないためであると考えられる (Faure and Lefevere 2014: 124-125)。というのは，遵守違反への罰則を厳しくすれば，国家は条約参加をためらう。少数の国しか参加しない環境条約では，そもそも条約は問題解決に大きく貢献しないおそれがある。また，制裁も締約国間の政治的な緊張・対立を誘発するうえに，制裁の行使自体に集合行為問題が伴うことから，国際レベルでは遵守確保の手段としては回避されるのが実情である。他の国際条約で用いられる経済制裁，条約ベースの制裁，単独制裁も，環境条約においては実行が政治的に困難であるとされる (Faure and Lefevere 2014: 124-125)。例えば，環境条約の歴史上，野生動物保護合意の文脈でアメリカによる単独制裁が実行された例があるものの，一般的に単独制裁は大国のみに利用可能である一方，小国には利用しづらいうえ，多国間条約の精神にそぐわないとも理解されている (Victor 1996: 1)。

以上をまとめると，執行理論は，遵守確保を目的とした法的執行にかかわる制度の存在を，その機能面から説明してきた。しかし，同理論によって説明される遵守確保のための諸制度は，国際環境協調には馴染まないというのが，過去の環境条約における経験からの教訓である。

2　管理理論とその限界

▶管理理論の説明

執行理論を批判する形で1990年代前後に台頭してきた管理理論は，国家による不遵守の所在を別に見出す (Young 1979; Haas et al. 1993; Mitchell 1994;

Chayes and Chayes 1995; Chayes et al. 1998)。管理理論は，条約の不遵守とは決して恣意的な行為ではなく，遵守能力の欠如とルールの不明瞭さに起因する構造的なものであるとみなす。したがって，不遵守への対処として，法的手段に依拠した強制的執行を用いるのは不適切かつ非有効的であって，むしろ能力構築，ルールの明確な解釈，透明性の確保といった，より行政的手段が必要であると主張する（Tallberg 2002: 613）。例えばチェイズらは，「制裁措置はほとんどの条約には備わっておらず，備わったとしても実行に移されることはない。さらに実行されたとしても効果的ではない」として，強制的執行の有用性を否定する（Chayes and Chayes 1995: 32-33）。

　管理理論では，政治的かつ経済的な能力の欠如については，能力構築を通じた国際的な対処では不十分な点があるものの，技術ノウハウ，行政能力，資金面において効果があるとされる（Tallberg 2002: 614）。またこの理論によれば，透明性を確保することによって，条約が掲げる規範の調整を促したり，フリーライドが行われていないかを国同士が確かめたりすることができるという（Chayes et al. 1998: 75）。さらに，他国の履行活動を可視化することで，どのような政策が効果的かを学習することも可能になるという。このように管理理論では，透明性の確保を通じた社会的制裁（naming and shaming）や能力構築といった行政的な手段によって，一定の条件が揃った場合に不遵守国の行動を変えることが可能であるとされる（Tallberg 2002: 614）。

　制度デザインに関して，管理理論の見方では，規制に法的拘束力をもたせるか否かは，そもそも問題ではない。というのは，集合行為問題のロジックに依拠しないので，協調への信頼を確保するために他国の行動を法的に拘束する必要がないからである。むしろ，能力構築や透明性の向上に資する制度を条約に備えることが重要となる。このような見方からは，水俣条約が法的拘束力のある規制であること，同条約13条の能力構築のための資金メカニズム，同条約21条の履行活動の透明性を確保する報告システムの成立は説明できる。しかし，不遵守の是正を強力に後押しする遵守システムが同時に実現したことは説明できない。というのは，管理理論はそもそも，能力構築によって将来的に遵守が確保されることを想定しているのであって，不遵守問題に直接かつ強力に対処することを想定しているわけではないからである。

第 I 部　条約制度を問う

▶ **管理理論の限界**

　執行理論と同様に，管理理論の制度の実施についても，過去からの教訓が得られる。今日，ほとんどすべての国際環境条約は，履行活動のための能力構築を目的とした資金メカニズムを備えている（UNEP 2007a: 113-116）。これは，管理理論が強調するように，不遵守が政策能力の欠如に起因するという認識をふまえてのことである。これは同時に，そもそも環境問題のもつ構造自体に由来するともいえる。すなわち，環境問題とは工業化を通じた経済活動の負の遺産であって，すでに経済成長を経験し，環境問題を引き起こした先進国の過去の責任である。他方で，これから経済成長を経験する途上国が環境問題を悪化させるのを未然に防がなければならない。このように，環境問題には責任の所在にギャップがある。こうした問題は 1992 年に開かれた地球サミットのリオ宣言において「共通だが差異ある責任」原則として認識された。そこでは，先進国も途上国も一緒に環境問題の解決に向けて協調するが，先進国と途上国の責任および能力の差異をふまえ，協調の中身には差異を設けるということが確認された。それ以来，今日に至るまで，同原則は国際環境条約の基本的な理念として採用され，先進国による途上国への資金供与・技術移転を通じた能力構築という形で条文に盛り込まれてきた。

　多くの環境条約で資金メカニズムとして利用されているのは，1991 年に世界銀行の下部機関として設立された GEF である。GEF は国際環境条約からの覚書を通じた委任に基づき，途上国が条約の履行活動に関連するプロジェクトを実施する際に，環境配慮によって生じる追加的費用（incremental cost）について資金供与を行う。GEF の設立当時は，こうした環境プロジェクトに対して資金供与を行う国際機関は，世界銀行と GEF しかなかった。両者を比較した場合，市場経済の原理に合致した世界銀行に比して，GEF はより途上国のニーズに即した資金メカニズムであるとして，とりわけ途上国に歓迎された（Marcoux et al. 2011）。しかし，次第に GEF は環境条約の資金メカニズムとして不十分とみなされるようになってきた（Fairman 1996; Streck 2001）。

　その原因の一つとして，近年の GEF の資金配分基準の改定が挙げられる。GEF 理事会は 2005 年に，改革の一環として資源割当枠組み（Resource Allocation Framework）を採用した[6]。これは，パフォーマンス点数の高い途上国によ

り多くの資金を供与することで，GEFの資金供与をより公平かつ透明性のあるものとし，その有効性を高めることをめざすものである。点数付けにあたっては，当該国への資金供与がどの程度地球環境の向上に資するかに加え，当該国の能力や政策などプロジェクトの実行可能性にかかわる指標が勘案される。この点数が低い国はプロジェクト数や受給可能額が限られるというように，資金供与の際に篩いにかけられる（UNEP 2010b: 18）。このような割当枠組みは，世界銀行の国際開発協会（IDA）でも用いられているものである。いわば，同じ資金供与額でより大きな効果を上げることのできる国に対して優先的に資金供与を行うという考えが，その根底にある。

　これは他方で，環境問題の解決に資金を必要としつつも，健全な政治・経済制度が整備されていない最貧途上国に資金が配分されないという事態を招く。このような理由から，現在では多くの途上国がGEFを条約の資金メカニズムとすることに消極的であり，効率性よりも途上国のニーズに重きを置く，モントリオール議定書の下に設置された多国間基金のような独立基金の設置を好む。しかし，モントリオール議定書は独立基金が設立された唯一の先例であり，独立基金の設置に合意することは難しい。

　ここには，GEFを通じた資金供与をめぐる根本的な2つの問題が横たわっている。第1に，そもそも，先進国は自国の限られた国家予算から途上国へ資金を配分することには消極的である。とりわけ，供与する資金が環境問題の解決に有効に活用されない可能性があれば，より一層消極的になる。こうした先進国の懸念は，GEFにおいても上記の資源割当枠組みが採用されたことに加え，国際環境条約の中ではモントリオール議定書以外に独立基金が存在しないことに例証されている。第2に，GEFの資金供与がもつ遵守確保への効果は定かではない。先進国は資金供与が遵守の改善に生かされる場合には，資金供与をする用意があると考えられる。しかし，GEFは外部組織であって，同時に複数の条約の資金メカニズムとして機能している。その目的は能力構築であって，長期的に遵守の改善をめざすものの，遵守問題に直接かかわるわけではない。そのため，GEFが一つの条約の遵守確保にもつ影響力は，それを目的として設けられる独立基金のような資金メカニズムに比べて限定的となる。

　このように，資金供与はあくまで遵守確保をめざす手段であるはずである。

第 I 部　条約制度を問う

しかし現存の資金メカニズムは，外部組織への委任という形をとることと相まって，資金供与と遵守確保の有機的な連携が無視されてきた。そしてこれは，先進国の資金拠出への意欲をそぐことにつながっている。このことは，遵守の確保を能力構築のみに依拠することの限界，そして管理理論の実施面での限界を示唆している。資金供与・技術移転といった能力構築を，どのような方法でまたどのような機関によって実行すべきかといった具体的な手段に関する処方箋は管理理論からは導き出せない。

　同様に，管理理論が説明する社会的制裁についても，実施面におけるこの理論の欠陥が浮上する。執行理論の主張する法的制裁に対して，先に述べたように管理理論は報告制度に基づく透明性の確保による社会的制裁の有効性を強調する。しかしながら，実際には社会的制裁はいかに働くのか，社会的制裁と能力構築はいかなる関連性をもつのか，果たして遵守への誘導にどれほど効果的であるのか，といった具体的な問いに対して管理理論は十分な答えを用意していない。これと関連して，管理理論は制裁を通じた執行の重要性を過小評価していると批判されている。とりわけ制裁の脅威が，どのように管理理論が指摘する制度を補完するかについて十分に考察していないと指摘される（Downs et al. 1996; Weiss and Jacobson 1998: 547-548; Victor et al. 1998: 683-684）。制裁自体が根本から否定すべきものであるのか，あるいは管理理論の考えに親和的な制裁の形態があるのかについては考察の余地がある。

　以上のように，執行理論と管理理論のいずれも，それぞれ単独では水俣条約における三位一体制度の実現を説明できない。さらに，この２つの理論によって説明される遵守確保のための制度は，実施面でも有効に機能してこなかった。次節では，三位一体制度は，両理論を組み合わせた統合理論によって初めてその成立が説明されること，また実施面でも有効性が期待できる包括的な制度であることを示す。総じて，統合理論は制度の記述・実施の双方において，各々の理論の欠陥を補完するものであることを示す。

3 執行と管理の統合による遵守の確保

▶**執行と管理の統合――モントリオール議定書における成功**

　それでは，水俣条約における三位一体制度の成立は，どのように説明されるのだろうか。先述のように，三位一体制度を構成する法的拘束力のある規制については，執行理論と管理理論のいずれでも説明可能であった。したがって本項では，遵守システムと独立基金の2つの成立を理論的に説明することを試みる。以下，本項では，まず，遵守システムと独立基金の機能を，他の制度類型と比較しながら，概念的に紹介する。次に，両制度を設置できた唯一の環境条約であるモントリオール議定書において，両制度が実際にどのように運用されたかを紹介する。これにより，遵守システムと独立基金の実現は，管理理論をベースとした統合理論によって説明されることを示す。同時に，モントリオール議定書の成功をふまえると，統合理論が照らし出す2つの制度は実施面においても有効性を秘めたものであることを示す。

(1) **遵守システムの機能**

　序章でもふれたように，環境条約の約束に関する履行・遵守の確保を目的とした制度は，その制度化のレベルによって，おおよそ3つに分けられる (Raustiala 2001: 9-11)。第1に，履行状況に関する情報を国から収集するための「報告システム」である。第2に，収集されたデータをもとに各国の履行状況について分析し開示する「履行システム」である。そして第3に，履行状況をふまえて遵守を評価し，不遵守問題の是正をめざす「遵守システム」である。遵守の評価は，履行活動に関して報告されたデータおよび履行状況への分析を参考にすることから，遵守システムは報告システムと履行システムを内包しており，最も制度化されているといえる (Raustiala 2001: 12)。このように遵守システムは履行システムの延長線上にある一方で，序章でふれたように，遵守は履行に比べて内政干渉的な意味合いをもつ。したがって，国々は遵守システムに対して政治的に敏感となり，その設置をめぐる交渉には常に激しい対立が伴

う（Raustiala 2001: 11-13）。

　遵守システムとは，より具体的には，不遵守手続き（Non-compliance procedures）と不遵守対応措置（Non-compliance response measures）の2つのステップから構成される（UNEP 2007a: 10-12）。不遵守手続きの正式な運用主体は，条約下に設置される遵守委員会である[7]。遵守委員会は詳細な規定に沿って活動している。この規定の中には構成員，権限，情報源，遵守問題の特定・評価法，意思決定ルール，遵守にかかわる最終決定を下す際の委員会と締約国会議の役割分担などに関するものが含まれる（UNEP 2007a: 110）。遵守委員会の主な任務は，個別の国の遵守問題を特定・評価することであるが，バーゼル条約のように，遵守と履行の双方を含む，条約に関する全般的な評価を担う場合も多い（UNEP 2010a: 9）。

　不遵守手続きの具体的なプロセスについては，まず条約事務局に締約国の遵守問題が存在することが通達されることで，この手続きが開始される。多くの場合，締約国自らが申告する（self trigger），または他の締約国によって通報される（party-to-party trigger）（UNEP 2007a: 110）。こうして不遵守が発覚した後，当該加盟国に対して，遵守委員会によって諮問がなされ，不遵守についての当該国の見解と関連する情報の提出が求められる（UNEP 2010a: 9）。また，不遵守発覚後の調査にあたっては，政府間機関，非政府組織（NGO）から提供される事実・技術関連の情報が用いられることもある（UNEP 2010a: 9）。こうした調査を経たうえで，締約国会議の開催と合わせて遵守問題を検討する会議が設けられ，不遵守が問題となっている加盟国に対して同会議への出席が求められる（UNEP 2010a: 9）。最終的には，遵守委員会はコンセンサスまたは3分の2の多数決票によって，不遵守への対応を決定する（UNEP 2010a: 9）。多くの場合，遵守委員会は，約束の遵守を支援するための勧告を出すことになっている。例えばバーゼル条約の遵守システムに設置されている遵守委員会は，当該国の意向に沿う形で，助言，法的拘束力のない勧告，情報を提示する[8]。

　さらなるステップとして，委員会は締約国会議に追加的に不遵守対応措置を検討するよう依頼する（UNEP 2007a: 31）[9]。これにより，委員会または締約国会議は，当該国を遵守に向かうよう誘導かつ支援するための方策を講じることとなる（UNEP 2007a: 113）。ほとんどの場合は，遵守能力の構築をめざした促進

的な措置であって，不遵守国が抱える遵守問題の解決を支援するための勧告や助言がなされる（UNEP 2007a: 113）。これには，条約の履行・遵守活動に必要となる国内の法律や政策についての勧告や，報告・監視にかかわる技術的な助言が含まれる（UNEP 2010a: 10）。その中核に位置づけられるのが，不遵守国に対して遵守行動計画の作成を要求または提案することである。こうした遵守行動計画には，基準値（ベンチマーク），目標，遵守指標に加え，遵守活動の行動計画が盛り込まれる（UNEP 2010a: 10）。これと合わせて，不遵守対応措置の一環として，遵守を達成するために必要となる技術や資金へのアクセス支援といった，より積極的な能力構築が行われる。こうした不遵守対応措置は，条約の下で通常行われる技術・資金支援とは異なるが，これらを補完するものとして位置づけられる（UNEP 2007a: 113）。

　不遵守手続きと不遵守対応措置は，上述のように促進的かつ非強制的であるものの，制裁に依拠した措置も稀に利用され，不遵守の公表や条約特権の停止がこれに当たる（UNEP 2007a: 32）。特に国際貿易にかかわる一部の環境条約では，深刻または継続的な不遵守に対して，より強力な対応措置が用意されており，ワシントン条約や京都議定書がこれを採用している（UNEP 2010a: 10）。執行理論が説明するところの制裁手段を採用している条約もあるが，その制裁は依然として弱いものにとどまる。

　このように，遵守システムは遵守の促進をめざして運用されており，不遵守への対応において能力構築と資金供与が，その根幹をなす。実際に，このような遵守システムは諮問ベースであって多国間で進められるため，強制的かつ2国間の紛争を対象とした紛争解決制度よりも利用しやすく，集合的な義務にかかわる遵守問題を扱いやすいとされる（Victor 1996: 1）。

　それでは，これをふまえたうえで，水俣条約において独立基金が遵守システムと合わせて設置されたことは，機能面でどのような意味をもつのかを考察したい。

(2) 独立基金の機能

　環境条約における資金メカニズムの形態は，独立基金，GEF，任意基金という3種類のものが存在する（UNEP 2008a）。この中でも，遵守システムと最も機能的連関を高めることができるのは，独立基金である。独立基金とは，一

条約の下にその条約だけのために設置される資金メカニズムであり，締約国会議の直接的な権限下に置かれる（UNEP 2010a: 13）。したがって，独立基金と遵守システムのいずれも締約国会議の権限下に置くことができるため，締約国会議を介して両制度の連携をうまく確保しやすい。しかし，同時に複数の条約の資金メカニズムとして機能する外部組織であるGEFの場合，資金供与のあり方をめぐって締約国会議がGEFに指針を示すものの，実際の資金供与はGEFの資金供与ガイドラインをふまえて行われることとなる（UNEP 2010a: 13）。すなわち，条約の直接の管理下に置かれないGEFを通じた資金供与の場合，不遵守問題への対応との効率的な連携はより困難になる。また，任意の貢献金を原資とした任意基金は，例えばバーゼル条約で採用されており，資金供与国が特定の活動にのみ拠出することが認められる（UNEP 2010a: 13）。こうした任意基金には供与国の自発性が大きく反映され，資金供与は不安定かつ緩やかなものとなるため，不遵守問題への対応へと有機的に結び付けることは困難である。

　以上のように，遵守システムと並んで独立基金が設置されたことは，遵守の確保に最も効果的な資金メカニズムが成立したと解釈することができる。それでは，実際の運用にあたって，2つの制度は具体的にどのように機能するのであろうか。次に，この2つの制度が唯一実現されたモントリオール議定書においてどのように運用されたのかをみることで，両制度の機能に関する理解を深める。

(3) 遵守システムと独立基金の運用――モントリオール議定書の成功

　モントリオール議定書はこれまでに最も成功した環境条約として評価される（Faure and Lefevere 2014）。ビクターによると，その成功の鍵は，高いレベルの約束の遵守確保に資する強力な遵守システムにあり，独立基金がその機能を高めたと指摘する（Victor 1996: 36, 39; Victor 1999: 169）。

　とりわけ，十分な能力をもたず，定期的な履行活動の報告さえままならない途上国に関しては，委員会は次のように独立基金である多国間基金を活用した。つまり委員会は，途上国への資金供与に条件を設けることで，遵守の是正を促進した。すなわち，履行状況を評価するための初期の基準となるデータを報告しない限り，次期の多国間基金からの援助を行わないとして，資金供与を梃子とした不遵守の是正を行った。こうした脅しは，実際にモーリタニアに対して

とられ，その後のレポート率の改善に即時的効果がみられた。このように委員会は多国間基金の運用主体との間で，締約国の履行活動状況や遵守能力に関する情報を共有するなどして密接な連携を築いた。こうした遵守システムの成功の背景には，資金供与が遵守への誘引かつ不遵守への制裁の双方として働き，同システムを補完できたことがあったとされる（Victor 1996: 36; Victor 1999: 169）[10]。さらに旧ソ連諸国をはじめとする市場経済に移行した国々も，オゾン層破壊物質の規制に関連する自国の能力をめぐる問題について，頻繁に委員会の助言を仰ぐようになった。委員会はこうした問題への対応にも多国間基金をうまく活用した。

　また，こうした遵守システムと独立基金の連関は，GEF の資金供与のあり方によい影響をもたらした（Victor 1996: xi, 25）。モントリオール議定書では，独立基金の供与対象とはならない新興国への資金供与のために GEF があわせて利用された。GEF は，上記の委員会の多国間基金の運用に沿う形で，自発的に遵守を資金供与の条件とした。例えば GEF は委員会に対し，「GEF からの資金供与も（多国間基金と同様），モントリオール議定書の公式な不遵守手続きに則る」ことを強調し，「ロシアへの支援を継続するかの決定において同国から提出された報告データの質を参照する際に，委員会の助言を仰ぎたい」と通達した。さらに，ベラルーシ，ロシア，ウクライナにかかわるプロジェクトについても，報告義務にかかわるいかなる不遵守が生じた場合にも，それが委員会によって解決されない限り支援は行わない旨を決定した（Victor 1996: 30）。このように GEF は，条約外部の組織であるにもかかわらず，独立基金に倣い遵守システムとの連携を保つことで，資金供与の効率化をめざすことができた。

　以上のように，遵守システムと独立基金が同時に成立した場合に，両制度はどのような機能を有するかがみてとれた。その遵守確保のあり方は，不遵守に制裁・罰則を与えるのではなく，資金・技術支援を活用しながら行政的な対応がめざされる点において，執行理論よりも管理理論に近いといえる。ただし，不遵守の根本的な原因を分析し勧告を出す点において，管理理論の想定以上に内政干渉的といえる。他方で，不遵守が改善されない場合には，追加の義務を課したり資金供与をとりやめたりするといった形で，執行理論によって説明される罰則・制裁の要素も盛り込まれている（Victor 1996）。両制度が同時に成

立したことは，管理理論をベースとした執行理論との統合によって説明される。

さらに，モントリオール議定書において遵守システムと資金メカニズムが成功を収めたことをふまえると，両理論の統合は実施においても有益であるといえる。実際に，遵守確保における遵守システムと資金メカニズムの連関の有効性については，ビクターだけでなく，ブリュネやドゥ・シャズルネによっても指摘されているところである（Victor 1996, 1999; Brunnée 2006; De Chazournes 2006）。またフォーレとルフェーブルは，資金供与をうまく組み込んだ遵守システムを，執行理論に依拠した制裁や罰則，紛争解決手続きの既存条約における失敗をふまえた，今日期待される新たな遵守確保の手段であるとみる（Faure and Lefevere 2014）。

▶包括的な制度としての三位一体制度

本節の第1項では，遵守システムと独立基金の成立は，管理理論をベースとした両理論の統合によって説明され，実施面においても有効性を秘めた包括的な制度であることを示した。本項では，両制度に法的拘束力のある規制も加えた三位一体制度に統合理論を当てはめる。まず，法的拘束力のある規制については，執行理論と管理理論のいずれの立場からも説明可能であるため，前項の議論をそのまま援用することで，三位一体制度を統合理論から説明できる。したがって以下では，三位一体制度の実施について，その機能面から考察を加えたい。

環境問題に関する協調枠組みをめぐっては，多くの場合，規制に法的拘束力をもたせるか否か（法的枠組みか自主的枠組みかのいずれを採用するか）が議論される。規制に法的拘束力をもたせた場合には，とりわけ遵守能力の乏しい途上国は条約参加に消極的になる。このように条約参加国が少数にとどまることが予想されると，フリーライドへの懸念から，国々は条約への参加をとどまり，条約は発効すらしない。そこで，このような事態を回避するために，緩やかであっても何らかの協調が進むと期待される自主的枠組みが好まれる。

このような法的枠組みか自主的枠組みかという一次元の軸で考えた場合，有効に機能する法的枠組みは実現不可能なように思える。しかし，前項で示した，統合理論によって説明される，独立基金と遵守システムを通じた遵守確保の次

図 1-1 三位一体制度の機能的連関

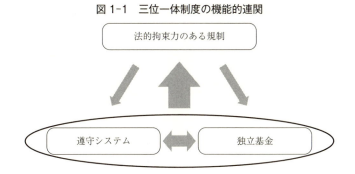

元を図 1-1 のように加えてみる。すなわち，3つの制度を集合体としてみると，次で議論するように，規制に法的拘束力をもたせつつも条約の有効性を確保する方途があることがわかる。また，3つの制度のいずれかが欠けた場合には，異なる条約の帰結が導かれることが予想され，これは表 1-1 のようにまとめられる。

まず，法的拘束力のある規制はうまく機能するように2方面から後押しされる。第1に，遵守システムによる後押しである。これは，独立基金の存在によって高められる。環境条約において規制に法的拘束力をもたせる，すなわち約束を制度化する場合には，その遵守確保の手段も制度化する必要があり，遵守システムがこれを担う。[11] また前項で詳述したように，独立基金を通じた資金供与によって不遵守の是正が後押しされ，遵守システムの機能が促進される。逆に，遵守システムがあったとしても十分な資金メカニズムが伴わない場合には，十分な能力構築を行えないため，途上国は遵守の縛りが強い条約への参加をためらうであろう。モントリオール議定書の実施例からも示されるように，遵守システムは独立基金の存在に支えられているといえる。

第2に，独立基金による後押しである。これは，遵守システムの存在によって高められる。法的枠組みの下に有効な能力構築を可能とする独立基金を設置することで，途上国の参加を促すことができる。これは，自主的枠組みの下，規制を弱くすることで途上国を引き込むのとは異なる。資金供与を通じた途上国の取り込みは，多くの環境条約で採用されてきた戦略である。しかし，話はここで終わらない。前節で見たように，資金メカニズムが有効に機能してこな

第Ⅰ部 条約制度を問う

表1-1 3つの制度の有無と予想される条約の帰結

法的拘束力のある規制	遵守システム	独立基金	帰結
法的枠組み	あり	あり	三位一体制度 先進国・途上国：遵守
法的枠組み	あり	なし	先進国：遵守, 途上国：条約不参加, 遵守不能
法的枠組み	なし	あり （またはGEF）	先進国：資金供与誘因の喪失 途上国：不遵守
自主的枠組み	なし	なし	協調による効果は限定的

かったと指摘される大きな原因として，先進国が資金拠出をためらってきたことが挙げられる。先進国からの安定した資金拠出を確保するためには，資金供与が遵守確保と条約のパフォーマンスの向上に直結していると，先進国が実感できるような体制を整える必要がある。これは，まさに不遵守問題を是正する遵守システムによって可能となる。つまるところ，資金メカニズムの欠陥と考えられているものの根底には，こうした遵守システムの欠如があると考えられる。独立基金による法的拘束力のある規制の後押しは，遵守システムの存在によって高められるといえる。

しかし，法的な基盤のない自主的枠組みでは，そもそも遵守確保のための強力な制度を備えることができないため，先に述べたような2方面からの遵守の後押しは得られない。したがって，自主的枠組みを採用することで途上国の参加を確保できたとしても，環境問題の解決に途上国の環境行動の転換と能力構築が必須である場合には，問題の根本的な解決にはならない。ここにおいて，能力構築の重要性を説きつつも規制の法的拘束力の有無を問わない管理理論は，制度の実施面において限界があると考えられる。

以上のように，三位一体制度は統合理論から説明でき，また規制に法的拘束力をもたせるか否かという軸と遵守確保の手段という軸を合わせて考察することによって，包括的な制度とみなすことができる。

4 三位一体制度の意味

　水俣条約における三位一体制度の実現は，遵守確保にかかわる既存の理論である執行理論と管理理論のいずれか一方では説明できず，両理論の記述理論としての欠陥が明らかとなった。また環境条約の歴史を振り返ると，各理論によって説明される遵守手段はそれぞれ実施においても失敗してきたのであり，両理論は実施面においても欠陥があることがみてとれた。他方で，管理理論をベースとしつつ２つの理論を統合的に用いることで三位一体制度の実現は初めて説明できた。また，三位一体制度の機能分析とモントリオール議定書の成功例からは，三位一体制度は実施においても条約を有効に導く可能性を秘めた包括的な制度であることがみてとれた。さらに，本書が提示した統合理論は，既存の理論の欠陥を補いうるものであり，学問的な記述理論としてだけでなく制度の実施においても有益なものであるといえる。これにより，国際関係学では両理論は競合関係にあるとみなされてきたのに対し，本章は新たな理論的視座を提示した。

　総じて本章では，遵守の確保にかかわる理論を用いながら，水俣条約で成立した三位一体制度は，環境条約を成功に導くことが期待される包括的な制度であるという解釈を示した。このような見方は，序章でふれたように，水俣条約における独立基金と遵守システムの同時成立をふまえ，水俣条約を「野心的な」条約として歓迎する UNEP の条約関係者の声からもうかがえる。しかし，モントリオール議定書では３つの制度の合意時期には差異があり，それ以降の条約でも三位一体制度は実現しなかった。それでは，なぜ水俣条約では採択された段階で３つの制度を同時に盛り込むことに合意できたのであろうか。その鍵は，条約交渉にあると考えられる。三位一体制度の合意可能性がどのように確保されたのかを解明する作業が，次章以降の課題となる。

第Ⅰ部　条約制度を問う

■注

1) しかし，約束のレベルが環境問題の解決に必要なレベルに比して相対的に低い場合には，条約内で遵守が確保されたとしても，条約が問題解決において有効であるとはいえない（Raustiala 2000）。このように，条約の有効性は複数の要因によって規定されるため，その測定は困難となる。
2) 同様に3つの制度が唯一成立したモントリオール議定書について，理論的な側面からその成功を評価するものがある（Faure and Lefevere 2014）。そこでは，遵守システムである「不遵守対応手続き」は非強制的かつ促進的であり，執行理論から管理理論への移行とみなされる。しかし，本書のように，遵守システムだけでなく法的拘束力のある規制と資金メカニズムも含めた3制度の機能連関を分析すると，三位一体制度はいずれか一方の理論では説明できないと考えられる。
3) ただし，水俣条約における報告システムは，制裁・罰則を通じた執行のための監視を目的としたものではなく，本文で述べたように，非強制的かつ促進的な遵守システムに埋め込まれたものとして位置づけられる。さらに，水俣条約では条文中に制裁・罰則は規定されていない。
4) 締約国による報告システムの形態と内容は条約によって異なるが，条約ごとにフォーマットが設けられており，報告を求められる情報が定められている。
5) 今日の単独制裁は国際法の下にきわめて制限されており，軍事制裁は例外的である。国際自由貿易のためのレジームがめまぐるしく発展する今日において，貿易制裁はますます困難になっている。また条約ベースの制裁も，政治的障壁があるために好まれないという（Faure and Lefevere 2014: 124-125）。
6) GEFのウェブサイト（https://www.thegef.org/content/resources-allocation-framework，2017年7月13日最終アクセス）。
7) 本文中で述べた公式の遵守システムでは，遵守システムを運用するために遵守（または履行）委員会が設置されるが，委員会の設置が政治的に困難な場合には，締約国会議がこれを担い，インフォーマルな形で遵守システムが機能する場合もある（UNEP 2010a: 8）。
8) この遵守システムの正式名称は，「履行・遵守促進メカニズム」となっている。
9) ただし，委員会の権限もさまざまである。ワシントン条約や京都議定書では，加盟国の不遵守に対する措置を全面的に決定する権限が遵守委員会に与えられている。ワシントン条約では遵守委員会が不遵守国に対し多岐にわたる措置を要求し，事務局の協力を得てこれらの措置の実施を監視する。京都議定書では，不遵守国は遵守委員会による自国への不遵守措置に対し，締約国会議において反対の意を唱えることができる。締約国会議の4分の3の多数決で不服が認められた場合には，遵守委員会の不遵守措置は覆され，委員会に措置の再考が求められる（UNEP 2007a: 31）。
10) ビクターは，このような連携の試みを評価しつつも，条件の行使が基準となるデータの報告にとどまる点で限界があるという。そして，他の条約にこのような連携を適用する際には，年次データの報告をはじめ，条件の行使対象を拡大させる余地があると指摘する（Victor 1996: 17, 24-25, 39）。
11) 例えば，気候変動問題をめぐる国際協調において，自主的行動を促すのではなく法的拘束力のある規制を盛り込む場合，フリーライドを抑制するためには強固な遵守シ

第 1 章　国際関係学における遵守の確保

ステムの設置が重要であるといわれる（Barrett 2003; Victor 1999）。またビクターは，モントリオール議定書における遵守システム（不遵守手続き）の成功について精緻な分析を行ったうえで，遵守システムはそれ単独で交渉するのではなく，条約の規制の強さや範囲と関連づけながら広く議論することが重要であると主張する（Victor 1996: 11, 39）。

第2章

環境条約交渉の理論と分析方法

　第1章では，三位一体制度は執行理論と管理理論の統合を具現化した，遵守確保に有効的であると期待できる包括的な制度であることを示した。ところが，有効性が期待できる制度であっても，必ずしもこれが政治的に合意可能であるとは限らない。なぜなら，主権への制約を危惧する国々が，条約交渉時にその採択を拒否するかもしれないからである。一つの制度が成立しても他の制度は成立しない場合が多く，複数の制度間の有効性が担保されるようにうまく合意を確保できるかには疑義がある。それでは，内政干渉の要素が強い三位一体制度が成立した水俣条約では，国家間の利益対立はいかに乗り越えられたのであろうか。執行理論と管理理論とを組み合わせた統合理論が有効的な制度を導くという第1章の理論的視座に立脚したうえで，第3章以降では，三位一体制度が成立する条件を明らかにする。その分析に入る前に，本章では，本書の試みに関連する先行研究を検討したうえで，分析に用いる理論と方法について述べる。

1 環境条約に関する先行研究

　環境条約に関しては，1980年代から国際レジーム論および国際制度論の領

第 I 部　条約制度を問う

域において環境条約が成立した背景が注目されるようになり，次第に条約の制度デザインへの関心も高まっていった。制度デザインが注目されていなかった初期の研究では，本書が制度デザインとして着目する「法的拘束力のある規制」の成立は，環境条約の成立として分析が行われてきた[1]。したがって，第2項で述べる環境条約の制度デザインに関する研究に加えて，第1項では環境条約自体の成立をめぐる先行研究についても概観する。また，第3項で紹介する水俣条約に関する近年の研究も，国際関係理論を参照しながら，その交渉過程に着目してきた。しかし，総じていずれの研究も，制度デザインを説明するのに十分な分析枠組みを提示してこなかったといえる。

▶条約の成立に着目した研究

　国際制度・国際レジーム研究において，環境条約は締約国の行動を規制するための手段であるとみなされてきた。1980年代以降，国際関係理論を適用しながら，条約の成立を規定する要因が特定されてきた（Keohane 1984; Young 1989a, 1989b）。しかし，これらの先行研究は条約それ自体を規制のための単一の制度とみなし，条約は執行や遵守にかかわる多数の制度の集合であることに十分な注意を払ってこなかった。すなわち，条約自体の成立が関心事であって，条約の履行や遵守確保にかかわる諸制度は分析の中心ではなかったのである。以下では，先行研究によって明らかにされてきた環境条約の成立要因について，大国のパワー，相互利益，規範のそれぞれに焦点を当てながら整理を行う[2]。

　先行研究では，第1に，パワーが交渉を左右して条約の成立を規定すると考えられてきた（Young and Osherenko 1993: 230; DeSombre 2000）。大国は軍事面または経済面で物質的なパワーを有するため，制裁を通じて他国に条約参加を強制することができる。また，大国は他国への影響力すなわちソフトなパワーをもつため，交渉での賛成や拒否を通じて，自己の利益に沿うように取引の結果を左右できる。こうした影響力は，大国によるリーダーシップとみなされる。このような見方は，協調の鍵は大国のパワーであり，大国の利益が反映されたときに協調は可能になるというリアリズムに沿ったものである。

　第2に，相互利益が条約の成立を左右することが指摘されてきた。国々の間には，環境被害，環境技術，所得などという利益を規定する要素が異なる形で

存在する。したがって，環境条約の成立に必要であるとされる相互利益は見出しにくい。しかし，交渉過程において，国々の利益に相互性を発見する機会があるという。例えば，創造的な国際交渉戦略によって，利益を明確にしたり再評価したりすることが可能となり，一見対立するように思われる国々の利益にも相互性を見出すことができる（Fisher et al. 1981; Raiffa 1982）。また，交渉国のリーダーシップによって利益に相互性が創出され，合意形成が促進される（Young 1991; Underdal 1992; Skodvin and Andresen 2006）。このような見方は，国家間に相互利益が存在するときに協調は可能となり，国際制度はすべての国の利益を満たすものである，というインスティテューショナリズムの見方に沿ったものである。[3]

第3に，先行研究では，環境問題の深刻性や国際協調の必要性についての共有認識が環境条約の成立を左右することが指摘されてきた。例えば，国々が問題の深刻さと原因に関する認識（根源的認識）と，規制の方法に関する認識（手段的認識）を共有しているならば，それらをもとに条約を作成しやすくなるという（Haas 1990; Bäckstrand 2000; Jasanoff and Martello 2004; Schroeder et al. 2008; Young 2008）。しかし，問題の深刻性について根源的認識を共有していたとしても，解決手段としての環境技術の利用可能性や環境保護から生じる経済的負担の程度などにかかわる政策面での不確実性は高い場合がある。この場合，手段的認識を共有することは難しく，条約の形成は困難となる。また，このように不確実性が高い場合でも，重大な環境破壊の発生を契機として，環境被害の深刻さをめぐる強い共有認識が創出され，国際協調の機運が一気に高まって条約の形成につながることもある（Litfin 1994: 185; Young 1998: 77）。こうした見方は，国家間で共有された規範や認識の存在が協調の鍵になるというコンストラクティヴィズムに沿ったものである。

以上のように，環境条約の成立要因に関する先行研究は交渉過程に着目し，国際関係理論を手がかりにしながら，交渉におけるパワー，利益，共有認識が条約合意の鍵であると論じてきた。

また，いくつかの先行研究は，条約の成立要因を，国内政治や国際機関といった交渉過程の外に見出した。例えば国内要因の影響については，削減費用（abatement costs）や環境の脆弱さ（ecological vulnerability）が交渉国の交渉への

第 I 部　条約制度を問う

積極性を規定すると指摘される（Sprinz and Vaahtoranta 1994）。逆に，条約がその実施過程において国内政策を促進する側面もあるとして，環境条約と国内政策の相互連関も指摘される（Schreurs and Economy 1997）。また，デソンブレは複数の環境条約に対するアメリカの交渉姿勢を国内要因から説明する（DeSombre 2000）。

　国際機関の影響については，次のような知見が存在する。例えばバウワーは，UNEP が環境条約に対して担う役割として，科学的知見の提供を通じたアジェンダ設定における認識形成や，条約交渉および履行における規範形成を挙げる（Bauer 2009: 172-175）。またハースは，UNEP が条約形成に大きく貢献した例として，地域海計画（Regional Seas Programme）に対する認識共同体の役割を指摘する（Haas 1990）。ダウニーは，UNEP がオゾン層保護条約において議事進行を通じて交渉を促進（facilitate）したと同時に，合意形成のためにより積極的に交渉を管理（manage）したと指摘する（Downie 1995）。後述するように，本書はこれらの先行研究の知見に立脚しつつ，こうした要因が条約の成立というよりも，むしろ「交渉のあり方」を具体的にどのように左右したのかに着目する。

▶制度デザインに着目した研究

　環境レジーム研究の初期には，上述のように環境条約の成立自体が関心の中心であった。しかし 1990 年代に条約の有効性をめぐる議論が高まったこともあって，条約によって，そこに盛り込まれる制度，すなわち制度デザインが多様であることが注目されるようになった（Koremenos et al. 2001; Mitchell and Keilbach 2001; Raustiala 2005; Böhmelt and Spilker 2016）。

　中でもコレメノスらの研究とミッチェルとカイルバッハの研究は，条約間で異なる制度デザインの規定要因を問題構造に見出し，制度デザインを体系的に説明するための理論的な分析枠組みの構築をめざしたものである（Koremenos et al. 2001; Mitchell and Keilbach 2001）。

　コレメノスらは，一般に国際条約が備える制度として，参加規定，条約に規定される問題の範囲，条約運用の集権度，議決ルールを通じたコントロールの程度（パワー分配）に着目する。これらの制度形態が条約間で異なるのは，条

第 2 章　環境条約交渉の理論と分析方法

約間で交渉国の利益対立の構造が異なるためであるいう仮説を立て，利益構造と制度内容の相関関係を分析の対象とした（Koremenos et al. 2001: 773）。彼らによれば，そもそも条約間で異なる利益対立の構造がみられるのは，条約間で対処される問題の性質に違いがあるためであるという。その結果，分配問題，執行問題，条約参加国数，参加国間の非対称性，他国の協調行動をめぐる不確実性，他国の選好をめぐる不確実性，システムの不確実性といった，利益対立を誘発する諸要素に違いが生まれる。条約によって異なる制度デザインは，条約下の異なる利益対立を解決するための工夫の表れであり，この点において制度デザインは合理的であるという。例えば，将来について不確実性が高い場合に国家間の利益対立は激化する可能性がある。このような場合，後の条約修正を容易にする制度を設けることによって条約の柔軟性を確保し，利益対立を和らげるといった工夫がなされる。

　これと同様の分析枠組みを環境条約に適用したミッチェルとカイルバッハも，環境問題の性質に根差す誘引構造の非対称性が，分配問題および執行問題をめぐる利益対立を規定するという。そして，こうした利益対立に対処するための工夫として，資金供与の制度や強度の異なる執行制度が盛り込まれると論じる（Mitchell and Keilbach 2001）。まとめると，制度デザイン研究は，環境条約を通じた協調には国家が利益の互恵性を見出す必要があることを前提としたうえで，利益対立を緩和し互恵性を確保するための「手段」として，制度デザインをとらえている。

　もちろん，制度デザインは問題の性質に左右されるであろう。しかし，次の2点において，これまでの制度デザイン研究には限界がある。1点目として，制度は利益対立を乗り越えるための手段にとどまらないはずである。本書の見方からは，遵守を確保するための諸制度は，その制度自体が目的となる。例えば，資金供与の制度は，制度デザイン研究からは，政策能力のない途上国に資金供与を行うことで，条約が過度の負担を強いるという途上国からの不満を回避するためのものである。すなわち，先進国と途上国の間の利益対立を解消するための手段とみなされる。他方で本書の見方からは，第1章で述べたように，資金供与とは政策能力のない途上国の能力構築を行うことで遵守を確保するためのものである。したがって，途上国の遵守を確保するためには，どの国にど

57

第I部　条約制度を問う

の程度の規模の資金を供与し，先進国間でその費用をどのように配分すればよいか，が議論の焦点となる。

そこで，制度デザイン研究の限界の2点目として，利益対立構造がある制度の形態を自ずと決定することは考えにくい。利益対立構造に由来する問題に対処するために，どのような制度を採用するかについては，依然として交渉国の間で議論の余地があると考えられる。第1項で紹介した先行研究が，環境条約の成立要因を交渉過程に見出してきたことをふまえれば，制度デザインが交渉国の間で合意されるものである以上，どのような制度デザインが採用されるかも，交渉過程に大きく左右されるはずである。

このように，制度デザイン研究はインスティテューショナリズムの立場に依拠し，交渉国の利益に着目してきた。しかし，制度デザインが互恵的利益を確保する手段であっても，そもそもそれ自体が合意される必要がある。制度デザインを説明する際に，その交渉過程を十分に分析射程に入れてこなかった点に，これまでの制度デザイン研究の欠陥を見出すことができる。

▶水俣条約に関する研究

直接に水俣条約を扱った研究に関しては，主要なものとして6つの先行研究が存在する。この中から，交渉過程に着目した，本書の方向性に近い2つの先行研究として，アンドレセンらによる研究とテンプルトンとコーラーによる研究を取り上げる[4]（Andresen et al. 2013; Templeton and Kohler 2014）。これら2つの先行研究はそれぞれ，国際関係理論を適用しつつ，制度デザインとして法的枠組み（法的拘束力のある規制）と遵守システムが成立した背景を探ることを目的とする。これらは，上述の制度デザイン研究の見方とは異なり，条約の交渉過程に制度デザインの成立要因を見出す一方で，交渉分析は断片的なものにとどまる。また，それぞれ個別の制度に焦点を当てており，複数の制度で合意がいかに確保されたかについては十分に考察されていない。そしていずれの研究も，制度を遵守の確保や有効性の観点からとらえていない。

まずアンドレセンらは，水俣条約で法的拘束力のある規制が合意された（法的枠組みが採用された）ことに着目する。その合意がなされた背景について，国際関係理論を適用し，知識ベース，パワーベース，利益ベースの3つのリーダ

ーシップ要因が併存したことによって合意が可能になったと説明する（Andresen et al. 2013: 437）。法的枠組みが合意された要因を交渉に見出す点は，本書の試みに近い。しかし，以下の3点において分析上の限界がみられる。第1に，3種類のリーダーシップを折衷的に用いた複合的な理論枠組みになっており，合意に導いた決定要因を特定できていない点である。第2に，合意に至るプロセスを明らかにできていない点である。すなわち，各々のアクターがなぜ，どのように各形態のリーダーシップをとったのか，さらにリーダーシップがどのように作用して最終的に合意を可能にしたのかについて具体的な経緯は示されていない。第3に，制度デザインとして法的拘束力のある規制のみを分析対象に据えており，複数の制度を横断した合意形成について考察されていない点である。分析の中で，資金メカニズムの設置への期待が法的枠組みの合意を後押ししたことを指摘するものの，その具体的な背景までは十分に明らかにされていない。

　次にテンプルトンとコーラーは，既存の化学物質条約で実現に失敗してきた遵守システムが，なぜ水俣条約で成立したのかを探る（Templeton and Kohler 2014）。彼らは，制度デザインとして遵守システムに焦点を当て，その成立要因を交渉過程に見出す点において，本書の試みに近い。遵守システムの実現を可能にした3つの要因として，資金メカニズムの議論，とりわけ独立基金の成立が交換条件として提示されたこと，遵守システムとして執行を重視したものではなく遵守促進的なものを採用したこと，交渉経験の豊富な議長と交渉進行役による個人のリーダーシップがあったことを挙げる。しかしこの研究は，主に交渉官へのインタビューに依拠したものであり，交渉は舞台裏で行われたとして，交渉国の発言や姿勢の変化といった交渉過程の詳細は明示されていない。また，資金メカニズムの交渉が遵守システムの交渉に影響を与えたと指摘するものの，アンドレセンらと同じく，複数の制度の間で合意がいかに確保されたのかについて，十分に明らかにしていない（Andresen et al. 2013）。

　このように，水俣条約に関するいずれの先行研究も，交渉過程を表面的に分析するにとどまっており，制度デザインについて合意が形成されるまでの具体的な因果プロセスまでは明らかにしていないと評価できよう。

第Ⅰ部　条約制度を問う

▶本研究の分析視座

　ここまで環境条約一般にかかわる先行研究と水俣条約にかかわる先行研究を整理してきた。それをふまえて，本書は，4点において先行研究とは異なる分析視座を提示する。第1に，交渉過程に着目する。条約の成立に着目した先行研究では，交渉過程が条約の成立に影響を及ぼすことが指摘されてきた。それにもかかわらず，本書の試みと方向性を一にする制度デザイン研究では，制度デザインに影響を及ぼす要因として，交渉過程を分析射程に入れてこなかった。また，水俣条約の制度デザインに着目する研究は，交渉過程を分析視座には入れてきたものの，それを体系的に分析してこなかった。しかし，制度デザインは交渉の帰結であり，条約の成立を規定するパワー，利益，認識といった要因に，そのあり方は左右されるはずである。したがって，これら先行研究の限界をふまえて，制度デザインの規定要因として交渉過程を包括的に分析することが本書の大きな狙いの一つである。

　第2に，交渉過程に影響を及ぼす要因として先行研究が体系的に分析してこなかったものとして，交渉外要因を分析射程に置く。本書のいう交渉外要因とは，交渉内で観察される要素に影響を及ぼす交渉の外の要素のことである。交渉過程に着目する先行研究は，パワー，利益，認識といった要因が条約の成立を左右すると指摘してきた一方で，なぜ条約ごとに交渉内で観察されるこれらの要因が異なるのかについては，答えを提示してこなかった。例えば，ある条約交渉ではリーダーシップが出現する一方で，なぜ他の条約ではリーダーシップが出現しないのかについて，先行研究は体系的な説明を用意していない。しかし，条約の成立や制度デザインのあり方に一貫した説明を施すのであれば，その交渉過程のゆくえから目をそらすのではなく，交渉過程に違いをもたらす要因も説明されるべきである。こうした理由から本書は，交渉過程を左右すると考えられる要因として，交渉に対する交渉外の要因を分析射程に据える。そして，交渉外の要因がどのように交渉内の要因を規定し，とりわけ「交渉のあり方を具体的にどのように左右するか」に着目する。

　第3に，制度を個別に分析してきた先行研究が看過してきた課題として，機能的に連関した複数の制度がいかに同時に合意を確保できたのかについて分析する。この点については，三位一体制度が成立した唯一の先例であるモントリ

第2章　環境条約交渉の理論と分析方法

オール議定書では，法的拘束力のある規制は条約成立時の1987年に成立したものの，独立基金は1990年に，履行委員会は1992年の改正を経て設置され，3つの制度の成立に時間差があった。そのため，モントリオール議定書では3つの制度の共時的合意過程を観察することはできない。本書は，3つの制度が同時に成立した背景には，それらが別々に成立するときとは異なる交渉戦略や条件があったものと考え，水俣条約の交渉過程の分析を通して，その決定因を解明する。

第4に，制度を有効性と関連づけてとらえる。いずれの先行研究も，分析対象である制度を有効性と関連づけて分析してこなかった。制度デザインに着目した研究も，条約に盛り込まれるさまざまな制度に着目してきた一方で，条約の有効性や遵守確保の文脈で制度デザインをとらえてきたわけではなかった。しかし本書は，第1章で示したように三位一体制度を潜在的な有効性をもった包括的な制度ととらえ，それが成立した政治的背景を明らかにする。「有効性」と「合意可能性」を同時に確保することは難しいと考えられている中で，水俣条約では両者の要素を含んだ三位一体制度がどのようにして成立したのか解明することをめざす。

次節では，このような分析視座を包摂した分析枠組みを示す。

2　環境条約交渉の理論
条約交渉における2つの問題

本書は，三位一体制度をめぐる水俣条約交渉は，複数の制度をめぐる多数国間の交渉であった点に着眼する。このように多数国間で複数の争点について合意形成をめざす場合，より単純な構造をもつ2国・単一争点の交渉と比べて，合意形成が困難になることが予想される。その理由は，交渉国と争点が多数の場合には，交渉国の選好が大きく拡散するためである。またライファは，多数国による複数の争点をめぐる交渉では，利益対立が深刻化することに加えて，ある制度に合意した場合の帰結について見通せないことが交渉の障害になると論じる（Raiffa 1982: 275-287）。本書はこれと同じ見方に立ち，条約の費用・便

第 I 部　条約制度を問う

益の配分をめぐる問題と制度の帰結をめぐる情報不確実問題という2つの問題が表面化することを指摘する。2つの問題に一定の対処が施されることで，交渉国間で合意形成が達成されるのではないかと考える。もちろん，実際の交渉では2つの問題は混在し区別することは難しいが，以下では分析の便宜上，それぞれの問題を個別に扱うこととしたい。

▶条約の費用便益の配分をめぐる問題

　環境条約は，締約国の行動を規制して環境問題を解決することを目的とする。したがって条約交渉では，本書が着目する3つの制度をはじめとする諸制度を，規制の体系として構築することが議論の焦点となる。一般的に，どのような制度であれ，異なる国々に異なる費用と便益を発生させる。そのため，国々に共通の制度を構築するには，どの制度構築においても費用と便益の国家間の配分について合意を形成するという課題を解決しなければならない。本書では，この課題のことを条約の費用と便益の配分をめぐる問題（以下，分配問題）という。例えば費用の配分について，これまでモントリオール議定書や気候変動枠組条約などの環境条約交渉では，汚染度に見合った費用を各国に負担させるべきであるという考えに立ち，先進国に費用負担を集中させる規制が構築されてきた。また便益の配分についても，当該環境問題の被害の程度が国家間で大きく異なれば，成立した環境条約から得られる環境保護という便益も国家間で異なる。このように条約の費用と便益に国家間で差異がある状況では，規制の内容について国々が対立する可能性が高い。環境条約の採択には，通常コンセンサス・ルールが採用されている（Young 1989b: 360）。したがって，費用・便益配分に極端な差がある場合には，合意形成に多大な時間と労力がかかり，合意に到達できないおそれがある。前節でみた環境条約の成立をめぐる先行研究は，個別の制度ではなく条約全体におけるこのような分配問題に着目し，交渉の中でそれがいかに対処されたかを解明するものであるといえよう。

　環境条約が制度の集積である以上，条約交渉とは複数の制度をめぐる交渉である。本書が着目する遵守確保にかかわる制度，すなわち遵守システムと資金メカニズムについても，その合意形成にはそれぞれ異なる分配問題が存在する。すなわち，それぞれどのような形態の制度を構築するかによって，国家間で費

用・便益配分に差が生じる。例えば，制度として資金メカニズムを設置する場合，その形態によって先進国に求められる資金拠出の負担は異なり，途上国が享受可能な資金の規模も異なる。したがって，両国とも問題解決に効果を発揮する制度の設置をめざす一方で，先進国は資金供与の負担の縮小を志向し，途上国は潤沢な資金を享受できる制度を志向する。また，制度として遵守システムを設置する場合にも，その形態によって，締約国の政策がどの程度厳しく監視されるのか，どの程度問題解決に結び付くかが異なる。環境被害に苦しむ国やこれまで熱心に環境政策に取り組んできた国は，解決に寄与する強力な制度を好むであろう。対照的に，規制の緩い汚染国や遵守するだけの政策能力が不足している国は強力な制度を嫌う。このように，費用と便益の配分方法をめぐり，制度形態について交渉国は対立するというのが分配問題の構造である。

　交渉では，こうした分配問題への対処のあり方をめぐって議論が繰り広げられる。交渉の結果，最終的に合意が形成されたとしても，合意された制度は必ずしも完全なものであるとは限らない。すなわち，あくまで暫定的な合意として，恒久的な制度は条約発効後の締約国会議で話し合うなど，決定を先送りにすることも予想される。また，条約の運用について締約国に大きな裁量を与えることで，分配問題にのみ緩やかに対処することもある。以上をまとめると，各制度をめぐって異なる分配問題が内在し，交渉を通じて，これに何らかの対処がなされた場合に合意が形成されるのである。

▶制度の帰結をめぐる情報不確実問題

　前節でみた先行研究では指摘されてこなかったが，条約交渉を難航させるもう一つの問題として，本書のいうところの制度の帰結をめぐる情報不確実問題（以下，情報問題）が存在する（Raiffa 1982; Thompson 2010; Ovodenko and Keohane 2012）。ここでいう情報問題とは，ある制度を採用した結果として，制度が問題解決にどの程度有効か，また国家間でどのような費用・便益配分が生じるか，といった制度の効果に関する情報を，交渉国が事前に持ち合わせていないという問題である（Ovodenko and Keohane 2012）。本書の文脈に当てはめると，法的拘束力のある規制，資金メカニズム，遵守システムといった制度を設置する際に，こうした制度がもたらす効果について交渉国が正確な情報を保有してい

ないことを指す。交渉国が制度の効果について適切な情報を有する場合，どのような形態の制度が問題解決に有効か，また自国に好ましいかを正確に判断できる。したがって，こうした情報を交渉における具体的な提案へと生かすことができる。反対に，制度の効果についての情報が不十分であれば，交渉国は自国の立場を決められない。その結果，交渉で提案を提出できない，もしくはその提案は根拠の薄いものとなる。

環境条約交渉において情報問題が深刻となるのは，条約が扱う環境問題自体がきわめて複雑であるためである。したがって，その解決に必要とされる条約の制度も必然的に複雑になる。すなわち，どのような制度を構築すれば，どのように国家行動が規制され，どのように環境問題の改善に結び付くのか，といった制度の効果を理解するには，正確かつ詳細な情報が必要になる。さらに，条約は複数の制度から構成されるため，制度同士は機能的に連関する。このような制度間の相互作用や相乗効果を把握するためにも，情報が必要となる。

しかし，制度の効果にかかわる交渉国の情報収集能力には限界があると考えられる (Simon 1997)。例えば，国の行政活動の中では，自国が締結した条約の事務局の運用や会議の参加に国家予算からどの程度出資したかについては把握しているであろう。また，条約の規制が自国の産業にどのような影響を与えたかなどについても，官庁レベルでデータを把握していると考えられる。他方，国際レベルでの条約制度の効果については，一国の行政活動の中で情報収集が行われているとは考えにくい。これは，例えば，条約下に設けられた制度が，どれほど締約国の行動転換を促し，国際社会全体の環境問題の改善に貢献したのか，といった情報である。また，制度の帰結として締約国の間で，いかなる費用・便益配分が生じたかといった情報である。このように，複雑かつ不確実性の高い制度の効果を正確に理解するには，交渉国が通常持ち合わせている情報では不十分であると考えられる。

情報問題に一定の対処がなされて，交渉国が制度の効果を識別できるようになったとしよう。しかし，これにより問題解決に有効な制度にすぐさま合意できるわけではなく，有効な制度に合意できる「可能性」を高めるにとどまる。具体的には，制度の効果についての情報は次のように働くと考えられる。一般に戦略的交渉において，交渉国は，他の交渉国に比べて自国だけが過度な費用

第2章　環境条約交渉の理論と分析方法

を負わないような制度を提案する。交渉国は，制度の効果について正確な情報をもっていない場合，限られた知識に基づき，自国が得る便益に対して費用が小さいと予想される制度を支持するだろう。しかし，ここで，追加で一定の費用を負担すればより高い有効性が期待できるという情報がある場合，状況はどのように変化するだろうか。交渉国にその追加的費用を負担する能力がない場合は，交渉国が支持する制度は変わらないであろう。しかし，当該環境問題の解決に一定以上の意欲や能力がある場合には，より高い有効性が期待できる制度の合意可能性が高まると考えられる。

　例として，本書が扱う資金メカニズムについて，単純化した仮想の交渉対立を考えてみる。先進国は途上国による資金の無駄遣いを懸念して資金供与を最小限に抑えたく，途上国は潤沢な資金供与を望むとしよう。制度の効果をめぐる情報が限定的である場合，コンセンサス・ルールで議決されるとすると，双方の意見は対立して合意は形成されない。他方で，豊富な資金供与は適切な資金供与手続きを採用すれば，環境問題の解決に有効に機能する，という客観的な情報が入手できたとしよう。このとき，先進国は自国の資金供与能力と照らし合わせたうえで，一定程度の追加的な負担を受け入れ，有効性の高い強固な資金メカニズムが合意される可能性がある。このように，情報問題が対処されることによって制度の効果，すなわち制度から得られる便益を再評価することによって，交渉国が互いに交渉戦略を転換させて有効な制度が合意される可能性は高まる。この例は，ある制度が問題解決に有効であるという情報を交渉国が入手した場合を想定した。しかし，有効性が高い，あるいは得られる便益が高いと考えられていたある制度が，有効ではない，もしくは交渉国にとって費用が予想以上に高いという情報を入手する場合も，もちろん考えられる。この場合には，制度の効果を高く見積もっていた交渉国はその支持を弱めざるをえず，対立が和らぎ，合意形成の可能性が高まる。

　それでは情報問題への対処として，いかなる方法があるだろうか。もちろん，交渉中の条約の制度が将来にもつ効果について知ることはできない。しかし，参考になるものとして，既存の条約における同様の制度の効果が考えられる。前節でみたように，条約研究はこれまで，交渉における情報問題の存在を分析枠組みに組み込んでこなかった。しかし，数少ない例外としてオヴォデンコと

第 I 部　条約制度を問う

コヘインは，環境条約交渉における情報問題の存在を指摘し，その対処法として既存の条約の重要性を挙げる（Ovodenko and Keohane 2012）。彼らによれば，制度形態とその帰結の因果関係を把握するための情報源として，類似した問題を扱う既存の条約が利用されるという。その中でも，交渉国はその制度デザインが成功したものを参照して模倣するという。すなわち一定の条件の下，すでに機能している制度が，新たに作られる条約において採用されると論じる。本書は，こうしたオヴォデンコとコヘインの示唆に即して，先行研究が見逃してきた情報問題を分析射程に加える（Ovodenko and Keohane 2012）。

これにより，既存の条約における制度の効果をめぐる情報を交渉国はどのように入手し，合意形成に利用したのかを明らかにする。

以上のように，合意形成において情報問題は，分配問題と並んで対処すべき重要な問題である。環境条約は制度の集積であって，そのすべての制度をめぐる合意形成において，情報問題と分配問題が存在するのである。したがって，条約交渉でどのような条約制度が合意されるかは，交渉における情報問題と分配問題の対処法に大きく規定されると考えられる。

それでは，水俣条約交渉ではこの2つの問題はどのように対処されたのであろうか。次章以降で，詳しくみていこう。

■注

1) 序章で述べたように，近年では法的枠組みの代替として自主的枠組みを採用する多国間環境合意への注目が高まっている。それに呼応する形で，規制への法的拘束力の有無が環境条約の制度デザインとして議論されている（Raustiala 2005）。本書はこの見方に倣い，法的枠組みとしての条約（法的拘束力のある規制）の成立も制度デザインと考え，他の2つの制度デザインである資金メカニズムと遵守システムとを合わせて三位一体制度とみなす。
2) グローバル・ガバナンスの歴史的展開と発展を，国際関係理論を参照しながら，問題領域を横断して体系的に分析したものとして，鈴木（2017）がある。
3) 国家に加えて，企業やNGO，市民社会団体といった非国家アクターが，国内政策過程，国際社会を通じてだけでなく，交渉に対し直接影響を及ぼす様子も，同様の観点から分析されてきた（Sandford 1996; Wapner 1996; Raustiala 1997; McCormick 1999）。
4) 他の4つの研究は水俣条約について記述するにとどまり，因果メカニズムを明らかにすることをめざす分析には至っていない。各々の内容は，簡潔に以下のようにまとめられる。

第 2 章　環境条約交渉の理論と分析方法

　まず水俣条約をめぐる最初の研究であるセリンらは，1970 年代に遡って，水銀問題をめぐる地域レベルでの協調が始まって以降，国際協調が試みられるまでを年代順に記述している（Selin and Selin 2006）。さらに，国際協調枠組みとして議論された 3 つの選択肢を批判的に検討したうえで，法的枠組みと自主的枠組みの相互補完性を指摘し，各々の選択肢を融合させた包括的な枠組みにすべきであると主張する。しかしながらこの研究は，協調枠組みをめぐる公開作業部会の交渉開始以前に書かれたことから，その射程は条約形成の展望にとどまり，条約が成立した背景を探るまでには至っていない。

　次にセリンは，条約起草過程を概観したうえで，供給と貿易，製品と製造，排出と放出，小規模金採掘，資源と遵守をめぐるそれぞれの問題にかかわる条項に着目する。そのそれぞれの交渉過程について簡潔に記述しているが，一定の分析枠組みに基づく体系的な交渉分析には至っていない（Selin 2014）。

　エリクセンとペレスは，主な条項の内容およびその起草過程を概観し，水銀の危険性とグローバルな取り組みの必要性に関する諸国の見解の一致が条約の形成を導いたと結論づける（Eriksen and Perrez 2014）。しかし，この研究も一貫して記述的であり，交渉の分析にまでは至っていない。

　またストークスらは，歴史的に途上国は一枚岩となって環境条約の交渉に臨んできたのに比して，今日では途上国間で交渉姿勢に多様性がみられる点に着目する（Stokes et al. 2016）。そして，法的枠組みをめぐる交渉における中国とインドの姿勢の違いを，国内要因（国内資源と規制をめぐる政治，開発志向，科学・技術力）から説明する。しかしこの研究は，水俣条約交渉における新興国 2 国に限った交渉姿勢の背景を分析するものであって，条約成立をめぐる体系的な交渉分析を試みるものではない。

5）　モローは，制度選択を調整ゲームとしてとらえ，このゲームには情報問題と分配問題が内在することを指摘する（Morrow 1994）。本書も同様に制度選択を調整ゲームとして位置づけ，制度選択では情報問題と分配問題への対処が重要であるという前提に立つ。ただし，情報問題の所在について，情報問題が相手の選好についての不確実性に由来すると考えるモローとは見方を異にする。すなわち，後述するように本書は，オヴォデンコとコヘインが指摘するところの，制度選択の帰結（または制度の効果）についての不確実性を情報問題として想定する（Ovodenko and Keohane 2012）。

第Ⅱ部

交渉内の要因の検討

条約交渉分析

第3章

協調枠組みをめぐる交渉

水俣条約の設置

　本章では，三位一体制度が合意されるにあたって，情報問題と分配問題がどのように対処されたかを解明するため，交渉過程を追跡する。序章で示したように，水俣条約の交渉過程は2段階に分けられる。2007, 08年の公開作業部会（OEWG）における交渉が第1段階（前半）に当たる。そこでは，国際水銀協調へのアプローチ，すなわち法的枠組みまたは自主的枠組みの適切性をめぐり議論が展開された。その結果，法的枠組みとして，水俣条約，すなわち法的拘束力のある規制が合意された。これを受け，バーゼル，ロッテルダム，ストックホルム条約（BRS）事務局内に水俣条約暫定事務局が設けられた[1]。同暫定事務局の主導の下，2010年から13年までの間に政府間交渉委員会（INC）が5回開催された。これが，交渉の第2段階（後半）に当たる。そこでは，規制をめぐる約束の範囲からその履行プロセスに至るまで，詳細な条文が議論された。その中で，制度デザインとして本書が着目する資金メカニズム（13条）と遵守システム（15条）の形態についても議論が交わされた。

　まず本章では，前半の交渉に焦点を当て，水俣条約の設置，すなわち三位一体制度の一つである「法的拘束力のある規制」が実現した背景を探る。

第Ⅱ部　交渉内の要因の検討

1　国際環境条約交渉の手順と交渉資料

▶コンセンサスの形成過程

　具体的な交渉分析に入る前に，本節では，まず交渉手続きに着目し，交渉にかかわる一連の手続きの中で，交渉国が制度の効果に関する情報を得る手段やタイミングがあるかどうかについて明らかにする。[2]まず，議場における交渉が始まる前に，複数の交渉国から構成されるグループ単位で事前の会合がもたれ，グループとしての交渉姿勢が決められる。というのは，議場において交渉国の立場は，一交渉国としてだけでなくグループとしても表明されるためである。しかし経済規模の小さい国については，グループ単位での発言しか認められていない場合もある。

　このようなグループとしては，地理的に近い場所にある国々でまとまる地域グループ，同程度の経済規模の国々から成るグループ，さらに同じ政策選好をもつ国々でまとまる同志国（like-minded）グループがある。例えば水俣条約の交渉過程において，日本は地理的にはアジア・太平洋諸国グループに，同志国グループとしてはJUSCANZに所属した。JUSCANZは，日本，アメリカ，カナダ，オーストラリア，ニュージーランドから成り，環境の規制にあたって産業界の意見を尊重し，市場的な規制手法を支持する傾向が強い国々から構成される。このように日本は，日本国として発言する以外に，日本が入るグループ全体としての交渉姿勢の表明を通じて間接的に発言する機会をもった。

　議場における交渉は，コンセンサス・ベースで進められる。まず総会では，議題に沿いながら，合意可能な選択肢をめぐって各国の意見表明が行われ，立場の分散・集約状況が把握される。意見の対立がさほどみられない議題については，総会の中で意見調整がなされて条文の草案作成にまで至る。他方で，意見対立が激しく折り合いのつかない事項については，議長の提案で，より少数の交渉国が参加するコンタクト・グループが別枠で設けられる。そして，強く反対を唱える国を含む複数の国の間で，より深い議論がなされる。それでも意

第 3 章　協調枠組みをめぐる交渉

見がまとまらない場合には，議長の友（Friends of the Chair）と呼ばれるインフォーマルな会合がもたれ，当該議題に関連する比較的少数の交渉国のみが集められ，コンセンサスの形成に尽力する。こうした別枠の会合において意見を擦り合わせることで，議題が再び総会に持ち込まれたときに，スムーズな議事進行が可能となる。また，交渉にあたって特定の議題について追加的な情報が必要となった場合には，次回のINC交渉までに当該情報を収集し提出することが国連環境計画（UNEP）に求められる。[3]このような一連の交渉プロセスの中で説得や妥協が繰り返されながら，立場を再調整する国も現れ，徐々にコンセンサスができてくる。国の参加をベースとした国際環境条約の交渉は，このように国単位で行われる。したがって，本章以下の交渉分析も，国家を分析単位とする。

▶ **議場に入るまでの作業**

　国際条約交渉プロセスは，議場における交渉よりもすいぶん前に始まる。上述のグループ単位での事前会合と前後して，交渉国は入念に自国の方針をまとめたポジション・ペーパーを作成する。元日本外務省の交渉官によると，交渉国は次の手順でポジション・ペーパーを作成する。[4]まず，交渉開始の何カ月も前に，UNEPにより事前に数多くの交渉関連資料が作成され，交渉国に配布される。そこには，交渉の議題についてまとめた議題目録（条約交渉の場合，その条約の鍵となる条文）をはじめ，制度形態としてとりうる選択肢の紹介などが記される。さらに，各議題にかかわる知識を補完するために交渉国が事前に目を通しておくべき資料も含まれる。資料の中でも，例えばUNEP（DTIE）/Hg/INC.1/INF/1のようにINFが記されているものは補足的情報として位置づけられるが，UNEP（DTIE）/Hg/INC.1/21のようにINFのないものについては，交渉国はすべて熟読したうえで交渉に臨むことが想定されているという。水俣条約の第1回INCでは，21の資料が熟読を要する資料として提出された。交渉国は，こうした資料に基づいて省庁レベルでポジション・ペーパーを作成し，交渉国としてどのような立場で交渉に臨むかを議題目録ごとに決めて，事前に表明する。このように，交渉国に交渉の争点にかかわる前提知識をあらかじめ提供することで，議場でのスムーズな交渉進行がめざされる。

73

第Ⅱ部　交渉内の要因の検討

　このように，交渉国が制度の選択肢を検討して自国の方針を決定する際には，UNEP から提出される資料が鍵となる。すなわち，交渉国は情報問題への対処手段として，UNEP が提出する資料を利用する。上述のインタビューによれば，交渉に臨む際に，環境条約がとりうる制度の選択肢について省庁自らが分析したり，政策系シンクタンクなどの外部組織に調査を依頼したりすることはないという。省庁レベルで国内の学者など専門家集団の意見を仰ぐのは，合意された条約規制の国内実施面においてであるという。これは具体的には，条約の求める規制レベルと国内の履行状況にどれほどの乖離(かいり)があるか，またそれを埋めるためには，技術・法的側面においていかなる障害があるか，といった事項である。

　このような交渉国による情報入手手段をふまえたうえで，以下では情報問題が対処されるプロセスをより具体的に探る。第 2 節では，協調枠組みのあり方について UNEP によって提出された交渉資料を分析する。

2　UNEP による選択肢の整理

法的枠組みか，自主的枠組みか

　2007 年から 09 年にかけて，水銀規制をめぐる国際協調を自主的枠組みとするか，法的枠組みとするかをめぐる交渉が繰り広げられた。2007, 08 年に開かれた 2 回の OEWG を通じて交渉国の間で詳細な議論がなされた。第 25 回管理理事会では，最終調整が行われたうえで，法的枠組みとして水俣条約を設置するという決定がなされた。これは，条約の設置をめぐる交渉であると同時に，規制に法的拘束力をもたせるか否かという 2 つの選択肢をめぐる交渉である。この交渉の興味深い点は，多くの環境条約交渉に顕著な，先進国対途上国という明白な対立構造がみられなかった点である。[5] 同じ途上国でも，各々の国内事情に応じて，法的枠組みの設立支持に回る国もあれば，自主的枠組みの設立支持に回る国もあった。

　交渉国は，それぞれの選択肢がどのように自国の利益に合致すると判断したのであろうか。もちろん，法的枠組みは厳格な規制である一方，自主的枠組み

第3章　協調枠組みをめぐる交渉

表3-1　国際水銀協調をめぐる3つの選択肢

オプション	法的拘束力	履行／遵守委員会	資金メカニズム	
水銀条約	あり	あり or なし	外部基金（GEF）	供与国寄り（小）
			独立基金（MLF）	締約国会議主導（中立）
ストックホルム条約下の水銀議定書	あり	なし	外部基金（GEF）	供与国寄り（強）
自主的枠組み	なし	なし	外部基金（GEF）	供与国寄り（強）
			任意基金	暫定的

は緩やかな規制であるという経験的理解が作用したと推測される。しかし，他の比較衡量が働いたとすれば，その考察は一体どのような情報に基づいて行われたのであろうか。

　本節では，各選択肢の制度の効果に関して，どのような情報がUNEPの資料の中で提示されたかを分析する。法的枠組みとしては，水銀に特化した新たな環境条約（以下，水銀条約）およびストックホルム条約下の水銀議定書の2つが主要な選択肢であった。これに自主的枠組みを加えた3つの選択肢が議論された。UNEPによって提示された制度の効果に関する選択肢間の比較は，表3-1のようにまとめられる。

▶ 交渉に影響を与えた3つの資料

　規制に法的拘束力をもたせるか否かをめぐっては，とりわけ3つの資料が交渉に大きな影響を及ぼしたと考えられる。初回の公開作業部会交渉であるOEWG1で提出された資料では，とりうる協調枠組みの形態として14の選択肢が網羅的に紹介された[6]。その中には，水銀規制を自主的枠組みとするもの，既存の化学物質3条約の中に水銀規制を断片的に組み込むもの，新たな環境条約を設けるものなどが含まれた。さらに，これらの選択肢の間で生じる交渉・履行コストや有効性の違い，履行と遵守をめぐる問題の違いが綿密に整理されていた。2つ目の資料は，OEWG2で提出されたものである。OEWG1で絞り

込まれた3つの選択肢のそれぞれで設置可能な遵守確保にかかわる制度形態を整理した、より詳細な分析であった[7]。3つ目の資料は、同じくOEWG2で提出されたものである[8]。この資料では、3つの選択肢の下に設置しうる資金メカニズムの形態が詳細にまとめられている。これらの資料に共通しているのは、単にとりうる選択肢を羅列するにとどまらず、各選択肢の帰結として生じる制度の効果や問題についても指摘する点である。すなわち、既存の条約における経験を手がかりにUNEPが各選択肢の比較分析を行うことで、交渉国にとって各選択肢の長所・短所が判別可能となった。次項以下では、各資料の内容について詳細にみていく。

▶ 法的枠組みの長所と短所

規制に法的拘束力をもたせる案については、新たな環境条約として水銀条約を作る、既存の化学物質条約の中に水銀問題を組み込むという2つの選択肢が提示された（UNEP 2007b: 61-68, 2008b: 11-20）。まず、規制に法的拘束力のある新たな環境条約を作る利点は、監視・報告システムや遵守システムを含む、確固たる法基盤に依拠した規律が構築可能であることであった。条約下に設置される条約事務局が各国の行動を監視し、定期的な国家間会合を開催するなど、条約の運用も厳格に行いうることが示された（UNEP 2007b: 66）。その一方で、短所としては、条約の運用にあたって履行問題、能力構築、遵守問題が課題になることが指摘された。これは、既存の多くの環境条約事務局は慢性的に資金不足の状況にあり、このような課題を抱えていることをふまえたものである。さらに、そもそも国際環境条約の一からの起草には、多大な資金および人的資源の投入が必要であり、時間的コストがかかることも指摘された（UNEP 2007b: 68）。

次に、既存の条約を活用する案の中では、ストックホルム条約が最有力候補として挙がった[9]。というのは、最も有毒とされるメチル水銀は有機物質の一つであり、水銀を包括的に規制することがめざされていた。したがって、有機汚染化学物質の産出から廃棄までを包括的に規制するストックホルム条約の規制が水銀規制と最も親和性が高いと考えられた。水銀規制をストックホルム条約の一部とするこの案は、水銀議定書案として議論に上った。この利点は、既存

の関連化学物質条約に組み込むことによって，一からの条約起草や運用にかかる資源や時間的コストを抑えることにあると考えられた（UNEP 2007b: 63）。すなわちこれは，新たな水銀条約と同様に水銀規制に法的拘束力をもたせつつも，法的基盤の構築にかかわるコストを抑えることを志向する，次善の選択肢であった（UNEP 2007b: 63）。しかしながら，ストックホルム条約を水銀規制に適応させるためには，条約自体を大きく修正する必要があることも予想された（UNEP 2007b: 55）。

▶ 法的枠組みの下で設置可能な諸制度

　法的枠組みであるこれら2つの選択肢の間で，具体的な制度の効果としてはどのような違いがあったのだろうか。法的枠組みのいずれの選択肢でも，約束の遵守に法的拘束力が発生する一方で，遵守確保の手段として正式な制度を詳細に盛り込むことができる点については共通していた。すなわち，監視・報告制度，技術支援や能力構築を目的とした資金メカニズムなど，自主的枠組みでは設置できない制度を盛り込むことが可能であることが示された（UNEP 2008b: 14, 18）。

　他方で，遵守システムと資金メカニズムについて，設置可能な制度の形態が異なるという点において，両者の間に違いがあった。第1に，遵守確保にかかわる制度について，新たに水銀条約を作る場合には，次に示すようなストックホルム条約で固定化された政治対立構造を持ち込まずに済むという利点が挙げられた。他方でストックホルム条約の一部とする場合には，ストックホルム条約に備わっている制度を，水銀議定書でそのまま利用することが考えられた（UNEP 2008b: 13）。しかし，ストックホルム条約下では，遵守システムは政治対立ゆえに未だ実現していない。したがって，水銀議定書に遵守システムを設置するためには，同条約の締約国会議の同意を得る必要があった（UNEP 2008b: 13-14）。しかし，これまでストックホルム条約の締約国会議で何度も遵守システムの設置に失敗してきた以上，同じ締約国メンバーで話し合ったところで，水銀議定書でも同様の失敗が繰り返されることが予想された。

　第2に，資金メカニズムの形態については，いずれの法的枠組みの場合でも，自主的枠組みに比べると強固な資金メカニズムを設置することが可能であった。

しかしながら，2つの選択肢の間では，資金拠出規模の大きさが異なることが示された（UNEP 2008a: 14）。新たに独立した水銀条約を作る案に関しては，その資金メカニズムの形態として2つの選択肢が挙げられた。第1の選択肢は，既存の環境基金であるGEFを用いるものであった。この場合，ストックホルム条約を通じてGEF基金にアクセスするのとは異なり，水銀条約のための資金メカニズムとしてGEFの基金が利用可能となる。すなわち，他の多くの環境条約と同じように締約国会議とGEF理事会の間で覚書が結ばれ，GEFが新たな水銀条約の資金メカニズムとなるよう，GEFの総会で法改正が決議されることとなる（UNEP 2008a: 17）。このような正式の法的手続きを経て，GEFが「水銀条約の締約国会議で決められた方針，プログラムの優先順位，受給資格条件に沿って」，水銀条約にかかわる資金供与を行うことになる（UNEP 2008a: 17）。第2の選択肢は，環境条約の歴史の中で，唯一モントリオール議定書のみで実現された，多国間基金をモデルとした独立基金である。これは，プロジェクトの受給基準，拠出額の決定基準，条約の締約国会議との連関という主に3つの観点から，GEFよりも条約のニーズに沿った，途上国の利益に即するものと考えられた（UNEP 2008a: 23-24）。

　水銀議定書案に関して，とりうる資金メカニズムは，2つの理由から途上国に不利になることが指摘されていた。まず，ストックホルム条約下の暫定的な資金メカニズムであるGEFを通じて水銀に関するプロジェクトをカバーする場合，遵守システムと同様に，ストックホルム条約下の政治対立を水銀協調に持ち込んでしまう可能性があった。すなわち，カバーされる水銀プロジェクトの範囲が，ストックホルム条約の締約国とGEF理事会のメンバー国間の政治的対立に大きく左右されることが懸念された（UNEP 2008a: 14）。次に，より深刻な問題として，水銀議定書にかかわる履行活動のための，新たな，または追加的な資金が十分に得られない可能性があった。というのは，GEFの水銀議定書への資金供与はストックホルム条約を通じたものであり，GEF内で水銀プロジェクトの枠があらかじめ確保されるわけではないためである（UNEP 2008a: 15）。すなわち，そもそもストックホルム条約のための資金メカニズムは，水銀問題の解決に特化していないために，その需要を十分に満たせないという限界があった。

第3章　協調枠組みをめぐる交渉

▶ **自主的枠組みの長所と短所**

　自主的枠組みに関しては，2006年に誕生したばかりの国際的な化学物質管理のための戦略的アプローチ（SAICM）を活用する，ストックホルム条約を活用する，水銀に特化した新たな自主的枠組みを作るといった3つの選択肢が提示された。これに加えて，すでに試行過程にあったUNEPグローバル水銀パートナーシップを拡大させるといった案もあった。しかし，これは中心的な協調枠組みにはなりえないとされ，法的―自主的オプションの議論からは外された（UNEP 2008b: 21）。

　自主的枠組みの利点については，法的枠組みとの比較衡量の上で2点が示された（UNEP 2007b: 16-24）。第1に，法的枠組みの限界として，独立した水銀条約と水銀議定書のいずれを作るとしても，法的基盤を整えて発効に至るまでには，立法コストと時間がかかることが予想された。他方で，自主的枠組みの下では，こうした費用を履行活動に回すことができると考えられた。また，法的拘束力のある規制を定めるよりも，柔軟性のある目標を設定するにとどまる自主的枠組みのほうが，長期的にみると，野心的な目標に発展していく見込みがあると考えられた。第2に，パートナーシップ・ベースの自主的枠組みは，ローカルな環境問題への対処により適しているという見方があった。これは，2002年の持続可能な開発に関する世界首脳会議（WSSD）以来，法的枠組みの代替または補完として，国家以外のさまざまなステークホルダー（地方自治体，企業，市民社会団体，非政府組織〈NGO〉など）の参加を促す官民連携（public-private partnership）が注目されていることが背景にあった。

　しかしながら，自主的枠組みの下では，法的枠組みの下で設置可能な遵守確保にかかわる諸制度が，法的に規定できないことが通例であると指摘された（UNEP 2008b: 14, 18）。例えば，そもそも遵守すべき法的義務がないため，遵守システムは設置されない。また，報告・監視システムは設立されるとしても形式的なものとなることが予想された。同じく資金メカニズムも，法的枠組みの下で採用可能なものではなく，簡易で小規模な任意ベースのものになるとされた。

第Ⅱ部　交渉内の要因の検討

▶ 自主的枠組みの下で設置可能な諸制度

　自主的枠組みの下で設置可能な資金メカニズムとしては，具体的には次の3つの形態を単独または併用して運用する案が提示された。第1の形態は，条約の資金メカニズムとしてGEFがすでに資金供与を行っている複数の環境問題の領域の中に水銀を組み込むものであった。候補として，（水銀の水質汚染にかかわる）国際水域問題，（水銀の廃棄にかかわる）化学物質と廃棄問題，（化石燃料由来の水銀大気汚染にかかわる）気候変動問題など，GEFがすでにカバーしている領域が考えられた。しかし，この方法は法的な覚書を経ないため，GEFには締約国会議の優先順位や指針に従う法的義務は生じない。したがって，資金供与はGEFの拠出国の選好や技術的判断に大きく左右され，受給国の選好が考慮されない可能性が懸念された（UNEP 2008a: 17）。

　第2の形態は，水銀問題に特化した任意基金として，特別水銀基金（Special Mercury Fund）をGEF内に設けるものであった。これは，GEFにおける中心的基金として位置づけられるGEF信託基金とは別に，特別基金を設けるというものである。例えば，気候変動枠組条約の中で補助的な資金メカニズムとして設けられている特別気候変動基金（Special Climate Fund）がこれに当たる。その利点は，設立が容易であり，第1のものに比べて，基金の運用に締約国会議の意向を反映する余地がより大きい点である。しかし，これは任意の「特別基金」であって，拠出国の一任で拠出額が大きく左右されることから，その脆弱性と持続可能性が懸念された（UNEP 2008a: 18）。

　第3の形態は，SAICM実施のための財政的な措置であるクイック・スタート・プログラム（Quick Start Program）を活用するものであった。しかし，これは暫定的な資金プログラムであることから，本格的な資金メカニズムには成りえず，長期的な活用は困難とされた（UNEP 2008b: 22）。以上のように，自主的枠組みの下では，資金メカニズムは必然的に強固なものには成りえないことが資料で示された（UNEP 2008a）。

　本節では，UNEPが提示した資料において，協調枠組みとしてとりうる複数の制度の選択肢が具体的に描かれたことが明らかとなった。そこでは，既存条約の経験をふまえながら，ある選択肢を採用した場合の制度効果が示された。制度効果の中には，協調枠組みの設置にかかるコストや，遵守システムや資金

メカニズムといった遵守確保にかかわる制度の設置可能性が含まれていた。

次節以降では，交渉国はこうした情報を参考にしながら，どのように条約設置をめぐる議論を進めていったのかを探索する。この協調枠組みをめぐる交渉は，白紙の状態から合意点を徐々に創造していくというよりも，むしろUNEPが提示した選択肢の間で制度効果が比較・検討される形で進行した。すなわち，法的枠組みと自主的枠組みの陣営の対立がみられたが，次第に前者の選択肢が多数派の支持を集めていったのである。

3 法的枠組み陣営

▶先進国の中の支持グループ

先進国の中でも規制に法的拘束力をもたせる必要性を強く支持したのは，EU諸国，ノルウェー，スイス，日本，ロシアといった国々であった。途上国の中ではアフリカや中・東欧諸国，南米の一部の国々が法的枠組みを支持した。

先進国の中でも早くからリーダーシップを発揮したスイス，ノルウェー，EUは，遵守確保に関して法的基盤のある制度を設置できないことから，自主的枠組みでは不十分であるという立場をとった。そして，協調枠組みに法的基盤がなくては問題解決に有効ではないという考えを示した（Earth Negotiations Bulletin 2007: 5）。ノルウェーは，自主的枠組みとして挙がっているSAICMは政策枠組みの一つであって，執行機関も資金メカニズムもなく，法的枠組みを代替することはできないとして反対した（Earth Negotiations Bulletin 2007: 5）。またスイスは，既存条約での経験をふまえ，強固な資金メカニズムを備えることのできる法的枠組みのほうが有効であり，SAICMにかかる交渉コストは条約にかかる交渉コストよりも高いと述べた（Earth Negotiations Bulletin 2007: 5）。さらに，スイス，EU，ノルウェーは，アフリカ諸国グループ，中・東欧諸国，セネガル，オマーン，モーリタニアとともに水銀条約の設置を支持した。これらの国々は，法的枠組みに依拠した水銀条約のほうが，技術支援のための持続可能かつ強固な基金を設けることができるだけでなく，自主的な活動も遂行可

能であると述べた（Earth Negotiations Bulletin 2007: 13, 2008: 7）。

▶途上国の中の支持グループとその背景

　環境条約交渉において，途上国は法的枠組みに反対を示すことが多い。しかし，水銀問題を抱える途上国は，WSSDで形成された官民パートナーシップが期待通りの結果を出していないとして，自主的枠組みを批判した。アフリカ諸国グループは，自主的枠組みの暫定的な試行として始まったクイック・スタート・プログラムは，グローバル行動計画を履行するにはきわめて不十分であると指摘した（Earth Negotiations Bulletin 2007: 5）。ジンバブエも，グローバルな規模で水銀問題を解決するには，SAICMといった自主的な戦略では不十分であると主張した（Earth Negotiations Bulletin 2007: 5）。

　また，遵守能力に欠けるアフリカ・南米をはじめとする途上国群は，GEFの資金供与体制に不満を示し，独立基金の設置を要求した。例えば，ブラジル，カンボジア，ジャマイカ，オマーン，ナイジェリアは，今日のGEFは条約の履行に途上国が必要な行動をとるだけの十分な資源が提供できない状況になっていると指摘し，モントリオール議定書における多国間基金のような独立基金を設置することを提案した（Earth Negotiations Bulletin 2008: 8）。そして，自主的枠組みよりも法的枠組みのほうが確固たる資金供与が保障されると考えたことから，逆説的に法的枠組みを支持した（Earth Negotiations Bulletin 2007: 13）。このように，法的拘束力をもたせた規制は，その遵守に高いコストを伴うにもかかわらず，多くの途上国が一貫して法的枠組みを支持した。その背景には，各国が深刻な水銀問題に直面する一方で，政策能力が不足しているという事情があった。

　そもそも水銀問題をめぐって途上国が抱えていた問題は，国ごとに多岐にわたる。まず，ブラジルを含む50程度の途上国は，小規模金採掘から生じる水銀の大気への排出および金鉱労働者の健康被害に懸念を示していた。例えばOEWG1において，フィリピンは「小規模金採掘は本国にとって重大な問題となっている。水銀輸入許可制について定めた国内法がある一方で，ほとんどの水銀は密輸を通じて輸入されるため，水銀の供給を封じ込めなくてはならない。多くの自国民が水銀に汚染された鉱山に居住しており，水銀問題の程度を調査

するための監視システムが必要となる」と述べた（Earth Negotiations Bulletin 2007: 6）。また，ギニアは「金の消費者だけでなく，小規模金採掘への従事者や金の精錬，貿易に従事する者に対しても水銀の危険性を喚起することが必要である」と述べた（Earth Negotiations Bulletin 2007: 6）。さらに，モザンビークも「本国における小規模金採掘での水銀使用は深刻な問題であるが，本国政府は水銀市場についてほとんど把握できておらず，水銀貿易の規制が必要不可欠である」と述べた（Earth Negotiations Bulletin 2007: 6）。このように水銀問題の深刻さを懸念する一方で，金鉱採掘が雇用機会を生み地元経済の基盤となっていた側面もあり，いわゆるジレンマ状態にあったのも事実である（Sippl and Selin 2012）。

また，アフリカや南米，アジアといった途上国は，水銀の廃棄物処理をめぐる問題に関心を示していた。とりわけアフリカは，先進国において，水銀を含有する製品の廃棄物処理規制がますます強化されることによる同地域への弊害を指摘する。すなわち，水銀の製造および廃棄を伴う先進国の産業が，規制の緩やかなアフリカとりわけサブサハラ・アフリカ地域に移り，当該地域における水銀問題をより深刻なものにしていると主張した（UNEP 2008c: 24）。以上のように，新興国を除く途上国は，水銀問題の深刻さを認識しており，先進国からの資金供与が確保できる限りにおいて協調に前向きであった。

▶ **新たな条約の設置への収斂**

先述のように，法的枠組みの選択肢には，ストックホルム条約の活用と新たな水銀条約の設置という2つがあった。法的枠組みを支持する国の多くは，新たに水銀条約を作るほうが高いレベルで協調が可能になると判断し，同案へと支持が収斂していった。というのは，UNEPの交渉資料で示されたように，ストックホルム条約下の水銀議定書では，水銀問題に特化した資金供与が行えない可能性やさまざまな調整コストの甚大さが認識されたためである（Selin and Selin 2006: 266; Eriksen and Perrez 2014: 198）。実際にストックホルム条約は，条約が規制対象とする化学物質をカバーするだけでも，すでに資金不足の状態にあった。水銀規制を組み込むとなれば，水銀に特化した専門家や政府やステークホルダーの代表団を新たに会合に招致する必要があり，追加的に必要とな

る資源や労力に同条約がどの程度耐えられるかが懸念材料となった（Selin and Selin 2006: 266）。

　もう一つの問題として，ストックホルム条約に加盟していない国は，必然的に水銀議定書に参加できない点が認識された（Selin and Selin 2006: 266）。具体的には，同条約を締結していないアメリカをはじめとする国々が水銀規制の履行や能力構築に参加することができないために，他の国々の水銀削減努力をそいでしまうことが懸念された。さらに，交渉資料で指摘されたように，ストックホルム条約下での政治対立を水銀規制に持ち込んでしまうことへの懸念も働いた。さらに，オマーンとペルーのように，水銀はストックホルム条約が規制対象とする有機汚染物質とは異なるので，法的枠組みは水銀に特化すべきであるとして，ストックホルム条約下の水銀議定書案に反対した（Earth Negotiations Bulletin 2007: 4）。以上のようなことを背景に，新たに水銀条約を設ける案には，EU，アフリカ，南米・カリブ海諸国，中央・東アジア，アジア・太平洋地域の国々といった，総数90カ国もの国の支持が集まり，これが法的枠組みとして優位な選択肢となった（Earth Negotiations Bulletin 2008: 9）。

4　自主的枠組み陣営

▶当初の支持グループ

　自主的枠組みは当初，先進国の中ではアメリカに強く支持され，オーストラリア，カナダによっても緩やかに支持された（Earth Negotiations Bulletin 2007, 2008）。市場アプローチに親和性のあるこれらの先進国は，自主的枠組み下の資金メカニズムが，民間の技術移転をベースとしたものになることを期待し，これを支持した。また，立場にばらつきがみられた途上国の中では，新興国である中国とインドが自主的枠組みを強く支持し，アルゼンチンやメキシコもこれを推進した（Earth Negotiations Bulletin 2007, 2008）。とりわけ新興国の中国とインドは，火力発電用石炭燃焼から生じる水銀排出量の上位を占めており，規制の遵守コストおよび経済成長の権利を主張し，自主的枠組みを好んだ。そし

て，経済的損失や規制に要する費用といった，水銀規制の「コスト」を最小限に止められる限りにおいて，国際協調に参加したいと考えていた。そこで，水銀の代替物質や専門家の利用可能性など，資金供与と技術支援が十分に備わることを要求した（Earth Negotiations Bulletin 2007, 2008）。

しかし，自主的枠組み陣営の中では支持の度合いにばらつきがあった（Earth Negotiations Bulletin 2008: 9）。例えばインドとメキシコは，いかなる規制にも法的拘束力をもたせることを認めないという強硬な姿勢を維持していた。これに対しアメリカは，規制に法的拘束力をもたせた場合の弊害を強調しつつも，規制に法的拘束力をもたせる枠組みの創設には必ずしも反対ではなかった（Earth Negotiations Bulletin 2008: 9）。そして，その中間的立場をとる中国は，長期的には法的拘束力をもたせる可能性を示唆していた（Earth Negotiations Bulletin 2008: 9）。

▶アメリカの交渉姿勢の転換

2009年1月にブッシュ政権からオバマ政権に交代した後，率先して自主的枠組みを支持していたアメリカが，一夜のうちに法的枠組み支持へと立場を翻した。2回にわたるOEWG交渉の後，2009年2月に第25回UNEP管理理事会が開催された。そこで，アメリカはそれまでの自主的枠組みへの固執を撤回し，法的枠組みの採用に十分な用意があることを表明した（Earth Negotiations Bulletin 2009a: 2）。そして2日目の会合では，法的枠組みとして水銀条約をめざす交渉を2009年中に開始，12年までに交渉を完了させることを支持した（Earth Negotiations Bulletin 2009a: 2）。その中でアメリカ代表は，「条約は水銀のみを対象にすべきであり，グローバルなレベルで悪影響が甚大な，石炭火力の燃焼を含むすべての水銀排出源を規制対象に据えるべきだ」と述べた。このように，水銀規制に積極姿勢を表明し，自国最大の水銀排出源である石炭火力燃焼の規制を含むことを支持した（Earth Negotiations Bulletin 2009a: 2）。

このことから，当初のアメリカの自主的枠組みへの強い支持は，そもそも，政府主義的な規制ベースの解決よりも市場主義的かつ自主的な解決を好むブッシュ政権のイデオロギー戦略に過ぎなかったとみられている（Andresen et al. 2013: 431, 435）。この点において，UNEPの交渉議事録要旨では，次のように記

第Ⅱ部　交渉内の要因の検討

されている。

　　アメリカの大統領選挙を機に，世界最大の経済大国が，水銀条約交渉でも環境リーダー国に変容することが期待された。実際にアメリカは，これまでタブー視されていた争点を議論することを歓迎し，寛容かつ前向きで柔軟な態度へと方向を転換させた。アメリカ代表は，他国の代表にとって，一瞬のうちに「ミスター騎士（ナイト）」に変身をとげたように映った（Earth Negotiations Bulletin 2009b: 13）。

このように，第25回管理理事会は政権交代直後の好都合のタイミングで行われたのである。

▶ 規制対象物質の限定化

当初は自主的枠組みを支持していたアメリカが，このように姿勢を転換できた，イデオロギー以外のより根本的な理由として，アメリカ国内の既存の水銀政策があったと推察される。例えば，自国の水俣条約の締結について，アメリカ国務省の広報官は，「アメリカは，水銀の生産および排出削減に向けてすでに積極的に取り組んできており，既存の法律，規制によって水俣条約の履行は可能である。水俣条約は水銀問題のもつ越境的側面の解決をめざし，本国の水銀政策を補完するものである」と述べている。このように，他国の姿勢転換の引き金となったアメリカには，そもそも法的枠組みを受け入れるだけの政策能力や資金の余裕があったと考えられる。法的枠組みは自主的枠組みに比して義務レベルが高く，とりわけ先進国により多くの資金供与を求めるものであるが，これを受け入れるだけの余地があったのではないかと考えられる。

こうした余地は，水銀条約の規制対象物質を水銀一物質に限定したことによって，より大きくなったと考えられる。最終的に水俣条約の規制対象は水銀一物質のみとなったが，当初OEWG1, 2では，水銀を含む複数の物質の規制が検討されていた。最初に規制対象物質をめぐる議論に影響を及ぼしたのは，2006年にブダペストで開かれた第5回化学物質の安全性に関する政府間フォーラムであった。ここで「水銀，鉛，カドミウムに関するブダペスト声明」が採択された。その声明は，水銀，鉛，カドミウムをめぐるグローバル・レベルでの協調の必要性を念頭に置いたものであり，国際的な取り組みを率先し強化するようUNEP管理理事会に要請した。このように，水銀が国際的な課題に

上った過程では，水銀は鉛やカドミウムとセットとして考えられてきた側面がある（Earth Negotiations Bulletin 2007: 2）。

実際に，2007年のUNEP管理理事会では，ノルウェー，スイスがガンビア，アイスランド，セネガルと一緒に，水銀，鉛，カドミウムをめぐるグローバル・レベルでの国際協調枠組みを提案した。その提案は，UNEP水銀プログラムを鉛とカドミウムを含める形で拡張し，水銀に加えて他の化学物質も規制対象に据えた法的枠組みの交渉開始を促すものであった（Eriksen and Perrez 2014: 197）。さらに，OEWG1においてケニアは，「公開作業部会を通じて決定する水銀規制は，鉛やカドミウムにも適用されるべきだ」と主張した（Earth Negotiations Bulletin 2007: 5）。またOEWG2において，トリニダード・トバゴも，鉛やカドミウムも規制対象に据えた，重金属にかかわる法的拘束力のある条約を設置すべきであると主張した（Earth Negotiations Bulletin 2008: 10）。

このように，規制に積極的な先進国や重金属の被害に苦しむ途上国は，鉛やカドミウムの規制を支持した一方で，これに反対する国もあった。2009年の第25回UNEP管理理事会では，水銀以外の化学物質についても門戸を開放するか否かをめぐり，激しい対立が繰り広げられた。アフリカ諸国グループ，EU，ジャマイカ，ノルウェー，スイスは，最初は水銀のみを規制しつつも，将来的に他の物質も水銀条約下で規制できるような条文規定を設けるべきであると主張した（Eriksen and Perrez 2014: 198）。この背景には，ストックホルム条約のように一条約下で規制対象物質を拡大していくことで，協調枠組みの不必要な拡散を避けながら，水銀と同様に危険な鉛とカドミウムの規制を設けたいという思惑があった。しかし，アメリカ，カナダ，オーストラリア，日本などの国々は，条約にこうした柔軟性を設けるだけの政策面での準備が整っていないとして，反対の意を示した（Eriksen and Perrez 2014: 198）。

アメリカが法的枠組み支持へと姿勢を翻した第25回UNEP管理理事会の2日目の段階で，多くの国は，交渉の焦点はもはや法的枠組みか自主的枠組みかではなく，鉛やカドミウムなどの化学物質に規制を拡大するかどうかにあると考えていた（Earth Negotiations Bulletin 2009a: 2）。実際に，第25回UNEP管理理事会の，アメリカの「条約は水銀のみを対象にすべきであり……」という発言や，オーストラリアの「条約の対象は水銀のみに限定するべきだ」という発

第Ⅱ部 交渉内の要因の検討

言にみられるように,規制対象を水銀一物質とすることを法的枠組みを支持する条件として強く要求している。議論の末,アメリカやオーストラリアの意向に沿う形で,新条約の規制対象を水銀に限定することが合意された(Eriksen and Perrez 2014: 198)。このことは水俣条約において規制対象物質を拡大する際には UNEP 管理理事会の決定を要し,拡大に条約締約国会議の決定のみを要するストックホルム条約に比べて,規制対象の拡大への障害は大きくなったことを意味する。以上をまとめると,鉛やカドミウムを水俣条約の規制対象外としたことによって,アメリカやオーストラリアといった自主的枠組み支持国は,水銀条約の支持に回ることができたと分析できる。

▶ 水銀条約の設置への収斂

アメリカの交渉姿勢の転換が引き金となって,自主的枠組みを支持していた他の交渉国も,水銀条約支持へと姿勢を翻した。まずはオーストラリア,カナダ,アルゼンチン,メキシコが,続いて中国とインドも,法的枠組み支持へと回った。例えばオーストラリアは,会合の 2 日目に法的枠組みへの支持を表明し,水銀規制への各国の意欲をそがないよう,条約の対象は水銀のみに限定するべきだと強調した(Earth Negotiations Bulletin 2009a: 2)。また,インドと中国も同様に姿勢を転換させた。アメリカが交渉姿勢を変える前に,インドは,「特に意図的でない水銀排出に関しては法的枠組みをとることは不必要であるが,議論することにはオープンな姿勢をとる」と発言していた。中国も「漸次的な協調プロセスが必要であり,まずはパートナーシップを全面に利用するべきである」と唱えていた(Earth Negotiations Bulletin 2009a: 2)。両国は,アメリカが交渉姿勢を転換した直後もパキスタンとインドネシアを味方につけて,法的枠組みは不必要かつ不適切であると説得し続けていたが,最終的には法的枠組み支持へと回った(Earth Negotiations Bulletin 2009b: 14)。

このように中国とインドが妥協できた背景には,インフォーマルな夜間会合として「議長の友(the Friends of the Chair)」が開催されたことがあった。そこには,アメリカ,中国,EU,インド,セルビア,ナイジェリア,アルゼンチン,日本,ノルウェーといった国々が参加し,最終的な意見の擦り合わせを行うために熱心に議論が繰り広げられた(Earth Negotiations Bulletin 2009b: 14)。

さらに，中国とインドの両国で国内の水銀政策が徐々に進展してきたことも，姿勢転換に寄与したとみられている（Andresen et al. 2013: 433）。中国とインドは新興国という先進国と途上国の中間に立つ微妙な立場にあった。両国はともに過去の国内レベルの水銀政策の経験は希薄であるものの，それを実現させるだけの十分な技術や政策基盤があるというのが実情であった（Sloss 2012: 13-15, 16; Toxics Link 2014）。

以上のように，これまで自国の意思とかかわりなくアメリカの自主的枠組み支持に歩調を合わせていた国々は，もはやその必要がなくなり，議場に広がる建設的なムードに合わせることを余儀なくされた（Earth Negotiations Bulletin 2009b: 13-14）。この一連の流れをオバマ効果と呼び，アメリカによる突然の立場変更が「ドミノ効果」を引き起こしたと観察する交渉者もいた（Earth Negotiations Bulletin 2009b: 13）。

5 前半の交渉のまとめ
情報問題と分配問題への対処

条約の設置をめぐる交渉には，法的または自主的枠組みを採用した帰結として，自国はいかなる遵守義務を負い，また資金供与の便益を得られるか，といった制度の効果についての知識が必要となる。しかし，交渉国はこのような知識を十分にもっておらず，制度の選択肢の帰結をめぐる不確実性に直面する。こうした情報問題への対処を助けたのは，UNEPによって提出された交渉資料であった。交渉国は，交渉資料から既存の条約を手がかりとした制度の効果を学ぶことによって，その不確実性を完全ではないものの払拭することができた。このように交渉国は，自国の省庁を通じてではなく，専門機関であるUNEPを情報仲介役として情報問題に対処した。このUNEPの役割は，条文の雛型を示して機械的に条約をまとめることではない。すなわち，長年にわたって蓄積された条約にかかわる専門知識を生かして，有効な制度設計を助けるという，より進歩的な役割である。

UNEPによって提示された情報をもとに交渉国自身が学習を行ったことは，

第Ⅱ部　交渉内の要因の検討

　本章の分析で示されたように，各国の交渉提案の内容から明らかである。EUや北欧諸国といった水銀協調に積極的な先進国は，法的枠組みの下で遵守確保にかかわる諸制度を整備しやすいというUNEPの情報に基づき，法的枠組みを支持した。また途上国が法的枠組みを支持した背景には，法的枠組みのほうが確固たる資金メカニズムを設置可能であるというUNEPの情報があった。すなわち，水銀問題に懸念を示す一方で遵守能力が不十分な途上国は，厳しい遵守義務を避けたかったにもかかわらず，法的枠組みの下での資金供与の可能性に，より大きな期待を見出した。また，法的枠組み支持陣営が最終的に水銀議定書案を敬遠した背景には，同案がさまざまな面で水銀条約案に劣ることが，UNEPの資料で指摘されたことがあった。当初，市場アプローチに親和性のあるアメリカやカナダ，オーストラリアは，自主的枠組みの下では，資金メカニズムの規模が大きくないという情報に基づき，これを支持した。また，最大の水銀排出国となっている中国とインドは，自主的枠組みでは遵守確保にかかわる制度が整備できないという情報に基づき，より縛りの緩やかな自主的枠組みを支持したものと考えられる。

　交渉国は，UNEPが提示した選択肢の制度効果を比較衡量しながら，独立した水俣条約を作るか自主的枠組みとするかの二者択一に絞り込むことができた。しかしこの時点では，2つの選択肢の間で依然として対立が残っていた。この点において，情報問題への対処は，合意形成すなわち分配問題への対処を促進したにとどまる。

　最終的に分配問題が対処されて合意が導かれたきっかけは，アメリカによる交渉姿勢の転換であった。これが引き金となって，自主的枠組みを支持していた他の国々も姿勢を転換させた。ここで重要であったのは，アメリカの提案に応じる形で，規制対象を水銀に限定する方向へと戦略的に動いたことであった。規制積極派が姿勢を転換させていなければ，複数物質の規制に反対するアメリカ，カナダ，オーストラリアといった自主的枠組み支持派が，最終的に法的枠組みに合意することはなかったであろう。この点において，分配問題への対処の背景にはアメリカの譲歩があったと同時に，アメリカという主要国を入れるための，条約範囲の巧みな調整があったと観察できる。[14]

　規制対象を水銀のみに限定したことがアメリカの譲歩を引き出せた背景につ

第3章 協調枠組みをめぐる交渉

いて，次のように推論できる。当初アメリカは，政権のイデオロギーが要因となって条約設置に消極姿勢をとっていたものの，先述のアメリカ国務省の広報官の発言に表れているように，条約を締結できるだけの十分な国内水銀政策をすでに実施してきた。その一方で，カドミウムや鉛などの他の物質については政策準備が整っていなかった。この推論の検証は，第5章の規制物質追加条項を備えたストックホルム条約の交渉分析と第7章の水銀政策比較分析で行われる。

こうした合意形成に至る一連の過程を，情報問題への対処が合意形成を助けた部分と，政治的調整を通じた分配問題への対処が合意形成を助けた部分とに厳密に分けることはできない。しかし，情報問題と分配問題に一定の対処がなされて初めて，協調枠組みとして，数ある選択肢の中から新たな水銀条約の設置が合意されたと結論づけることができる。すなわち，水俣条約において法的拘束力のある規制が成立した背景には，両問題への対処があった。これを受けて，翌年からのINC交渉において，条約下に設置する諸制度をめぐって交渉が行われた。次章では，三位一体制度を構成する残る2つの制度「独立基金」と「遵守システム」が合意に至った背景を探る。

■注
1) 2018年11月に開催された第2回締約国会議では，水俣条約事務局をスイス・ジュネーブに置くこと，および廃棄物・化学物質3条約事務局等との協力・調整の下，独立の事務局として運営されることが正式に決まった（Earth Negotiations Bulletin 2018, 1）。
2) 本項の分析は，環境条約交渉者のためのハンドブック（Carruthers et al. 2007: 3-31）と筆者による元日本政府交渉官へのインタビューに基づく。
3) INCでは，水俣条約暫定事務局に対してこうした要請が行われた。
4) 当時，日本政府の交渉を担当した，本多俊一・元環境省大臣官房廃棄物・リサイクル対策部適正処理・不法投棄対策室係長への筆者によるインタビュー（2016年10月7日，UNEP国際環境技術移転センター）。
5) 今日では途上国といっても，新興国から最貧国まで経済規模や立場はさまざまであり，分析において単純に途上国と一括りにはできないと指摘される。
6) この資料は次のものである。「Study on Options for Global Control of Mercury」（UNEP 2007b）
7) この資料は次のものである。「Report on Implementation Options, Including Legal, Procedural and Logistical Aspects」（UNEP 2008b）

第Ⅱ部　交渉内の要因の検討

8) この資料は次のものである。「Report on Financial Considerations and Possible Funding Modalities for a Legally Binding Instrument or Voluntary Arrangement on Mercury」(UNEP 2008a)
9) 当初は，化学物質3条約の他の2つ，バーゼル条約やロッテルダム条約を利用する案も考えられた。しかし，前者は廃棄物の移動と処理のみを対象とし，後者は有害化学物質の貿易規制を対象とするものであり，趣旨を異にすることから，ストックホルム条約が選択肢として残った。
10) OEWG開始前の2005年に開かれた第23回UNEP管理理事会の時点では，依然として先進国間でも意見の対立が顕著であった。例えばロシアは，未成立の，化学物質規制3レジームを包括的に管理することを目的としたSAICMの議論に集中すべきだとして消極的な姿勢をみせた。日本は途上国の参加を優先事項にすべきとして，自主的枠組みを支持した。しかし翌年の化学物質の安全性に関する政府間フォーラム (IFCS) において発揮されたスイスのリーダーシップもあって，OEWGが開始された年である2007年の第24回UNEP管理理事会では，法的拘束力支持派が拡大した。特に，当初は自主的枠組みを支持していた日本やロシアも，次第に法的枠組みを後押しするようになった (Eriksen and Perrez 2014)。
11) ここでの締結とは，条約の「受諾（acceptance）」によるものである（「水銀に関する水俣条約の締結について（参考資料）」https://www.env.go.jp/council/07air-noise/y0710-02/ref01_27_2.1.pdf　2017年4月2日最終アクセス）。条約法に関するウィーン条約2条1項(b)および14条2項によれば，受諾は批准と同じ法的効力をもち，当該国が条約によって拘束されることを受け入れる意思の表明である。法的効力を発するにあたって，憲法の規定によって批准が求められない場合に，国によっては受諾が用いられる。
12) アメリカ合衆国国務省のウェブサイトを参照。http://www.state.gov/r/pa/prs/ps/2013/11/217295.htm（2016年1月15日最終アクセス）
13) しかし依然としてINC5では，水俣条約がカドミウムや鉛といった他の重金属規制の雛型になることへの期待が何度も口にされた (Earth Negotiations Bulletin 2013: 24)。
14) 本書では，一貫して譲歩を取引の一つとみなし，一方的な損失を受け入れるような選好の変化を意味しない。すなわち，一方の争点で効用を減らしても，他方の争点でより大きな効用を得ることができるので，総じて効用は純増することとなる。

第4章

諸制度をめぐる交渉

資金メカニズムと遵守システム

　具体的な条文起草作業，すなわち条約下に設ける制度をめぐる交渉は，政府間交渉委員会（INC）に引き継がれることとなった。まず INC1, 2 では各国の意見表明が行われた。INC3, 4 では，文言を含めて具体的な条項の原案が複数提示され，国々がいずれの案を支持するか，どう改善すべきかについて意見交換がなされた。INC5 における合意形成を経て条文の最終版が出され，2013 年の外交会議において水銀に関する水俣条約として採択された。

　本章では，三位一体制度の残る2つである「独立基金」と「遵守システム」が成立した政治的背景を明らかにする。第1章で論じたように，2つの制度は法的拘束力のある規制の遵守確保に寄与し，環境条約の有効性を高めることが期待されるものである。しかし，既存の環境条約の交渉では，両制度をめぐって先進国・途上国間の対立が誘発され，合意形成に失敗してきた。さらに水俣条約交渉でも同様の対立構造がみられたにもかかわらず，両制度に合意を得ることができた。それでは，なぜ水俣条約交渉では合意を形成できたのであろうか。本章では，2つの制度をめぐる交渉過程において，情報問題と分配問題がどのように対処されたかを明らかにすることで，この問いに答えることにしたい。

第Ⅱ部　交渉内の要因の検討

1 UNEP による選択肢の整理

　協調枠組みと同様，条約下に設ける制度をめぐる交渉においても，交渉国は制度の帰結をめぐる不確実性に直面する。どの形態の資金メカニズムを設けるかによって，先進国にとっては，どの程度の資金拠出負担を強いられるか，また途上国にとっては，どの程度の資金供与を受けられるかが大きく左右される。また，遵守システムの形態によって，遵守確保を通じて条約がどれほど有効に機能すると期待できるか，またどの程度遵守コストを強いられるかが左右される。制度を設置するかしないかという二者択一であれば，両者の間でどれほど便益・費用が異なるかはおおよそ推測できるだろう。しかし，制度の形態としてどのような選択肢があり，それぞれがどのような制度効果を生むかを理解するには，より専門的な知識を要する。ここで交渉国は情報問題に直面する。

　前章で明らかになったように，交渉手続きの中で，交渉国が制度の効果についての正確な情報を手に入れる手段は，国連環境計画（UNEP）によって提出される交渉資料を通じてであった。したがって本章でも，情報問題がどのように対処されたかを明らかにするために，まず UNEP によって提出された交渉資料の内容を分析する。ここでは，INC1 で提出された資金メカニズムと遵守システムに関する 2 つの交渉資料に着目する。一つは，資金メカニズムに関する報告書である（UNEP 2010b）[1]。この報告書では，地球環境ファシリティ（GEF）と独立基金が取り上げられ，両者が詳細に比較・分析された。もう一つは，遵守システムに関する報告書である（UNEP 2010a）[2]。この報告書では，遵守の概念整理，遵守システムの形態，遵守システムと資金メカニズムの機能的連関，既存の条約における採用例などが記され，遵守システムについて包括的な分析が提示された。

　本節では，各制度がとりうる形態とその効果が，2 つの報告書においてどのように示されたかを分析する。なお，双方の報告書では，資金メカニズムと遵守システムの間の連関についてもふれられていた。これをふまえ，以下では，

94

資金メカニズム，遵守システム，さらに両者の連関という3点に絞って分析を進める。

▶ **資金メカニズムに関する報告書**

　INC1 で提出された資金メカニズムに関する報告書の内容は，表 4-1 のようにまとめられる（UNEP 2010b: 8-12）。この資料では，GEF と独立基金の違いについて，次の点が取り上げられた。第1に最も重要な点として，締約国会議の関与の仕方についてである。独立基金は条約の締約国会議の直接のコントロール下に置かれ，締約国会議に対してそのすべての活動について説明責任を有する（UNEP 2010b: 12）。したがって，条約のニーズに直結させながら，遵守の確保をめざした資金供与を行うことができる。しかし GEF の場合には，グローバル環境への便益があること，環境への配慮によるコストの増分部分をカバーするといった，GEF 独自のプロジェクト基準が加味される。すなわち，GEF のメンバーである資金拠出国の独自の政治的解釈が入る余地がある（UNEP 2010b: 10）。このように，独立基金に比べて GEF では，条約のニーズや遵守に直結させた資金供与は困難となる。

　第2に，理事会についてである。独立基金の理事会では，先進国と途上国が同等に議決権をもつ。先進国の意向がより強く反映されやすい GEF の理事会と比べて，受給国側の意見が反映されやすい。したがって，独立基金では途上国のニーズに即した資金供与が可能となる（UNEP 2010b: 12）。第3に，専門性についてである。独立基金は，その条約が対象とする一つの問題領域の解決のために設置されたものである。しかし GEF には，複数の環境問題領域に同時に対応することが求められる。したがって，独立基金はより専門性が高く，ゆえに特定の条約内で生じる遵守問題に対応しやすいとされる（UNEP 2010b: 11）。第4に，資金供与における中立性についてである。独立基金のレプレニッシュメント（資金補充）額は，国連が採用する援助基準をベースとして算出され，条約締約国の承認を経て決められる（UNEP 2010b: 11）。他方で GEF の場合，そのレプレニッシュメント額は，一般的な国際開発銀行と同じく，GEF のメンバーである資金拠出国が決定権をもつ。したがって，拠出に政治的交渉が大きく反映される GEF に比べて，独立基金はその中立性が高い（UNEP 2010b:

第Ⅱ部　交渉内の要因の検討

表 4-1　資金メカニズムの比較

		独立基金（MLFモデル）	GEF
条約への特化度	受給資格	当該条約の需要に直結	左記に加え GEF の独自判断も入る
	問題への専門性	高	低
	条約遵守との連結	緊密	稀薄
拠　出	拠出額基準	中立 （国連の需要基準）	政治的解釈
	政治的プーリング効果	なし	あり
締約国会議との関係	締約国会議への説明責任	大	小
	利益代表性	公平	拠出国寄り
	条約拠出メンバーとの乖離	なし	あり
	総合評価	受給国に有利	拠出国に有利

11-12)。第 5 に，拠出に関する政治的プーリング（共同出資）効果についてである。独立基金の場合，一条約への拠出額は明示的である。しかし GEF の場合，GEF が拠出金を一括して集めた後に，それが資金メカニズムとして担う条約ごとに金額を配分する形をとる（UNEP 2010b: 12）。したがって，あらかじめ締約国会議で国から約束された貢献額が，実際にその条約に対して配分されているのかが見えづらくなる（UNEP 2010b: 12）。ただし，GEF の加盟国には，条約の締約国ではない国も含まれる。したがって，条約を締約していない資金供与国からも，間接的に条約への貢献を確保できるという利点もある（UNEP 2010b: 12）。

以上をまとめると，独立基金は GEF に比べて，条約に沿い，対処すべき問題をかかえる途上国のニーズを反映可能な，より効果的な資金供与が可能であることが読み取れる（UNEP 2010b: 8-12）。

▶ 遵守システムに関する報告書

INC1 で提出された遵守システムに関する報告書では，遵守と履行という概念の違い，遵守システムの概要，既存の環境条約における遵守システムの採用例，条文における規定方法まで，包括的な情報が提示された（UNEP 2010a）。その中でも，遵守システムの概要については，第 1 章 3 節 1 項において，すで

第4章 諸制度をめぐる交渉

に詳細に記した。したがって，本項では遵守システムの概要については簡単にふれるにとどめ，序章でふれていない既存の条約における遵守システムの採用例と規定方法に焦点を当てる。

まず遵守システムは，締約国の履行状況を把握するための報告システムに加え，不遵守手続きと不遵守対応措置から構成される（UNEP 2010a: 6）。不遵守手続きとは，締約国の（不）遵守を判断するための手続きとメカニズムのことである。これには，不遵守特定の手段，特定後の遵守委員会の任務，遵守委員会と締約国会議の関係などが含まれる。そして不遵守対応措置とは，不遵守が判明した場合の当該国への制裁的・非制裁的な対応のことである。ほとんどの環境条約では，不遵守を罰するような制裁的なものではなく，遵守の回復支援をめざした非制裁的かつ促進的な手法を採用している（UNEP 2010a: 8）。

遵守システムの規定方法について，遵守システムを交渉内で合意するのは，時間的制約が伴うため困難な場合が多いという（UNEP 2010a: 14）。というのは，目的が情報提供にとどまる報告システムについては合意が得やすい一方で，遵守システムは政治的に敏感な遵守評価を目的とするので，交渉国はその設置に慎重になるためである（UNEP 2010a: 14）。その場合にとりうる手段として授権条項があり，将来に遵守システムを設置する権限を締約国会議に与えることが可能である（UNEP 2010a: 14）。また，授権条項を採用した既存の条約とその帰結についてもふれられている。例えばロッテルダム条約とストックホルム条約では，締約国会議における交渉が幾度ももたれたにもかかわらず，未だに遵守システムの設置に合意できていないと記されている（UNEP 2010a: 14）。こうした既存の条約の経験をふまえて，遵守システムを条約の発効後に採用することは困難であると結論づけられていた（UNEP 2010a: 15）。

その対処法として，報告書では，遵守システムを資金メカニズムとのパッケージとして設置することが提案された。そこでは，モントリオール議定書の第2回締約国会議において，独立基金（多国間基金）と暫定的な遵守システムの設置が一つのパッケージとして合意された成功例が引き合いに出された（UNEP 2010a: 15）[3]。

第Ⅱ部　交渉内の要因の検討

▶両制度の連関

　さらに，上述のいずれの報告書でも，資金供与と遵守システムの連関について記載されている。資金メカニズムに関する報告書には，モントリオール議定書で設置された独立基金は遵守支援に特化したものであり，遵守の確保を目的とすると書かれている（UNEP 2010b: 8-12）。したがって，履行活動全般を支援の対象とする GEF と比較して，遵守に直結する限られたプロジェクトが支援対象となる。この点において，独立基金は遵守確保に有効であることが示された（UNEP 2010b: 10）。

　INC3 で提出された，資金メカニズムに関する別の報告書では，その具体例が示された[4]。例えば，GEF を暫定的な資金メカニズムとするストックホルム条約では，遵守に直結するか否かにかかわらず，広範な履行活動やプロジェクトが資金供与の対象になっているという（UNEP 2011: 12）。したがって，ストックホルム条約における条約遵守の確保は，資金供与の直近の課題ではなく，長期的な課題として視野に入れられるにとどまっている（UNEP 2011: 12）。他方で，独立基金を採用するモントリオール議定書では，履行活動よりも遵守確保が支援の対象になっているという（UNEP 2011: 13）。そこでは，遵守にかかわる国ごとの活動を監視・管理するために，140 カ国以上の途上国にオゾン・ユニット（national ozone units）を設置し，毎年 700 万ドルもの資金供与を行ってきた（UNEP 2011: 13）。水俣条約で独立基金が選択された場合に，モントリオール議定書のように遵守の促進をめざした資金供与を行うことができ，遵守システムとあわせて設置された場合には，その効果はさらに高まると分析される（UNEP 2011: 13）。

　また，遵守システムに関する報告書においても，GEF よりも独立基金のほうが，その制度構造から遵守システムとの連携が可能であると記される（UNEP 2010a: 13）。そして，モントリオール議定書の成功の鍵は，同条約下に設けられた遵守システムと独立基金の相互連関にあったと指摘される（UNEP 2010a: 15）。さらに，任意基金によって履行活動を支援している例として，バーゼル条約とロッテルダム条約にも言及する。そして，供与対象が拠出国の意向によって大幅に制限される任意基金では，資金メカニズムと遵守システムの連関を確保することは困難であると分析された（UNEP 2010a: 13）。

以上，本節の分析をまとめると，UNEPの交渉資料において，資金メカニズムと遵守システムをめぐる具体的な選択肢が複数挙げられた。そして，既存の条約における経験をふまえたうえで，各選択肢の制度効果が示された。続く第2節では，こうした情報を交渉国がどのように利用して，両制度をめぐる交渉が展開されたかを明らかにする。

2　2つの制度をめぐる交渉

▶対立構造

　資金メカニズムに関しては，途上国が強固な資金メカニズムを好む一方で，先進国はそれに反対するという対立構造がみられた。前半のOEWG交渉で水俣条約の設置が決定された時点で，法的基盤のある資金メカニズムの設置が可能となった。そこで，主な選択肢は，既存のGEFか独立基金かの二者択一に絞り込まれ，これがINC交渉における最大の争点となった。先進国はGEFの活用を好むのに対し，途上国は独立基金の設置を求めるという対立が，交渉の中で一貫してみられることになる。

　遵守システムに関しては，先進国がその設置を強く支持する一方で，途上国は設置に消極的であった。すなわち，資金メカニズム交渉と同じく，先進国と途上国の間で明確な対立がみられた。ただし，国内で深刻な水銀問題を経験していたアフリカ諸国は，途上国の中では例外的に遵守システムの設置を支持した。交渉では，遵守システムの設置を条文中で規定するか，または授権条項によって条約発効後の締約国会議において設置を決定する旨を規定するか，が大きな争点となった。先進国は制度化された遵守システムを条文内で規定することを好んだが，途上国は遵守システムの設置自体に反対した。そして，設置する場合でも，資金供与の確約が前提条件であり，内政干渉が小さい履行システムに近いものを授権条項で設立することを好んだ。このような対立構造は，国際法は国家主権，内政干渉に対しどのような位置づけであるべきか，というそもそもの考え方の違いを反映していた。先進国には民主主義国が多く，国際法

第Ⅱ部　交渉内の要因の検討

は主権国家を一定程度規制することが必要であると考える。ところが，途上国には権威主義国が多く，規制による内政干渉は許されないという考えをとる。[5]

▶2つの交渉の連関

　資金メカニズムをめぐる交渉と遵守システムをめぐる交渉は，連関させる形で進められた。ただし，これは交渉資料で示されたような両制度間の相乗効果を意図したというよりも，むしろ，2つの制度は交渉国の利益において実質的に連関していたためであった。すなわち，双方の交渉には，2つの共通の争点があった。第1に資金拠出を先進国が遵守すべき義務とするか，第2に資金供与の程度に応じて途上国の遵守判断基準に幅をもたせるか，であった。前者については，モントリオール議定書下の多国間基金を除き，多くの環境条約の資金メカニズムにおいて資金拠出は義務化されていない。また後者については，ストックホルム条約が，途上国の遵守は資金供与を条件とする旨を規定している。[6] 途上国が先進国にこの2点の受け入れを要求する一方で，先進国はこれらを断固拒否するという形で交渉が進んだ。

　先進国は，先進国と途上国の双方が同一の遵守判断基準に置かれる，すなわち公平な遵守システムを設けることをめざしていた。したがって，条約の成功には資金メカニズムが欠かせないことは十分に理解しつつも，資金メカニズムは交渉の中で「途上国も同じ遵守システムに組み込むための手段」であった。すなわち，資金拠出の義務化も遵守判断基準の差別化も避けるべき項目であった。対する途上国は，条約の成功には非対立的で促進的な遵守システムが必要であることは認識していた。しかし，資金供与が十分に確保される場合に限って，公平な遵守判断基準に基づく遵守システムを受け入れるという立場であった。そして，十分な資金供与が期待できる資金メカニズムとして，GEFでなく独立基金を設置することを求めた。すなわち，交渉において，遵守システムは途上国にとって「十分な資金供与を確保する手段」であり，資金拠出の義務化と遵守判断基準の差別化を求めたのである。このように，先進国と途上国の双方の思惑において，資金メカニズムと遵守システムは密接に連関していたのである。

　交渉国からの声もあって，INC交渉では，資金メカニズムと遵守システム

第 4 章　諸制度をめぐる交渉

表 4-2　資金メカニズムと遵守システムをめぐる主な交渉経緯

	資金メカニズム（13条）		履行・遵守委員会（15条）	
	先進国	途上国	先進国	途上国
INC1	GEF	独立基金	本条項：遵守委員会	授権条項
INC2	GEF（独立基金への譲歩を示唆）	独立基金	本条項：遵守委員会（履行促進委員会への譲歩を示唆）	授権条項
INC3	GEF　資金メカニズムの検討に積極姿勢（国連特別プログラムの活用）	独立基金	本条項：遵守委員会	授権条項：資金供与＋履行委員会
INC4	GEF　併用案が残る	独立基金	本条項：遵守 or 履行委員会	本条項：資金供与＋履行委員会（授権条項案は取り下げ）
INC5（合意点）	独立基金，GEF，国連特別プログラム		履行・遵守委員会	

の交渉は，実際に相互に結び付けられながら進められた。INC1 で先進国は，両制度の利益面での連続性に加えて，機能面からも両制度の交渉を連関させることを求めた。例えば EU は，その一つの手段として，履行・遵守・資金供与コンタクト・グループの活動を INC2 から開始させるべきであると訴えた (Earth Negotiations Bulletin 2010: 12)。またスイスは，資金メカニズムを遵守システムとうまく統合させることが重要であると主張した (Earth Negotiations Bulletin 2010: 5)。カナダも，両者の統合の有用性を考慮して，両者の議論を合わせて行うべきであると述べた (Earth Negotiations Bulletin 2010: 5)。

　第 3 節以降では，5 回の INC 交渉を時系列順に分析する。各 INC 交渉における主な動きは表 4-2 のようにまとめられる。

3 第1回政府間交渉委員会（INC1）
対立の表面化

　INC1では，各交渉国の立場を一通り把握することがめざされた。この会議では，第1節で分析したUNEPの報告書から，交渉国は制度の効果について自国に有利な情報を選んで制度提案を行う様子がみられた。これは，資金メカニズムと遵守システムをめぐるいずれの交渉にも共通していた。そして，いずれの制度をめぐっても，先進国と途上国の対立構造が明らかとなった。

▶資金メカニズムに関する議論

　INC1では，各国の意見表明がなされ，先進国と途上国の明確な対立構造が表出した。まず先進国は，他の環境条約交渉と同じように，資金メカニズムとして既存のGEFを利用するべきだと主張した。その背景には，多数の環境条約の間での資金メカニズムの散在を防ぎ，資金供与を単純化したいという意図があった。さらに，GEFには拠出国側が影響力を及ぼしやすいという事情があった。例えば，ノルウェー，日本，カナダが，新たな独立基金を作るのではなく，GEFをはじめとする既存の資金メカニズムを利用することを主張した（Earth Negotiations Bulletin 2010: 5）。さらに，EU，ノルウェー，スイスは，運用面でGEFに欠陥があることを認めつつも，運用効率性を改善することは可能であるとしてGEFを支持した（Earth Negotiations Bulletin 2010: 11）。

　途上国は，GEFには，条約のニーズへの呼応性，意思決定や共同融資条件をめぐる透明性が欠如していることに懸念を示し，新たな独立基金の設置を要請した（Earth Negotiations Bulletin 2010: 11）。例えばアフリカ諸国は，「水銀に特化した独立基金は締約国会議によって運用されるため，水銀問題解決の需要に即し，透明性，アクセス，公平性を満たす資金供与が可能になる」と主張した。そのうえで，独立基金を既存のGEFと並存させることも検討する意思があることを表明した（Earth Negotiations Bulletin 2010: 5）。また，南米・カリブ海諸国，中国，キューバ，セネガル，コロンビアといった国々も同様に，独立

基金の重要性を主張した（Earth Negotiations Bulletin 2010: 5）。

以上のように，資金メカニズムの形態について，各国の意見表明がなされた。ところでINC1の時点では，産出，製造，貿易，廃棄をめぐる水銀規制の詳細は，依然として定まっていなかった。こうした状況において，多くの国は資金メカニズムの形態について具体的に議論するのは時期尚早であるという見方を示した。そして，可能なすべての選択肢について，引き続き検討する姿勢を表明した（Earth Negotiations Bulletin 2010: 11）。

▶遵守システムに関する議論

遵守システムをめぐっても，各国の意見表明がなされ，すぐに争点軸が明らかとなった。多くの代表団が資金メカニズムの設置とあわせて遵守システムを設置する必要性を認識していた。その中で，途上国は，授権条項を採用して条約発効後に遵守システムを設置することを主張した（Earth Negotiations Bulletin 2010: 5）。例えば南米・カリブ海諸国は，遵守システムについて授権条項で予備的に対処し，資金供与と技術移転を遵守の条件として規定に盛り込むよう主張した（Earth Negotiations Bulletin 2010: 5）。

しかし，EU，スイス，ノルウェー，カナダといった先進国は，授権条項案に強く反対した。そして，化学物質条約であるロッテルダム条約とストックホルム条約の双方において，授権条項が遵守システムの設置に移されていないことを引き合いに出した（Earth Negotiations Bulletin 2010: 12）[8]。先進国は，遵守システムを設けることに，当初から大きな意欲をみせた。例えばノルウェーは，「遵守システムの構成要素として，締約国による報告，報告された情報の検証，監視を通じた評価が不可欠だ」と主張した（Earth Negotiations Bulletin 2010: 5）。また，日本はパキスタンとともに，水銀問題の解決にあたって有効な遵守システムを設置することを歓迎した（Earth Negotiations Bulletin 2010: 5）。さらにカナダは，「遵守の判断に必要な履行状況の報告は遵守システムの中核である」として，条文で規定すべきであると強調した（Earth Negotiations Bulletin 2010: 6）。アフリカ諸国グループは，「遵守システムをめぐる規定は資金メカニズムや技術移転をめぐる規定と調整するべきであり，慎重に交渉しなければならない」と述べ，両制度を連関させながら議論する必要性を訴えた（Earth Negotiations Bulletin 2010: 5)。スイスも,ストックホルム条約の失敗を避けるために,条文中で遵守システムの設置を規定すべきであるとして,遵守にかかわるコンタクト・グループの早期設立を訴えた (Earth Negotiations Bulletin 2010: 5)。これは,のちの INC4 における履行・遵守コンタクト・グループの形成につながる。

▶ INC1 のまとめ

　交渉提案の内容から,いずれの制度をめぐっても,交渉国は UNEP による報告書から各制度形態の長所と短所を学んだことがうかがえる。そして,交渉国は自国にとって好ましい選択肢を認識し,制度提案を行うことができた。資金メカニズムについて,先進国が過去の条約交渉でも一貫して GEF を支持してきたことをふまえると,交渉国は,報告書の情報がなくとも,おおよその制度の効果についてはあらかじめ認識していたと考えられる。しかし,先に述べたアフリカ諸国グループの「水銀に特化した独立基金は……公平性を満たす資金供与が可能になる」といった発言からは,交渉国が制度効果の詳細まで把握していたことがうかがえる。ここから,交渉国が UNEP の報告書から制度の効果について学習したと推察できる。

　遵守システムについても同様のことがいえる。上述のノルウェーの「遵守システムの構成要素として……」という発言や,カナダの「遵守の判断に必要な履行状況の報告は……」という発言からは,遵守システムの機能の詳細について,交渉国が報告書から学んだことがうかがえる。さらに,アフリカ諸国グループの「遵守システムをめぐる規定は……慎重に交渉しなければならない」という発言からも,交渉国は両制度の連関について報告書から知識を得たものと推察できる。

4 第2回政府間交渉委員会 (INC2)
先進国による譲歩の兆し

　INC2 では,制度効果に関する報告書の情報に基づき,交渉国が自国の提案

第 4 章　諸制度をめぐる交渉

を戦略的に弱める様子がみられた。これは，自国に都合のよい情報を恣意的に選んで自国の立場を主張するにとどまった INC1 からの前進ととらえることができる。資金メカニズムをめぐる交渉では，先進国は独立基金を設置する可能性を仄(ほの)めかした。また遵守システムをめぐる交渉では，先進国は，遵守よりも途上国がより受け入れやすい履行促進的な性質をもった委員会の設置を提案した。

▶資金メカニズムに関する議論

　途上国は独立基金を支持する当初の立場に変化はなかった。例えばインドは，能力構築には，既存の環境条約における GEF の資金供与では不十分であり，その拠出手続きが遅く煩雑であるとして，GEF の利用に反対した（Earth Negotiations Bulletin 2011a: 9）。またアジア・太平洋諸国に加え，フィリピン，ジャマイカ，カタール，パキスタン，サウジアラビア，ヨルダン，オマーン，キューバといった途上国は，有効な資金メカニズムとして独立基金の設置を要請した（Earth Negotiations Bulletin 2011a: 9）。他方で，コートジボワールのように，その改善の必要性を訴えつつ GEF の利用を支持した途上国もあった（Earth Negotiations Bulletin 2011a: 10）。またアフリカ諸国グループは，GEF の利用可能性を認めつつも，遵守を促進できるのは独立基金であると強調し，資金供与と遵守の連関を強調した（Earth Negotiations Bulletin 2011a: 9）。

　先進国は，わずかに立場の変化をみせた。GEF に欠陥があることへの認識からか，モントリオール議定書下の多国間基金に倣(なら)い，独立基金を何らかの形で取り入れる可能性を仄めかした。例えば，EU，スイス，カナダは，GEF を支持する一方で，多国間基金モデルについて議論する余地はあると述べた（Earth Negotiations Bulletin 2011a: 9）。これに加え EU は，資金メカニズムを新しく設置する場合には，水銀だけでなく，他の物質の規制にも対応できるよう工夫すべきだと主張した。これによって，独立基金を一つの可能性として考慮していることを示唆した（Earth Negotiations Bulletin 2011a: 9）。このように，先進国は GEF への支持を崩さないものの，独立基金の設置へとわずかに譲歩した様子がみられた。

　INC2 の段階では，INC の中で資金メカニズムの議論がいかに重要な位置を

占めるかが明らかとなってきた。例えば中国は，条約を船に，資金メカニズムをエンジンにたとえて「船がスムーズに航海できるよう，新たによいエンジンを作ろうという政治的意思をもつべきだ」と訴えかけ，「資金メカニズムが次期 INC の最優先事項であり，かつ水俣条約の成立条件である」と述べた (Earth Negotiations Bulletin 2011a: 9)。しかし，項目ごとの規制内容の詳細が依然として確定しない段階で，資金供与について話し合うことの難しさに不満ももれた。例えばメキシコは，規制内容と資金メカニズムは不可分の関係にあるため，まずは規制内容を決めるべきであると述べた (Earth Negotiations Bulletin 2011a: 9)。これと同様の観点からコスタリカは，南米・カリブ海諸国を支持しながら，資金供与の見込みと途上国の政策能力に比例するように規制内容を決めるべきであると主張した (Earth Negotiations Bulletin 2011a: 2)。

▶ 遵守システムに関する議論

INC2 でも，INC1 でみられた遵守システムをめぐる対立が収斂することはなかった。例えば，EU，アメリカ，カナダといった先進国は，非対立的かつ遵守促進的な，遵守委員会を備えた遵守システムの設置を支持した (Earth Negotiations Bulletin 2011a: 10)。他方で，例えばチリは，授権条項を設け，具体的な議論は第 1 回締約国会議で行うことを支持した (Earth Negotiations Bulletin 2011a: 10)。

このように対立の溝が埋まらない中，先進国は，遵守システムが条文中で設置されないことを恐れた。そして，遵守委員会の代わりに履行促進委員会 (Facilitative Implementation Committee) を設置する可能性を妥協案として提案した (Earth Negotiations Bulletin 2011a: 13)。

この背景には，次のようなことが考えられていたと思われる。そもそも，遵守システムの運用主体として設置される委員会は，条約によって「遵守」委員会と呼ばれる場合も「履行」委員会と呼ばれる場合もある (UNEP 2010a: 9)。先に述べたように，遵守とは約束を果たしたかどうかという判断が入るため，内政干渉的であり政治的対立が顕在化しやすい。対する履行は，規制に対して国がとる一連の政策を指すため，中立的な意味合いをもつ。したがって，遵守システムを運用する委員会にいずれのニュアンスをもたせるかは，政治的に大

きな対立を生むと同時に、委員会の活動範囲および権限を左右する。これをふまえれば、先進国による履行促進委員会の提案は、内政干渉的な意味合いを弱めて途上国が合意しやすくなることで、遵守システムを条文中で規定しようと意図したものと考えられる。

▶ INC2 のまとめ

　いずれの交渉でも、基本的な対立構造に大きな変化はなかったが、先進国はわずかに譲歩姿勢をみせた。こうした交渉戦略の変化もまた、交渉資料で示された制度効果についての学習に基づくものであったと考えられる。資金メカニズムをめぐっては、既存の条約の経験をふまえた独立基金の長所に関する情報によって、先進国がその設置を視野に入れる余地が生まれたと考えられる。実際に交渉議事録でも、既存の条約の経験が交渉に大きく影響を与えたとして、次のように評価されている[9]。

　　　こうした議論は、他の環境条約の経験に影響された……例えば、途上国はストックホルム条約下で資金供与が不十分であることへの懸念を何度も引き合いに出し、先進国による資金供与の確約が遵守の前提になると主張した。また、既存条約の制度形態が資金メカニズムの議論に影響を及ぼした。例えば、モントリオール議定書の下に設置された多国間基金をモデルとすべきだという案は何度も出された。そして、独立基金の利点について学ぶことに多くの国が前向きであった。ストックホルム条約の暫定的な資金メカニズムとなっている GEF が独立基金の引き合いに出され、2つの間で締約国会議の意向がどの程度反映されるか比較された（Earth Negotiations Bulletin 2011a: 13-14）。

　また遵守システムをめぐる議論も、UNEP が提出した情報に大きく影響を受けたと考えられる。先進国は報告書から学習したうえで、非対立的かつ促進的な遵守システムを提案したと考えられる。すなわち、多くの既存の条約では非対立的な遵守システムが採用されており、制裁的な遵守システムに比して途上国に受け入れられやすいという情報が考慮された。また、先進国から履行促進委員会という妥協案が提出された背景には、報告書で示された、ロッテルダム条約とストックホルム条約における授権条項の失敗が教訓となっていることが観察できる。これを受けて INC3 以降、委員会の名称をめぐり、先進国と途

上国の間でせめぎあいが繰り広げられた。

5　第3回・第4回政府間交渉委員会（INC3・INC4）
イシュー・リンケージ

　INC3からINC4にかけては，交渉に強い連続性がみられた。INC3の資金メカニズム交渉における先進国の譲歩が，INC4の遵守システム交渉における途上国の譲歩を導いたのである。すなわち，INC3とINC4という2回の交渉にわたって，2つの制度交渉の間で交渉戦略としてイシュー（議題）間のリンケージ（連関）が行われた。イシュー・リンケージとは，合意形成が困難な異なる2つの議題について，相互の取引が可能である対称的な利益をもっている場合に，2つの議題を連関させて議論することである。これによって，それぞれの議題において交渉国の譲歩を相互に引き出し，双方の議題において合意形成がめざされる（Tollison and Willett 1979）。その成果として，INC4では，資金メカニズムについては独立基金の併用が一つの選択肢として残され，遵守システムについては授権条項でなく条文の中に設置する方向へと立場が収斂した。

▶資金メカニズムに関する議論

　INC2で一部の先進国は，独立基金を設置する余地があることを示唆していたにもかかわらず，INC3では，多くの先進国が「昨今の経済情勢では，独立基金が必要とするだけの資金拠出はできない」として姿勢を翻（ひるがえ）し，合意までの道のりは長いように思われた（Earth Negotiations Bulletin 2011b: 13）。実際にINC3, 4では，先進国と途上国の間のGEFと独立基金をめぐる基本的な対立軸に変化はなかったものの，後述するようにわずかに妥協点が垣間みえた。

　INC3では，かねてから設立が提唱されていたコンタクト・グループが「資金供与・技術支援・履行をめぐるコンタクト・グループ」として設置され，3日目と4日目にグループ・ベースで詳細な議論がなされた（Earth Negotiations Bulletin 2011b: 9）。そこで，具体的な条項やその文言についての検討が始まった。しかし，それまでのINC以上に各国は強く意見を主張し，妥協の余地は

皆無のように思われた（Earth Negotiations Bulletin 2011b: 13）。EU，カナダ，日本，スイス，ニュージーランドは，GEFを含む既存の資金メカニズムを利用する選択肢を支持した（Earth Negotiations Bulletin 2011b: 8-9）。他方で，アフリカ諸国グループ，イラン，イラク，南米・カリブ海諸国グループ，アジア・太平洋諸国グループは，独立基金を設置する選択肢を支持した（Earth Negotiations Bulletin 2011b: 8-9）。例えば，インドネシアとメキシコは，モントリオール議定書下の多国間基金の成功を強調した（Earth Negotiations Bulletin 2011b: 8）。インドとパキスタンもまた，条約に特化して安定的な拠出金を確保できる，強固な独立基金の必要性を訴えた（Earth Negotiations Bulletin 2011b: 8）。

このように双方の対立が収束しない中，INC3における先進国の姿勢転換が資金メカニズム交渉の進展を助けたといわれる。というのは，複数の先進国が，セッションの合間に資金供与について議論することに強い意欲を示したのである（Earth Negotiations Bulletin 2011b: 13）。このような積極姿勢の背景には，先進国自らがINC3で譲歩すれば，INC4において先進国が支持する遵守システムをめぐる議論でも，同様の譲歩を途上国から引き出せることへの明示的な期待があったとされる（Earth Negotiations Bulletin 2011b: 13）。

またINC3では，新たな提案として，化学物質3条約下で設置がめざされている，横断的な資金メカニズムの動向にも注視すべきであるという声が上がった[10]。例えばスイスは，資金供与の選択肢について議論する際，水俣条約とかかわりの深い同資金メカニズムとの関係を無視してはならないとして，警鐘を鳴らした（Earth Negotiations Bulletin 2011b: 8）。さらに，アジア・太平洋諸国グループも，自らが支持する独立基金に加え，この横断的な資金メカニズムの活用を十分に考慮に入れるべきであると訴えた（Earth Negotiations Bulletin 2011b: 8）。こうした提案は，この時点では交渉にそれほど影響力をもつことはなかった。しかし後述のように，この提案は，国連特別プログラムとして，水俣条約の資金メカニズムの一部として合意された。

結果的に，INC4の終わりには，独立基金とGEFなどの既存の資金メカニズムの片方または両方を設置することが，条項案として示された（Earth Negotiations Bulletin 2012: 9）。資金メカニズムの交渉において，両者の融和策として独立基金の設置が選択肢として残されたのは，特筆すべきことである。という

のは，資金メカニズムをめぐり同様の対立がみられたストックホルム条約では，GEFを「暫定的に」設置するという形でのみ，妥協点が見出されたからである（Earth Negotiations Bulletin 2010: 14）。

ただし，INC交渉の後半に入っても複数の選択肢が残される中，合意の可能性や時期，資金供与の具体的な計画について懸念が示された。例えば南米・カリブ海諸国グループは，キューバとともに「各国は資金供与をめぐる行動計画と優先順位を定めるべきだ」と主張した（Earth Negotiations Bulletin 2011b: 8）。さらに途上国からも「資金配分の予定表をINC交渉中に作るべきである」という声が上がった（Earth Negotiations Bulletin 2012: 8）。また，アジア・太平洋諸国グループとアフリカ諸国グループは「資金供与は条約発効前に利用可能でなくてはならない」として，資金供与が途上国の批准を促すことを示唆した。そして，資金供与をめぐる交渉の遅れが条約の発効自体に大きな影響を及ぼしかねないと懸念した（Earth Negotiations Bulletin 2012: 8）。

▶遵守システムに関する議論

INC3では，資金メカニズムと同じく，これまでのINC会合に比べて遵守システムをめぐる各国の意見がより強く主張され，妥協の余地は皆無のように思われた（Earth Negotiations Bulletin 2011b: 13）。5日目の本交渉では，以前から続いている先進国と途上国の間の意見対立を反映して，2つの条項案が議論された（Earth Negotiations Bulletin 2011b: 9）。第1の案は，条文中に「遵守」を促進する委員会を設置するものであり，先進国の意向に沿ったものであった。第2の案は，1つの資金供与・技術支援・能力構築・履行委員会，もしくは資金供与・技術支援・能力構築委員会と履行委員会の2つを設置することを授権条項によって規定するものであり，途上国の意向に沿うものであった。

先進国であるEU，アメリカ，日本，カナダ，ノルウェー，さらに深刻な水銀問題を抱えるアフリカ諸国グループも第1の案を支持した（Earth Negotiations Bulletin 2011b: 9）。他方で，中国とチリはともに，遵守能力に欠ける途上国への支援に重きを置いた第2の案を支持した（Earth Negotiations Bulletin 2011b: 9）。チリは「共通だが差異のある責任原則を考慮した柔軟な遵守システムが必要である」と強調した。先進国の中でもスイスは，両者の溝が埋まらな

い状況を懸念したためか，第2の案を支持した（Earth Negotiations Bulletin 2011b: 9）。

　このように INC3 の時点で，途上国は依然として授権条項に固執しており，また遵守システムの中に資金供与・技術支援・能力構築に対応する委員会の設置を模索していた。ここには，資金供与が途上国による「遵守の条件」であることを明示するとともに，資金供与を先進国が「遵守すべき義務」として位置づけようという思惑があった。他方で先進国は，条文中で遵守システムを設置することをめざしており，また本条項で資金供与にふれることに反対であった。これは，「資金供与は，遵守すべき条約の義務として位置づけられるべきではない」（Earth Negotiations Bulletin 2011b: 8）という日本の発言に象徴される。

　INC4 では，遵守にかかわるコンタクト・グループとして，履行・遵守コンタクト・グループが初めて設立された。同グループには，他の環境条約の制度設計において豊富な交渉経験をもつ交渉官が集められた（Earth Negotiations Bulletin 2012: 14）。INC4 での大きな進展は，途上国が以前から主張していた授権条項案が選択肢から外されたことであった。条文中で遵守システムを設置する案として，2つの案が議論された（Earth Negotiations Bulletin 2012: 9）。一つは，履行委員会または遵守委員会のいずれか一つを設置する案であり，もう一つは，資金供与・技術支援・能力構築・履行に関する委員会を一つまたは複数設ける案であった。前者は，先進国が支持する遵守委員会の設置を重視しつつも，途上国が受け入れやすい履行委員会の可能性も含めた案であった。ここから，INC3 において遵守委員会の設置を第1の案として主張していた先進国が譲歩したことがうかがえる。後者は，途上国の意向に沿う形で遵守よりも履行や資金供与に焦点を置いた案であった。INC3 で議論された第2の案がベースとなっているが，授権条項でなく条文中での設置を想定している。

　第1の案を支持した先進国の中で，例えば EU は「条約全体の中で，遵守システムと資金メカニズムへの重点は等しく置かれるべきである」とした。そして，別の条項で資金メカニズムについて規定しており，遵守システムの条項で再度資金供与に関する委員会を設けることに反対を唱えた（Earth Negotiations Bulletin 2012: 9）。日本は，遵守委員会をすぐに設立すべきであると述べた（Earth Negotiations Bulletin 2012: 9）。またスイスとアメリカは，途上国の合意可

第Ⅱ部　交渉内の要因の検討

能性を重視して，委員会は履行に焦点を当てたものにすべきであると主張した（Earth Negotiations Bulletin 2012: 9）。

　第2の案を支持した途上国の中で，例えば中国は「遵守システムにどのような性質をもたせるかによってその有効性は大きく異なる」と主張した。そして，インド，ブラジル，キューバとともに，「先進国に対する資金供与・技術支援・技術移転の義務を遵守システムと強く連関させるべきだ」と強く主張した（Earth Negotiations Bulletin 2012: 9）。また，南米・カリブ海諸国グループ，コロンビア，中国は総じて，非制裁的かつ非対立的で促進的なアプローチを採用するよう主張した（Earth Negotiations Bulletin 2012: 9）。しかしながらアルゼンチンのように，各項目の規制内容が最終決定されておらず，必要な資金供与の程度がわからない段階で，遵守について議論するのは時期尚早であると述べる国もあった（Earth Negotiations Bulletin 2012: 9）。

　このように，遵守システムの細部の設計についても議論がなされ，選択肢の絞り込みが行われた。その一方で，遵守システムの機能として遵守促進だけでなく履行促進も据えるのか，また遵守を資金供与・技術支援とどれほど連関させるかについては，交渉国の立場は収斂しなかった（UNEP 2012: 19）。

▶INC3・INC4 のまとめ

　INC4 で資金メカニズムとして独立基金を活用する案が残された背景には，先進国の譲歩があった。この譲歩は，遵守システムの授権条項案を外すという，INC4 における途上国の譲歩から影響を受けたと考えられる。ただし，INC2 において先進国はすでに独立基金を設置する可能性を示唆していた。このことをふまえれば，INC4 で突如として交渉戦略を転換したというよりも，交渉戦略転換の兆候は INC2 の時点から現れていたとみることができる。このような交渉の連続性に鑑みると，すでに INC1 で提出された既存条約下の制度の効果をふまえた UNEP の報告書から，先進国は独立基金の長所を否定できない事実として学習していたものと考えられる。このように，過去の経験が資金メカニズムの議論に影響を及ぼしたことは，交渉議事録の下記の文章からも明らかである。

第4章　諸制度をめぐる交渉

資金メカニズムと遵守システムをめぐる議論が交渉の重要な争点となったのは水俣条約が初めてのことではなかった。それにもかかわらず水俣条約では，遵守システムをめぐる交渉において，過去のストックホルム条約やロッテルダム条約が直面する困難を回避することが模索された。それと同様に，資金や技術供与をめぐる交渉も，他の条約の経験から影響を受けながら進められた（Earth Negotiations Bulletin 2012: 14）。

　INC4における遵守システムをめぐる交渉では，授権条項案が除かれ，条文中で委員会を設置する案へと収斂されることとなった。これは，ロッテルダム条約やストックホルム条約における失敗を回避したいという先進国の強い意思に加え，途上国の譲歩によって可能となった。ここにおける途上国の譲歩は，INC3でとられた資金メカニズムにおける先進国の譲歩が引き金となっていた。すなわち，INC3からINC4にわたって，資金と遵守の間でとられたイシュー・リンケージ戦略は成功したのである。

　さらに，途上国による譲歩の背景には，UNEPの報告書で示された既存の条約の経験が，授権条項案の正当性を揺るがした側面もあったと考えられる。この点は，INC4におけるUNEPの交渉議事録では以下のように評価される。

> 履行・遵守コンタクト・グループでは，……締約国の間で未だ遵守システムの設置が合意に至っていないストックホルム条約とロッテルダム条約，条約採択13年後にようやく遵守システムが設置されたバーゼル条約について何度も言及された。こうした関連条約における経験が，履行や遵守を促進する遵守システムの設置を条文中で規定するという方向性への速やかな合意を可能にした。……入念に準備された（well-rehearsed）ダンスのように，コンタクト・グループにおける数名の参加者に，他の条約で遵守システムの議論にかかわった豊富な経験があったことから，同コンタクト・グループは効率よく交渉を進めることができた（Earth Negotiations Bulletin 2012: 14）。[11]

　以上のように，資金メカニズムと遵守システムをめぐる双方の交渉において，交渉国はUNEPによって提示された複数の選択肢をめぐる制度の効果を，既存の条約からの裏付けとして交渉戦略に利用した。とりわけ，問題解決への有効性が裏付けられない選択肢を支持する交渉国から，譲歩を引き出すことを可能にした。このように，具体的な制度の効果に基づいて制度の選択肢を比較衡量することで，交渉戦略の転換を通じて合意可能な制度を絞り込むことができ

113

たのである。

　しかし，この段階では，いずれの制度についても，一つの最終合意が形成されたわけではなかった。このような状況は，規制内容，資金メカニズム，遵守システムという3つの領域が密接に関連し合っている状況では，「すべてが決まらなければ何も決まらない（"nothing is agreed until everything is agreed"）」（Earth Negotiations Bulletin 2012: 14）として揶揄された。しかし，次にみるように，最後のINC5でいずれの制度についても合意を形成することができた。

6　第5回政府間交渉委員会（INC5）
合意への到達

　INC5では，INC4までに絞り込まれた選択肢に立脚しながら，両制度について先進国からさらなる譲歩を引き出すことができ，最終的に合意に到達することができた。

▶資金メカニズムに関する議論

　INC4に続いてINC5でも，先進国と途上国の間のGEFと独立基金をめぐる対立は収束しなかった。しかし，INC5交渉の最終日の総会（Closing Plenary）において，先進国の譲歩による妥協案として「GEFプラスオプション」が提案された（Earth Negotiations Bulletin 2013: 15）。この提案は，独立基金を新設するが，同時にGEFも利用するというものであり，INC4で選択肢として残された併用案がもとになった。すなわち，他の多くの環境条約と同じように，水俣条約と覚書を結ぶことで，GEFを水俣条約の資金メカニズムとする。同時に，特定の国際的な計画（SIP）をモントリオール議定書下の多国間基金のような独立基金として設置し，締約国会議の直接の管理下で運用するというものである（Earth Negotiations Bulletin 2013: 15, 16）。

　このように途上国が望んでいた独立基金が設置されたことは，先進国が譲歩したことを意味する。というのは，資金メカニズムは拠出金があって初めて機能し，それを負担するのは先進国だからである。先進国が譲歩した理由として，

第4章 諸制度をめぐる交渉

後で述べるように，同じ INC5 で遵守システムの詳細についてまで合意できたという成果があった。UNEP の報告書で示されたように，遵守システムがうまく機能するためには，強固な資金メカニズムが必要であった。この点において，バーゼル条約やストックホルム条約のように，資金メカニズムの設置を失敗させてはならないという焦りがあったと考えられる。ただし，すでに INC4 の時点で GEF と独立基金を併用する選択肢を残していたことに鑑みれば，先進国は独立基金のみを唯一の資金メカニズムとして設立することには反対であったとしても，補完的に用いるだけの資金面での余裕があることは，事前に認識していたものと推察される。

INC5 では，複数の国が「締約国会議が主導して，資金供与の全体の方針や手続き，供与対象となる項目のリストを作成し，供与資格条件を定めるべきだ」と強く主張した（Earth Negotiations Bulletin 2013: 15）。その結果として合意された最終的な条項では，締約国会議が SIP を主導することが明示的に定められた（Earth Negotiations Bulletin 2013: 15）[12]。ただし，他の多くの環境条約と同様に，先進国からの資金拠出は義務化されていない。また GEF プラスオプションでは，上述の2つに加え，新設された国連特別プログラムが，化学物質3条約や SAICM の実施にかかわる途上国の制度強化のために盛り込まれた。国連特別プログラムとは，INC3 で提案があったものであり，期限付きの特別基金である。これにより，GEF プロジェクトを誘致することが困難な，制度的基盤が弱い最貧国の制度構築を後押しすることがめざされた。資金メカニズムを構成する，これら3つの基金は，担う役割に差をもたせつつ，これらを併用して用いることが GEF プラスオプションとして合意された[13]。

折衷案としての GEF プラスオプションは，モントリオール議定書や化学物質3条約といった既存の条約の経験から大きく影響を受けたとして，次のように評価される（Earth Negotiations Bulletin 2013: 14, 24）。

> 水俣条約はストックホルム条約のように，途上国の履行活動への資金供与を GEF に委ねている。他方で，ストックホルム条約と異なる点は，GEF の活動が，モントリオール議定書の多国間基金をモデルとした SIP によって補完されている点である。SIP の活動について詳細はまだ定まっていないが，多国間基金で採用されているナショナル・オゾン・ユニットを模したものになる。

第Ⅱ部　交渉内の要因の検討

▶遵守システムに関する議論

　INC4におけるコンタクト・グループの成果もあって，遵守システムについては，資金メカニズムよりも早い段階でスムーズに合意がまとまった。遵守システムの運用を担う委員会として，最終的に，履行の要素をもたせた「履行・遵守委員会」を設置することが合意された。そして，この委員会は履行と遵守の促進を目的とすることが合意された（Earth Negotiations Bulletin 2013: 16）。

　INC4では資金供与に関連した委員会の設置を主張していた途上国であったが，この案は先例がなかったこともあり，INC5の早い段階で立ち消えとなった[14]。INC5での遵守システムをめぐる合意形成において何よりも重要であったのは，遵守システムを設置したいという先進国の強い意思であったといえよう。当初は遵守委員会の設置を求めていた先進国であったが，途上国の合意を取り付けるために，履行の要素をもたせた履行・遵守委員会へと譲歩を行ったのである（Earth Negotiations Bulletin 2013: 16）。

　さらに残った交渉時間では，EUの意向もあって，遵守委員会のメンバー構成や委員会に与える権限の範囲，不遵守措置に関する手続きなど，遵守システムの詳細にまで議論が及んだ（Earth Negotiations Bulletin 2013: 16-17）。こうした期待以上の交渉の進展によって，資金メカニズムにおける先進国の譲歩が導かれたことは，前項でみた通りである。遵守システムを規定する15条は，第1項において「この条約の全ての規定の実施を促進（promote）し，及び遵守を再検討（review）するため，……」と記され，遵守と履行の両方に射程が置かれている（Earth Negotiations Bulletin 2013: 17）。さらに同じ項では「委員会を含むこの仕組みは，円滑化（facilitative）を図るためのものとし，各締約国の能力及び事情に特別の注意を払う」と規定され，遵守システムは罰則的でなく促進的なものであることが明示されている。また，途上国に対する遵守基準の差別化に配慮しつつも，ストックホルム条約ほどの明示的な規定は避けられている（Earth Negotiations Bulletin 2013: 17）[15]。

　このように履行・遵守委員会が設置されたことは，INC5の交渉議事録において次のように評価される。

　　ストックホルム条約およびロッテルダム条約では，条約発効後に遵守システムの設置が条文で規定されているにもかかわらず未だ実現していない。水俣条約における

履行・遵守委員会の設置により，他の条約が直面するこうした難局に水俣条約が直面することのないよう確保することができた（Earth Negotiations Bulletin 2013: 24）。

▶INC5 のまとめ

　INC5 では，遵守システムをめぐる先進国の積極姿勢ゆえの譲歩が，合意形成の鍵となった。そして，この合意が資金メカニズムをめぐる先進国のさらなる譲歩を可能にし，GEF プラスオプションへの合意が実現した。このように，遵守システムと資金メカニズムの合意形成をめぐる交渉は，INC5 においても密接に連関していた。

　もちろん，INC5 までの各 INC 交渉では，先進国の譲歩だけでなく，途上国側の交渉戦略の転換もみられた。そのプロセスでは，相手の出方をみて，または予想して自分も譲歩する，という先進国と途上国の戦略的な動きがみられた。水俣条約暫定事務局のデュア局長も，先進国は遵守システムができるとみて独立基金に合意し，途上国は独立基金ができるとみて遵守システムに合意するという戦略的な取り引きがあったとみる[16]。このように，合意は INC5 において突然にまとまったわけではなく，戦略的な交渉を通じて徐々に形成されていったといえよう。しかし，最終的な合意形成に決定的な影響を及ぼしたのは，資金メカニズムと遵守システムの双方における先進国側の戦略の転換であった。

7　後半の交渉のまとめ
情報問題と分配問題への対処

　5回にわたって開催された INC での交渉過程は，次のようにまとめることができる。INC1 では，交渉国は，報告書で示された制度の効果と照らし合わせたうえで，自国に有利な情報に依拠して提案を行った。INC2 では，交渉の流れに劇的な変化はなかったものの，先進国による譲歩の仄めかしがみてとれ，これは制度の効果についての学習によるものであった。さらに，INC3，4 においてとられたイシュー・リンケージ戦略によって，両者からさらなる譲歩が引

第Ⅱ部　交渉内の要因の検討

き出された。そして INC5 では，遵守システムと資金メカニズムの双方において合意が形成された。INC2 から INC5 にかけて両者の歩み寄りがみられたが，最終的な合意形成の鍵は INC5 における先進国による戦略の転換であった。すなわち，遵守システムをめぐっては，先進国が履行・遵守委員会を受け入れることで，また資金メカニズムについても，先進国が独立基金の設置を受け入れることで合意が形成された。

　この一連の交渉過程は，本書の分析枠組みからは次のように分析できる。まず情報問題への対処を可能にしたのは，UNEP による交渉資料の提示であった。UNEP は，既存の条約の経験に立脚して，複数の具体的な制度の選択肢とその効果について情報を提示した。こうした情報が，実際に交渉国による制度提案に生かされていたことから，情報問題に一定の対処が施されたことがみてとれる。このように，条約の設置をめぐる前半の交渉と同様，条約下の制度をめぐる後半の交渉でも，UNEP は交渉における情報問題への対処を助けた。情報問題への対処は同時に分配問題への対処に寄与した。資料で具体的な制度の選択肢とその効果が示されたことで，交渉国は選択肢を比較衡量でき，混沌とした交渉を体系づけることができた。さらに，制度の効果による裏付けの有無に応じて，主張を強めるまたは弱めるといった交渉戦略の変更を行い，制度の選択肢を絞り込むことができた。

　しかし，分配問題への対処に大きく寄与し，INC5 における最終的な合意形成の鍵となったのは，先進国側の戦略の転換であった。もちろん，情報問題への対処が立場の収斂を通じて合意形成に副次的に寄与した部分と，純粋な政治的駆け引きによる分配問題への対処とを厳密に分けることはできず，これは条約設置をめぐる前半の交渉でもみられた。INC5 における先進国の譲歩は，条約の設置をめぐる交渉と同じく，ここでも先進国の既存の政策能力が寄与したものと推論できる。すなわち，一連の交渉過程で先進国がたびたび譲歩を仄めかしたり，また実際に譲歩を行ったりすることができたのは，条約を遵守するだけの十分な政策能力があり，資金面で譲歩する余地があったためではないかと考えられる。また，こうした資金面での余裕は，鉛やカドミウムが条約の規制対象になっていれば生まれていなかった可能性がある。こうした推論は，のちの第 5, 7 章においてさらに検証することとしたい。

■注

1) 資金メカニズムに関する報告書とは，「Options for Predictable and Efficient Financial Assistance Arrangements」である。また，INC2からの要請を受けてINC3で提出された資金メカニズムをめぐる比較報告書「Further Comparative Analysis of Options for Financial Mechanisms to Support the Global Legally Binding Instrument on Mercury」では，GEF，独立基金，（初期支援のための）短期基金といったさまざまな基金の長所と短所について詳細な比較分析がなされている（UNEP 2011）。これは，INC1で提出された資金メカニズムに関する報告書と同様の比較基準に依拠しつつ，評価内容をより詳しく記したものである。主要な論点については両報告書の間で共通しているため，INC3で提出された資料の詳細はあえてここで詳述しない（UNEP 2011）。

2) 遵守システムに関する報告書とは，次のものである。「Key Concepts, Procedures and Mechanisms of Legally Binding Multilateral Agreements that may be Relevant to Furthering Compliance under the Future Mercury Instrument Concept on Compliance」

3) 1990年に開催された第2回の締約国会議で合意されたのは「暫定的な」遵守システムであり，正式に遵守システムが設置されたのは，その2年後の1992年である。

4) この報告書は，「Further Comparative Analysis of Options for Financial Mechanisms to Support the Global Legally Binding Instrument on Mercury」である。詳細については，本章の注1を参照されたい。

5) ヘンリック・セリン・ボストン大学准教授（水俣条約を含む化学物質条約を通じたガバナンスが専門）へのインタビュー（2017年2月21日，ボストン大学）。

6) ストックホルム条約の13条4項では，次のように規定される。「The extent to which the developing country Parties will effectively implement their commitments under this Convention will depend on the effective implementation by developed country Parties of their commitments under this Convention relating to financial resources, technical assistance and technology transfer.」（下線筆者）

7) 「先進国によるGEFの支持は，水俣条約だけでなく，他の環境条約交渉でも一貫して見られてきた」（当時，日本政府の交渉を担当した，本多俊一・元環境省大臣官房廃棄物・リサイクル対策部適正処理・不法投棄対策室係長へのインタビュー，2016年10月7日，UNEP国際環境技術移転センター）。

8) 両条約の17条において，次のように遵守委員会を設置するための授権条項が盛り込まれているものの，未だに遵守委員会は設置されるに至っていない。「The Conference of the Parties shall, as soon as practicable, develop and approve procedures and institutional mechanisms for determining non-compliance with the provisions of this Convention and for the treatment of Parties found to be in non-compliance」

9) 「Summary of the Second Meeting of the Intergovernmental Negotiation Committee to Prepare a Global Legally Binding Instrument on Mercury」（Earth Negotiations Bulletin 2011a）。

10) 同資金メカニズムの設置の背景には，ストックホルム条約下で正式な資金メカニズムが設置されないこと，他の化学物質条約においても資金供与が脆弱であることへの懸念があった。こうした資金不足の状況を打開するために，当時のUNEP事務局長で

第Ⅱ部 交渉内の要因の検討

あったシュタイナーが，複数の化学物質条約を横断した資金メカニズムの設置を主導した。

11) このように，UNEP の交渉資料に加え，コンタクト・グループを構成する専門家や交渉官の過去の条約交渉経験も，交渉の進展に貢献したと評価できる。

12) 水俣条約13条9項は，以下のように規定される。「For the purposes of this Convention, the Programme referred to in paragraph 6 (b) will be operated under the guidance of and be accountable to the Conference of the Parties. The Conference of the Parties shall, at its first meeting, decide on the hosting institution for the Programme, which shall be an existing entity, and provide guidance to it, including on its duration.」他方で，オゾン層保護にかかわるモントリオール議定書における多国間基金にかかわる10条4項は以下のように締約国会議の権限が全面に押し出される形で規定されている。「The Multilateral Fund shall operate under the authority of the Parties who shall decide on its overall policies.」（下線筆者）。

13) 「これらに加え，民間資金の活用も資金供与の重要な位置を占めることが期待されている」（ジェイコブ・デュア水俣条約暫定事務局長へのインタビュー，2017年6月29日，UNEP 国際環境技術移転センター）。

14) 「先進国が資金メカニズムで譲歩する十分な見込みがあったことが，途上国による遵守システムの譲歩につながった。というのは，遵守に関するコンタクトグループと資金に関するコンタクトグループは，連日にわたって交互に開催され，交渉国は一方の交渉の進捗状況をみながら戦略的に他方の交渉に臨むことができたためである」（長井正治・元 UNEP 環境法条約局副局長へのインタビュー，2017年7月17日，ナイロビ）。

15) 15条1項は以下のように規定される。"A mechanism, including a Committee as a subsidiary body of the Conference of the Parties, is hereby established to promote implementation of, and review compliance with, all provisions of this Convention. The mechanism, including the Committee, shall be facilitative in nature and shall pay particular attention to the respective national capabilities and circumstances of Parties."

16) ジェイコブ・デュア水俣条約暫定事務局長へのインタビュー（2017年6月29日，UNEP 国際環境技術移転センター）。

第5章

交渉比較分析

ストックホルム条約との比較

　前章では三位一体制度が合意された水俣条約について分析した。本章では，同じく化学物質の規制を目的としたストックホルム条約において，同様の制度がなぜ合意されなかったのかを検証する。より具体的には，独立基金と遵守システムをめぐる交渉において，情報問題と分配問題がどのように対処されたのかについて探索する。これにより，水俣条約における三位一体制度の成立要因を，より包括的に検証することが可能になる。

1 ストックホルム条約

▶概　要

　ストックホルム条約は，残留性有機汚染物質（POPs）から人の健康と環境を保護することを目的とした条約であり，2001年に採択され04年に発効した。POPsとは，毒性が強く，残留性や生物蓄積性，長距離移動の可能性があり，人の健康または環境への悪影響を有する化学物質である。これには，PCB（ポリ塩化ビフェニル），DDT，ダイオキシン類などが含まれる。ストックホルム条約の条文をめぐる交渉は，1998年から2000年にかけて開かれた5回の政府間

第Ⅱ部　交渉内の要因の検討

交渉委員会（INC）において議論された。ストックホルム条約は法的枠組みに依拠しているため，法的拘束力をもたせる規制は成立したものの，水俣条約では成立した他の2つの制度である独立基金と遵守システムは成立しなかった。暫定的な資金メカニズムとして地球環境ファシリティ（GEF）が，また遵守システムについてはのちに締約国会議で設置するという授権条項が採用されたにとどまる[1]。今日に至るまで，これらの制度を強化するために締約国会議で議論が重ねられてきたものの，GEFは依然として暫定的基金のままであり，遵守システムも設置されていない。すなわち，「二兎追う者は一兎をも得ず」という，二兎を得ることに成功した水俣条約とは逆の状況に陥ったといえよう。

▶水俣条約との共通点

ストックホルム条約と水俣条約には，5つの共通点がある。第1に，いずれの条約も，有害な化学物質の生産から使用，排出，廃棄に至るまでのライフサイクル全体を包括的に規制することをめざす。第3章で述べたように，水銀協調の枠組みをめぐる交渉において，水銀協調を水銀議定書としてストックホルム条約の一部とすることが検討されたほど，両条約の性質は類似している。第2に，ストックホルム条約は水俣条約が締結される一つ前に作られた条約であり，数ある環境条約の中で合意時期が最も近接している。

第3に，両者の問題構造が近似していた。水銀問題をめぐっては，条約交渉以前に，欧州連合（EU）やアメリカをはじめとする先進国がすでに国内政策を推進していた。したがって，多くの場合に代替物質が利用可能であり，また水銀に関連する産業も限定されていた。さらに，水銀の有害性が明らかになっており，水銀管理の必要性について，国々の間でコンセンサスが形成されていた[2]。同様のことがストックホルム条約にも当てはまる。ストックホルム条約では，例えば規制対象の汚染物質の利用が特定の産業や農業に限定されていた。また代替物質が利用可能であったことから，より高価な代替品の販売に，化学産業が意欲的であった（Yoder 2003: 151）。そして，POPs規制の必要性には，公衆衛生の機関や政府の政策担当者，環境保護団体や化学産業に至るまで，環境条約上稀にみるほどの幅広いコンセンサスがあったといわれる（Yoder 2003: 148）。このような点において，ストックホルム条約は，オゾン層破壊物質

の規制の必要性が共有されていたモントリオール議定書と近似していると指摘される（Yoder 2003: 151）。

　この点と関連して，第4に，規制をめぐる利益構造も近似していた。多くの環境条約交渉では，環境問題に寄与した先進国が汚染物質の排出削減義務を受け入れる一方，環境問題への寄与が限定的な途上国は義務を負うことに反対するという対立構造がみられる。しかし，ストックホルム条約の設置をめぐる交渉過程では，先進国と途上国の顕著な対立は部分的にしかみられなかった。その理由として，途上国の環境問題への寄与が明示的であったことが挙げられる。すなわち，先進国は国内政策を進めてきたが，途上国におけるPOPsの生産や使用がより大きな問題となっていた（Ahlgren 2014: 5）。これと同様の利益構造は，途上国による水銀問題が深刻となっている水俣条約でもみられたところであった。第3章で述べたように，条約の設置をめぐる交渉では，先進国対途上国という構造はみられなかった。このように，先進国が国内政策を進めてきた一方で，途上国の規制が条約の重要な課題であるという利益構造は，両者に共通していた。

　第5に，規制の難しさは同じ程度であった。ストックホルム条約は複数の物質を規制対象とするにもかかわらず，一物質のみを規制する水俣条約と比べて交渉が難航したわけではなかった。ストックホルム条約では，農薬の一種であるDDTの排除については規制をめぐる意見の対立があった。しかし，その他の「汚い12のPOPs」については，その残留性や有毒性について確固たる科学的証拠が提出され，それらの除去に関して先進国と途上国の間でコンセンサスがあった。したがって，INC3までには，これらの12物質をどのように，どの程度規制するかについて，ほぼ合意が形成されていたという（Yoder 2003: 141）。このように，ストックホルム条約下では複数の物質を規制することにコンセンサスがあったため，水銀条約における規制対象物質数との違いは結局のところ，条約交渉に実質的な差異をもたらさなかった。

▶水俣条約との相違点

　両条約間の唯一の相違は，規制対象物質の追加条項の有無であった。ストックホルム条約8条では，残留性有機汚染物質検討委員会（POPRC）において専

第Ⅱ部　交渉内の要因の検討

門家による検討を経て，締約国会議において新たにPOPsに指定された物質が随時追加される旨が規定されている。本書では，これを規制対象物質追加条項と呼ぶ。水俣条約では同条項を設けていないが，ストックホルム条約では同条項を採用している。新たな化学物質を同じ条約で規制する必要性が認識された場合，この条項があれば，締約国会議での合意を経て，これを条約の規制対象物質リストに加えることができる。

しかし，この条項をめぐっては，ストックホルム条約交渉において，大きな対立があった。INC3の終盤では，新たな化学物質を追加する際に，予防原則をどの程度適用すべきかをめぐって大きな対立があることが認識された。そして，INC4以降，これは資金メカニズムとともに交渉の最大の争点となった（Yoder 2003: 142）[6]。INC4において，EUは，新たな化学物質を追加する際の判断基準として，予防原則の導入を支持した。すなわち，化学物質がもたらす悪影響についての科学的証拠が不十分であっても，潜在的リスクを考慮して，その物質の規制を可能にすべきというものである。オーストラリアやアメリカ，カナダ，産業界の代表は，リスク査定アプローチに立ち，新たな物質を規制体系に追加する際には，物質の危険性を示す確かな科学的証拠を要するとし，EUが求める予防原則よりも慎重な手順を踏むよう求めた（Yoder 2003: 142, 144-145）。

このように，予防原則をどの程度適用するかについて合意は得られず，交渉はINC5へと持ち越された。INC5では，EUとJUSCANZ諸国（日本，アメリカ，カナダ，オーストラリア，ニュージーランド）の間で白熱した議論が繰り広げられ，最終合意に至った（Vanden Bilcke 2002: 330）。ここで，産業界やアメリカ，オーストラリアによって一貫して支持された，リスク査定アプローチに近い規定が採用された。すなわち，EUが支持していた予防原則に関する条項は弱い表現で条約に盛り込まれることとなった（Yoder 2003: 146）。

以上をまとめると，水俣条約とストックホルム条約の間には共通点が多い半面，唯一の相違点は，規制対象物質の追加条項であるといえる。それでは，ストックホルム条約で三位一体制度の成立に失敗した背景には何があったのであろうか。次節では，ストックホルム条約における資金メカニズムと遵守システムをめぐる交渉の中で，それぞれどのような交渉資料が提示されたかについて

概観したうえで，交渉分析を行う。[7]

2 ストックホルム条約の交渉過程

▶**資金メカニズムについて**

　資金メカニズムの選択肢をめぐる UNEP からの資料は，INC2 で提出されたものが一つあった（UNEP 1998a）。そこでは，既存の条約の中で用いられてきた GEF，独立基金，任意基金の性質が1ページ以内に簡単にまとめられていた。そして，補足資料では，これらが採用された条約が紹介され，各基金の設置背景，運用，機能について詳細に整理されている（UNEP 1998a, 1998b）。しかし，この資料は総じて事実の羅列にとどまっている。すなわち，水俣条約における資料のような比較分析はなされておらず，ゆえに資金メカニズムと遵守システムとの関連性についても一切ふれられていない。独立基金と GEF の性質については，例えば次のような事項が箇条書きで簡潔に記されるのみである。

　　独立基金は条約の需要を満たすように設置され，その拠出負担は締約国のみが負う。
　　基金を運用するための事務局と，独立基金の実施にかかわるガイドラインが設けられ，資金供与の優先順位は締約国によって定められる。
　　独立基金に比べて GEF は，複数の環境問題のための基金として設置されている。
　　そのため，これらに共通するガイドラインの下で GEF に対して資金供与が行われる。
　　複数の条約を扱うことにより，行政面での効率性を担保でき，他の基金との相乗効果を高めることが期待できる。
　　そして，資金供与の優先順位は GEF 理事会によって決定される。

　このように，資料では資金メカニズムの形態やその実施手続きについて紹介されているものの，拠出面や条約遂行面で，制度の効果や政治的な帰結がどのように異なるかは明示されていない。したがって，水俣条約の交渉時と比べると，どの制度が自国の利益に合致するか（またはしないか）を交渉国が判断する十分な情報は提供されなかったといえる。

　資金メカニズムをめぐる交渉には多くの時間が割かれた。代替物質への転換

第Ⅱ部　交渉内の要因の検討

を支援するための資金供与や技術移転の必要性については，交渉国の間で広く認識されていた（Ahlgren 2014: 11）。というのは，第1に，POPsの使用によって被害が及ぶのは，例えば農薬（DDT）が散布された農作物を摂取する大多数の消費者であるが，代替農薬の転換は，限られた農薬（DDT）使用者に求められる。そのため，農薬（DDT）使用者にとって，高価な代替農薬への転換コストは大きく，その負担を抑える必要があった。第2に，途上国のPOPs汚染が先進国に拡散する懸念があり，被害の防止には途上国の条約への参加が不可欠であった。先進国は，途上国の条約への参加を確保するには，代替農薬への転換を促進する資金供与が重要であると認識していた。

こうした認識の下，水俣条約と同様に資金メカニズムの制度形態をめぐって，どの程度の資金供与をどのように行うのかについて議論が繰り広げられた（Yoder 2003: 146-147; Vanden Bilcke 2002: 331）。UNEPから，制度の機能や効果についての詳細な比較・分析が提示されないため，交渉国の提案は，必然的に根拠の薄いものとなった。途上国は独立基金を支持する理由として，それがGEFとは異なり，一つの条約に特化している点について強調するにとどまった。すなわち，水俣条約交渉におけるアフリカ諸国グループの提案にみられたような，機能の詳細を論拠とした提案とはなりえず，また遵守システムと独立基金の連携についての提案もなかった[8]。したがって，水俣条約交渉のように，過去の経験からの裏付けを基に譲歩や交渉戦略の転換が導かれることはなかった。

このような状況で，先進国はGEFを，途上国は独立基金を提案し，両者の提案は拮抗するばかりであった。その結果，水俣条約交渉の中盤で検討された，独立基金とGEFの併用案が採用されることはなかった（Earth Negotiations Bulletin 1998, 1999a, 1999b, 2000a, 2000b）。先進国と途上国の対立が収束をみない中，最終的にINC5の非公式協議（informal consultation）において，正式な資金メカニズムの設置については締約国会議で議論することを前提として，GEFを「暫定的な」資金メカニズムとして利用することで合意を図った（Vanden Bilcke 2002: 331）。

▶遵守システムについて

　遵守システムについては，いかなる交渉資料も提出されなかった。遵守システムの設置については，INC2でその必要性について提案があったものの，資金メカニズムを含む他の条項をめぐる議論が優先され，遵守システムの議論は後回しとなった。例えばINC2で，アメリカとEUは，条約交渉が進展した後に遵守システムの議論に立ち返ることを提案した。またEUとオーストラリアは，他の条約における遵守システムを参考にすべきであると主張した（Earth Negotiations Bulletin 1999a: 6）。INC3では，法起草グループ（The Legal Drafting Group）によって，政治的対立の少ない標準的な条項について提案がまとめられた。しかし，遵守システムに関する条項にまでは議論が及ばず，さらに議論する必要性が認識されるにとどまった（Earth Negotiations Bulletin 1999b: 11）。しかし，INC4でも遵守システムについては議論されず，INC5であらためて検討を行うこととなった（Earth Negotiations Bulletin 2000a: 12）。

　条約採択前の最後の交渉となるINC5では，遵守システム条項をめぐる議長案が検討された。草案には，締約国の不遵守を判断し，それに対処するための手続きを締約国会議で設置すると記されていた。設置時期について，バングラデシュは「可能な限り早期に設置すべきである」と主張した。カナダは「最初の締約国会議での設置」を主張したが，ブラジルはそれは野心的であるとして，この案に反対した。最終的に，可能な限り早期に設置する旨が盛り込まれた授権条項が採用された（Earth Negotiations Bulletin 2000b: 12）。

3 情報問題への対処
情報仲介者の不在

　このようにストックホルム条約では，資金メカニズムと遵守システムのいずれの交渉においても，具体的な制度の選択肢やその効果を示した詳細な資料は提出されなかった。これは，UNEPによって提出された資金メカニズムの資料に精緻な分析が含まれていなかったこと，遵守システムについては資料さえ提出されなかったことに顕著に表れている。したがって，交渉国は具体的な選

第Ⅱ部　交渉内の要因の検討

択肢の効果について，的確な情報をもとに交渉することができなかった。その結果，交渉国は制度の選択肢を表面的に比較・検討するにとどまり，譲歩の引き出しにも合意範囲の絞り込みにも失敗した。このようにストックホルム条約では，学習が行われた水俣条約とは対照的に，交渉国が事前に持ち合わせる限られた知識によって，情報問題への対処が行われた。

　それでは，ストックホルム条約交渉では，なぜいずれの制度交渉でも詳細な交渉資料が提出されなかったのであろうか。ここで，水俣条約で提出された資料が作成された背景に焦点を移す。まず，水俣条約交渉で提出された資金メカニズムについての包括的な報告書は，2006年に開催されたロッテルダム条約の第3回締約国会議を機に，UNEPによって作成されたものがベースとなっている（UNEP 2006）。これは，ストックホルム条約の採択後であり，同条約の交渉時には，資金メカニズムに関するこれほど詳細な分析を，UNEPはそもそも持ち合わせていなかった。

　また遵守システムをめぐっては，水俣条約のINC1で提出された遵守システムについての資料は，2007年に環境法・条約局（the UNEP Division of Environmental Law and Conventions）により刊行された資料と，2002年にUNEP管理理事会で採択された2つの資料がもとになっている（UNEP 2010a: 3）[9]。すなわち，ストックホルム条約交渉の段階では，UNEPは遵守システムに関する詳細な情報を，まだ持ち合わせていなかったと考えられる。

　また，ストックホルム条約交渉時には，授権条項が未だ遵守システムの設置に結び付いていないロッテルダム条約が，1998年に採択されたばかりであった。すなわち，分析資料の有無とはかかわりなく，授権条項の弊害が，この時点ではまだ十分に認識されていなかったと考えられる[10]。そしてバーゼル条約では，授権条項が遵守システムの設置に移されることが見込まれていた（実際に2002年に設置された）。そこで，ストックホルム条約ではあえて授権条項を採用し，バーゼル条約で遵守システムが設置された後にその形態を模倣するという意図もあったと考えられる[11]。

　以上のように，両条約に上述の相違を生んだ根本的な原因は，交渉資料における精緻な情報の有無であった。そして，2000年代前半に，UNEPの組織内部で資金メカニズムと遵守システムの双方をめぐる制度分析の質が急激に向上

したと推察できる。この点については，第6章で，その真相を明らかにする。

4 分配問題への対処
規制対象物質追加条項の代償

　水俣条約交渉で独立基金と遵守システムが設置された背景には，先進国の交渉戦略の転換による分配問題への対処があった。資金メカニズムをめぐっては，先進国はGEFを支持していたにもかかわらず，途上国が求めた独立基金も設置する方向へと譲歩を行った。遵守システムをめぐっては，遵守システムを設置することへの強い意思により，先進国は途上国が同意しやすい制度の採択へと譲歩を行った。対してストックホルム条約では，こうした先進国による戦略の転換は一向にみられず，利益対立の継続によって分配問題はなおざりとなった。

　本節では，当初は積極姿勢をみせたアメリカが，規制対象物質追加条項が条約に付与されたことで，ストックホルム条約の締結を見合わせたことに，その原因があると指摘する。

▶アメリカの積極姿勢

　水俣条約設置の鍵は，アメリカが積極姿勢に転換したことにあり，アメリカは条約の採択にあわせて，どの国よりも早く署名・締結を行った。同様にストックホルム条約の設置に対しても，アメリカは稀にみるほどの積極姿勢で臨んだ。条約の批准をめぐり，議会と行政機構との狭間で膠着状態に陥ることが多いアメリカは，歴史的に環境条約の批准速度が遅いことで知られる（Schafer 2002: 171）。しかし，ストックホルム条約が規制対象とする化学物質は，アメリカでもその危険性が長期間にわたって認識されてきたものであった。そのため，非政府組織（NGO），化学産業界からも広い支持を得ることができ，ブッシュ政権下で2001年の署名まで速やかにこぎ着けることができた（Schafer 2002: 171）。

　こうしたアメリカの積極姿勢の背景には，すでにアメリカにおける国内政策

が充実していたことがあった[12]。アメリカ国内では、ストックホルム条約の規制対象である汚い12のPOPsのすべてについて、すでに厳しい規制が設けられており、そのうち10物質については、すでに生産が中止されていた。また、このうち、産業界から副次的に排出される2つの汚染物質であるダイオキシンとフランの排出も大幅に減少していた。このように、高いレベルの国内政策を有していたアメリカがストックホルム条約においてめざしたのは、これらの物質の生産、使用、排出に対する規制の国際化であった（Hagen and Walls 2005: 50）。つまり、アメリカがストックホルム条約の設置に積極姿勢をとりえたのは、追加的な国内法の制定なしに締結ができた水俣条約の場合と同じく、国内の政策能力がすでに十分に備わっていたためである。その結果、化学産業をはじめとする利益団体は、条約の締結によって生じる追加的なコストを懸念せずに済んだのである。

このようにアメリカは条約の設置自体には積極姿勢で臨んだにもかかわらず、次にみるように、規制対象物質追加条項に関しては反対の態度をとり、同条項が条約に盛り込まれたことによってアメリカは条約の締結を見送ることとなった。先に述べたように、そもそも規制対象物質追加条項の導入にアメリカは慎重な姿勢を示し、予防原則を支持するEUとの間で激しい対立を繰り広げた。最終的には、アメリカの主張するリスク査定アプローチに近いものが採用されたものの、以下の分析から明らかとなるように、より根本的な問題は解決されていなかった。

▶アメリカの締結見送り

アメリカは、ブッシュ政権下で早い段階から支持を得てストックホルム条約の署名にこぎつけたにもかかわらず、規制対象物質追加条項が批准の弊害となることが明らかとなった。ストックホルム条約の批准について上院議会から助言と承認を仰ぐため、ブッシュ政権下の第107回議会で、スミス上院議員から政権の方針として、国内実施法案（ブッシュ案）が提出された。しかし、この法案は、ストックホルム条約下で将来的に新たに追加される物質については何ら対処策を含んでいなかった（Fuller and McGarity 2003: 10）。この法案は、次の2つの可能性を念頭に置いたものであった。第1に、新たに規制される物質

についても，アメリカ環境保護庁（Environmental Protection Agency: EPA）が国内措置をとるだけの十分な権限をもっていると想定されていた。そして第2に，有害物質規制法（Toxic Substances Control Act: TSCA）と連邦殺虫剤殺菌剤殺鼠剤法（Federal Insecticide, Fungicide, and Rodenticide Act: FIFRA）という関連する2つの国内法の範囲内で国内措置をとることが可能であるという想定があった（Fuller and McGarity 2003: 10）。

ところが，法案提出後に，いずれの方法でも追加される物質に対応できないことが明らかとなった。というのは，新たに規制対象物質を追加する際にストックホルム条約下で採用された基準は，アメリカ国内で採用されている費用便益基準ほどには，厳格な科学的根拠を求めていなかったためである（Fuller and McGarity 2003: 17-31）[13]。その結果，アメリカがストックホルム条約を履行する，すなわちEPAにストックホルム条約の執行権限を与えるためには，条約下で物質が追加された場合に，個別に上述の2つの国内法の改正が必要となることが明白になったのである（Hagen and Walls 2005: 51; Fuller and McGarity 2003: 32）。したがって，ブッシュ案を採用した場合には，新たに追加される規制対象物質のための国内法改正を行わない限り，新しい物質の規制義務を全面的に拒否するという条約への立場を表明することになる（Fuller and McGarity 2003: 10; Ditz et al. 2011: 4）。こうした，条約を部分的にしか履行しない（できない）という姿勢の表明は「恥ずべき行為」として，環境保護団体から痛烈な批判を浴びた（Yoder 2003: 149; Fuller and McGarity 2003: 11）。

ところで，この法案と同時にジェフォーズ上院議員によって提出された国内実施法案（ジェフォーズ案）は，EPAの権限を広く容認することで，国内法の改正なしに，新たに追加された物質の規制をアメリカ国内で履行することを可能にするものであった（Fuller and McGarity 2003: 12）。しかし，規制対象物質の追加によって国際競争力を失うおそれのある産業界は，ストックホルム条約の設置自体は支持していたものの，条約に対応した国内の規制拡大を念頭に置くジェフォーズ案に反対し，ブッシュ案を支持した（Fuller and McGarity 2003: 15）。連邦議会では，両法案ともヒアリングに進んだが，会期内にそれ以上の進展をみることはなかった。それ以降も，第107, 109, 110, 111回の議会で，ストックホルム条約の締結をめざして数々の法案が提出されたが，どれも不成

第Ⅱ部　交渉内の要因の検討

立となった（Fuller and McGarity 2003: 19）。

　このように国内実施法案が採択されず，2つの国内法が改正されない状況に陥り，アメリカは条約を締結することができなかった[14]。したがって，アメリカがストックホルム条約を締結できなかったのは，条約が規制する12の物質については十分な国内政策能力を有していた一方で，将来的に新たに規制される可能性のある物質については十分な政策能力を有していなかったためであるといえる。つまるところ，ストックホルム条約の規制範囲として規制物質の追加を盛り込んだことが，アメリカの条約参加を阻んだのである。

▶規制対象物質追加条項の代償

　ストックホルム条約発効後の締約国会議における交渉でも，規制対象物質追加条項とアメリカの不参加が，のちの資金メカニズムと遵守システムの再交渉をめぐる分配問題への対処を阻む様子がみられる。規制対象物質の追加について初めて議論された2009年の第4回締約国会議では，水俣条約交渉で提出された交渉資料のもととなる報告書はすでに用意されており，そこで行われた制度効果をめぐる分析は，ストックホルム条約の交渉にも生かされたはずである。それにもかかわらず，交渉国は独立基金と遵守システムのいずれの設置にも合意することができなかった。

　そこでは，先進国が規制対象物質の追加を求める一方で，途上国は規制対象物質の追加に伴い履行コストが増大するとして，より多くの資金供与を要求した（Earth Negotiations Bulletin 2009c: 16）。資金供与をめぐる交渉は，遵守システムの議論にも影響を及ぼした。例えばインド，中国，イランは，遵守を支援する資金供与なくしては途上国の不遵守を罰するような不公平なシステムは認めないとして，遵守システムの設置に強く反対した（Earth Negotiations Bulletin 2009c: 15）。11時間の議論の末に最終的に合意された内容は，先進国が求める新たな物質の規制と，途上国が求める資金供与との歩み寄りによって成立した。途上国は，能力構築手段であるリージョナル・センターの設置が部分的に合意をみたこと，先進国が次期に十分な資金供与を保証したことに満足し，新たな物質の規制を受け入れた（Earth Negotiations Bulletin 2009c: 15）[15]。

　他方，第4回締約国会議において犠牲になったのは，遵守システムであった。

交渉議事録の最後の分析には,「先進国にとって資金供与が交渉の切り札であるが,新たな化学物質の追加と遵守システムの両方を手に入れるためには,1つでは足りず,2つ以上の切り札が必要となる」と記される(Earth Negotiations Bulletin 2009c: 16-17)[16]。このことは,ストックホルム条約では同時に解決すべき議題が3つ存在していたことを示している。規制対象物質追加条項の存在が,水俣条約交渉では成功した資金メカニズムと遵守システムのイシュー・リンケージを阻害してしまったのである。

さらに,第4回締約国会議の交渉からは,規制対象物質の数が多くなるにつれて,途上国がより多くの資金供与を要求する傾向がうかがえ,正式な資金メカニズムを設置することの難しさがみてとれた。さらに,途上国による規制対象物質の追加への同意と引き換えに先進国が受け入れたのは,現行の暫定的な資金メカニズムの充実と次期資金供与の約束にとどまった[17]。このことは,最大の拠出国となるアメリカが不参加の状況では,規制対象物質の追加に対応できるだけの潤沢な独立基金を設けることは困難であることを示している[18]。例えば,モントリオール議定書下の独立基金である多国間基金への拠出額(毎年総額約3300万ドル,40億円)は,アメリカからの拠出割合が最も大きく,2002年度には25%を占めており,次いで日本の23%,ドイツの11.2%,フランスの7.5%,イタリアの6.2%,イギリスの5.8%と続く[19]。このように,多国間基金への最大の貢献国はアメリカであって,潤沢な独立基金の設置にはアメリカの条約参加が不可欠であることがわかる。

▶先進国の政策能力の不足

ストックホルム条約交渉における分配問題への対処として先進国による交渉戦略の転換が引き出せなかった理由は,先進国側の政策能力の不足にあったと考えられる。そもそも規制対象物質追加条項の導入に,アメリカは慎重姿勢を示し,交渉国の間で激しい対立がみられた。また,先に述べたブッシュ案はEPAの権限や国内法の適用範囲を実際よりも広く見積もっていたが,現行の国内政策と照らし合わせた場合に,規制対象物質の追加によって条約が定める規制との間にギャップが生じることは,条約交渉段階で認識されていたはずである。したがって,国内法改正の必要性と自国の政策能力の不十分さを認識し

ていたアメリカは，水俣条約ほどには資金面で譲歩する余裕がなかったと考えられる。またアメリカは，将来に追加される物質については，自国の政策能力の不足から遵守が不確実であったため，遵守システムの設置にも水俣条約ほどには積極的にはなれなかったと考えられる。アメリカは，条約の設置自体には積極姿勢をとることができたが，規制対象物質の追加，資金や遵守といった細部の事項については事情が異なったのである。最大の資金拠出国であり，また先進国陣営の中核ともいえるアメリカに積極姿勢が欠けていたことが，先進国全体の遵守システムをめぐる積極姿勢と資金メカニズムをめぐる譲歩を阻み，両制度の間で交渉の連携が図れなかったことは想像に難くない。すなわち，ストックホルム条約交渉において，分配問題への対処として先進国の交渉戦略の転換が引き出せなかった背景には，規制対象物質追加条項を盛り込んだことによる，先進国側の政策能力の欠如があったと考えられる。

5　2つの交渉過程の比較分析

　本章の議論をまとめると，ストックホルム条約では，情報問題と分配問題の双方に対して，水俣条約とは異なる対処がなされた。すなわち，ストックホルム条約では，UNEPによる豊富な情報提供の欠如に加え，規制対象物質の追加条項が資金メカニズムと遵守システムの実現を阻んだ。後者について，裏を返せば，水俣条約はその規制物質を一つに特定したことで，条約に対するアメリカの相対的な政策能力を確保でき，アメリカおよびその他の先進国の譲歩を引き出すことができたといえる[20]。水俣条約暫定事務局のデュア局長も，交渉戦略に加えて，水俣条約では規制対象を水銀という一つの物質に限定したことが，資金メカニズムと遵守システムをめぐる合意形成を導いた一つの鍵であり，野心的な条約につながったと述べている[21]。

　上記の知見を第3，4章の水俣条約交渉分析と照らし合わせると，水俣条約において三位一体制度が成立した背景には，UNEPによる情報提供とアメリカを含む先進国による譲歩があった。そして，ここまでの分析で明らかになっ

第 5 章 交渉比較分析

たことをふまえると，これらの要因は，交渉外要因によって規定されたと推察される。前者については，2000 年代前半に UNEP の組織内部で既存の条約における制度分析の質の向上があったのではないかと考えられる。また後者については，先進国の譲歩を可能にするだけの政策能力や資金面での余裕，すなわち先進国における国内水銀政策の十分な進展があったと考えられる。そこで第Ⅲ部では，これらを規定した要因を探ることによって，因果メカニズムをさらに掘り下げる。第 6 章では，UNEP が質の高い制度分析を資料として提示するに至った背景を明らかにするため，環境条約に対する UNEP の役割をめぐる，UNEP 組織内の改革について探る。第 7 章では，水俣条約交渉で先進国が交渉戦略を転換できた背景を明らかにするため，先進国がこれまでに国内水銀政策をどの程度進めてきたのかについて検証する。

■注
1) 資金メカニズムの成立が失敗した背景を分析したものとして，Kohler and Ashton (2010) がある。
2) 環境省（総合環境政策局 環境保健部 環境安全課）担当官へのインタビュー（2016 年 2 月 22 日，東京）
3) 他方で，農薬の一種である DDT の排除と資金メカニズムの 2 点をめぐっては，先進国と途上国の間で対立がみられた（Yoder 2003: 132）。さらに，遵守システムをめぐっても同様の対立がみられたが，以下で指摘するように，交渉にはさほど時間は割かれなかった。
4) 同様に，水俣条約交渉においても，資金メカニズムおよび遵守システムをめぐる交渉では，先進国と途上国の対立が顕著にみられた。
5) 汚い 12 の POPs（Dirty Dozen）とは，ストックホルム条約で挙げられた，POPs の中でも人間の健康と環境に最も有害な 12 物質のことである。この中には悪名高い DDT，PCB，そしてダイオキシンなどが含まれ，これらはすべて残留性有機環境汚染物質であり，それらは食物連鎖中に蓄積し，非常に長距離を移動し，北極圏まで拡散するという。http://chm.pops.int/TheConvention/ThePOPs/The12InitialPOPs/tabid/296/Default.aspx（2017 年 8 月 29 日最終アクセス）
6) なお，INC4 までの交渉は，おおよそ以下のようにまとめられる。INC1 では，各国の立場表明がなされたが，資金供与や責任の分担については議題に上ったものの，本格的に議論されて対立が生じたのは後の INC 交渉でのことであった（Yoder 2003: 135）。INC2 では，あらゆる POPs について，それらを排除するのか，単にリスク管理をするのかをめぐり意見が対立した（Yoder 2003: 136）。INC3 では DDT をめぐる議論がその多くを占め，その他多くの問題は解決をみた。

第Ⅱ部　交渉内の要因の検討

7) ただし，三位一体制度について網羅的に検討を行うには，ストックホルム条約交渉の比較・検討だけでは不十分である。というのは，ストックホルム条約交渉で実現に失敗した制度は，資金メカニズムと遵守システムの2つであって，法的拘束力のある規制の設置には成功しているためである。すなわち，水俣条約における法的拘束力のある規制の成立要因を包括的に検討するためには，環境条約の中でも自主的枠組みの設置をめぐって情報問題と分配問題がどのように対処されたのかを比較・分析する必要がある。これについては，今後の課題としたい。

8) 第4章の水俣条約の交渉分析で示したように，アフリカ諸国グループはINC1の資金メカニズムをめぐる交渉において，「水銀に特化した独立基金は締約国会議によって運用されるため，水銀問題解決の需要に即しながら，透明性，アクセス，公平性を満たす資金供与が可能になる」と発言した（Earth Negotiations Bulletin 2010: 5）。

9) 一つは「Compliance Mechanisms under Selected Multilateral Environmental Agreements」であり，もう一つは「Guidelines on Compliance with and Enforcement of Multilateral Environmental Agreements」である。

10) 「バーゼル条約，ロッテルダム条約，ストックホルム条約交渉における授権条項の規定は，それぞれの交渉当時には前進と受け止められた。というのは，遵守システムが最終的に設置されたモントリオール議定書でさえ，条約発効前の交渉段階では授権条項は規定されていなかったためである。したがって，ストックホルム条約交渉では，授権条項の規定によって，遵守システムの将来の設置可能性が高まったと期待された」（長井正治・元UNEP環境法条約局副局長へのインタビュー，2017年7月17日，ナイロビ）。このような事情をふまえれば，ストックホルム条約交渉で遵守システムの設置に合意できなかったのは，そもそも制度の効果について十分な情報がなかったためであると考えられる。

11) 例えばロッテルダム条約の交渉では，バーゼル条約における遵守システムの成立を待ってからロッテルダム条約の遵守システムの形態を議論するべきであるという声が上がった（Earth Negotiations Bulletin 2002: 11）。ストックホルム条約交渉では，このような明示的な主張は交渉記録には記されていないが，同様の意見は非公式に挙がっていた可能性がある。

12) また当時の政権も，積極姿勢を可能にした一つの要因である。アメリカ国内では，1998年から2000年までの間，ストックホルム条約交渉はクリントン政権から絶大な政治的支持を得ていた（Yoder 2003: 135-136）。

13) ストックホルム条約で新たなPOPsが規制されることになったとしても，これを国内で規制するにあたっては，EPAが殺虫剤の規制基準として用いているものと同じ費用便益のテストを通過しない限り，何ら国内措置はとりえない（Fuller and McGarity 2003: 4）。

14) アメリカが正式にストックホルム条約の締約国となるためには，いずれの国内法も微修正で対応できるという声もある一方で，長年にわたり改正が実現していないことに鑑みると今後も改正は難しく，条約批准に向けた国内の試みは失敗に終わったという見方もある（Hagen and Walls 2005: 52, Fuller and McGarity 2003: 32）。またバンも，国内立法がアメリカの批准を阻む要因と観察する（Bang 2011: 22）。

15) リージョナル・センターとは，条約下での途上国と新興国への技術移転・支援を各

第 5 章　交渉比較分析

地域レベルで遂行することを目的としており，技術支援や能力構築を遂行できる専門家や能力を有した 16 の既存機関の中に設置されている（ストックホルム条約のウェブサイト，http://chm.pops.int/Partners/RegionalCentres/Overview/tabid/425/Default.aspx, 2017 年 8 月 29 日最終アクセス）。

16) 条約の規制対象物質の追加という歴史的に大きな決定がなされた一方で，多くの交渉官は，強い遵守システムがなくてはこの達成は意味を成さないと認識していた（Earth Negotiations Bulletin 2009c: 16）。続く第 5 回締約国会議でも，遵守システムは実現をみず，何をもって条約は有効とみなせるかは，第 5 回締約国会議でも問われることとなった。条約が速やかに拡大する一方で，遵守に関しては未だに課題が山積し，有効性を伴っていないと懸念された（Earth Negotiations Bulletin 2011c: 15）。

17) 他方で複数の途上国は，暫定的資金メカニズムである GEF を，締約国会議の直接の監視下に置かれる独立基金に取って替える，または補完することを要請した（Earth Negotiations Bulletin 2011c: 16）。

18) すでに合意された条約が存在する条約発効後の締約国会議では，新たな制度への合意は，条約発効前の INC 交渉に比べて困難になるという。というのは，INC 交渉においては，今合意しなくては協調に向かって動き出せないという時間的プレッシャーがある一方，締約国会議では，条約発効以来，既存の制度で条約を運用してきたという一種の『慣れ』があるために，条文の変更にはより強い意思が必要となる（水俣条約交渉および化学物質 3 条約の交渉に携わった戸田英作・UNEP 経済局化学物質保健課シニアプログラムオフィサー，大野慶・UNEP バーゼル・ロッテルダム・ストックホルム条約事務局プログラムオフィサーへのインタビュー，2017 年 9 月 25 日，ジュネーブ）。

19) 「モントリオール議定書多数国間基金の動向」22 ページ（経済産業省） http://www.meti.go.jp/policy/chemical_management/ozone/files/report/report_h17_tojoukoku/report1.pdf よりダウンロード（2017 年 8 月 29 日最終アクセス）。

20) もちろん，条約の規制範囲を限定することによって遵守を確保するための諸制度を設置できた一方で，一つの条約下で一つの物質しか規制できないという点において，規制面で限界もある。

21) ジェイコブ・デュア水俣条約暫定事務局長へのインタビュー（2017 年 6 月 29 日，UNEP 国際環境技術移転センター）。

第III部

交渉外の要因の検討

国際機関と国内政策

第6章

UNEPと国際環境条約

　これまで本書では，国連環境計画（UNEP）が長年の条約交渉の経験を生かして情報を提供し，中立的な立場から水俣条約交渉の進行を助けたことを示した。このような，国際機関の条約交渉への影響は，先行研究でも指摘されてきたところである。国際機関のスタッフは，交渉を成功に導くために，議題を調整・形成し，また予備（background）調査を行うというように，交渉の進行を助けることで国家間の協調を促進するとされてきた（Abbott and Snidal 1998: 12, 17）。大国も同様の役割を担いうるが，大国の利益が入り込むことへの懸念ゆえに，より中立的な国際機関のほうが多くの国に受け入れられやすいとされる（Abbott and Snidal 1998: 17）。そして，国際機関は定期的に条約交渉に携わることによって，国家間の利益構造や合意形成の政治的障害について把握しているといわれる（Abbott and Snidal 1998: 12）。環境分野において，UNEPは，これまでに数多くの環境条約交渉を支援してきた。また，条約交渉の場を提供することに加え，交渉の透明性を高めて交渉にかかる取引費用を低減することで条約の形成を助けてきたといわれる（O'neill 2009: 84）[1]。

　こうした先行研究の知見をふまえながら，本章では，交渉におけるUNEPの積極的な役割がなぜ可能になったのかについて，さらに深く掘り下げる。とりわけ，UNEPの組織内部で，既存の制度の効果に関する分析の質が向上したという推論を検証する。まず第1節では，水俣条約交渉において，豊富な交

渉資料が求められた経緯について紹介する。第2節から第4節では，UNEPがたどった改革の歴史が時系列順にまとめられる。まずUNEPの設立に遡り，UNEPに期待された任務について概観した後，UNEPが国際機関としての存在意義の危機に直面した過程とその原因について詳述する。そして，それを克服することをめざした，1990年代終盤から始まった一連のUNEP内部の改革について述べる。第5, 6節では，こうした改革が水俣条約交渉に与えた改革の影響について具体的に考察し，先に述べた推論への評価を行う。

このように本章は，推論の検証に必要な要素のみをピンポイントにまとめるのではなく，時系列順にUNEPの歴史をたどったうえで，そこから水俣条約交渉への影響を導き出すというスタイルをとる。これは，UNEPの改革の水俣条約交渉への影響は多面的であるので，その論証には改革の全容を示す必要があると考えたためである。

1 水俣条約交渉の舞台裏
UNEPによる資料提供

UNEPの歴史をたどる前に，UNEPが豊富な交渉資料を提示することとなった背景について，資料とインタビュー調査から明らかになった点を整理しておきたい。水俣条約交渉において，UNEPから豊富な資料が提出された大きな要因として，交渉国による資料提出の要請があった。2009年2月に法的枠組みとしての水俣条約の設置が決定された後，水俣条約の具体的な条文を話し合う政府間交渉委員会（INC）交渉を開始するための準備会合が，2009年10月にバンコクで開催された。そこでは，INC交渉の具体的な交渉手順やタイム・スケジュールに加え，交渉をスムーズに進めるために事前に必要となる情報について議論が交わされた（Earth Negotiations Bulletin 2009d）。要請された情報の内容は，条約における資金供与や技術支援，条約の遵守確保と有効性といった制度に関するものから，これまでの国別の水銀削減の取り組み例，バーゼル条約における廃棄物処理の実践例まで多岐にわたった。

第 6 章　UNEP と国際環境条約

▶ **交渉国からの要請**

　本書が扱う資金メカニズムと遵守システムに関しては，交渉官から次のような声が上がった。まず，複数の交渉官が，資金供与や技術支援の具体的な形態に関する情報が有益であると述べた（UNEP 2009a: 10）。また，遵守システムの形態とその有効性についてまとめた資料を要求した交渉官もいた（UNEP 2009a: 10）。さらに複数の交渉官からは，モントリオール議定書の構造や条文規定が水俣条約のモデルになりうるという指摘があった。そのうえで，彼らは資金メカニズムの形態について検討する際に，モントリオール議定書で用いられている資金メカニズムに関する情報を提示するよう要請した（UNEP 2009a: 10）。このように交渉国は，情報の具体的な内容にまではふれていないが，効率よく交渉を行うために制度形態について有益な情報を用意するよう UNEP に求めた[4]。

　とりわけこのような資料を強く要求したのは，欧州連合（EU）やスイスといった，水俣条約に最も積極的な国々であった。これらの国々の交渉官は，バーゼル，ロッテルダム，ストックホルム条約といった他の化学物質条約の毎年の締約国会議にも参加していた。これらの締約国会議では，資金メカニズムや遵守システムをめぐって交渉国の間で激しい対立が続いていた。その結果，資金メカニズムは依然として小規模のものにとどまり，授権条項に規定される遵守システムは一向に設置されていないことは，すでに記した通りである。水俣条約に積極的な国の交渉官らは，他の化学物質条約における交渉の停滞に苛立ちを募らせていた[5]。そして，このような失敗を水俣条約交渉において繰り返さないためには，交渉国全体が各制度についての理解を深めることが重要であると認識していた[6]。

　このように，交渉国が UNEP に情報を積極的に要求した背景には，水俣条約交渉を効率的に行うことへの交渉国の意欲と，情報提供者としての UNEP への期待があった。

▶ **UNEP 内の意識**

　ただし，効率のよい条約交渉をめざす試みは，交渉国だけでなく UNEP 側でも共有されていた。水俣条約の作成が合意された 2009 年の第 25 回 UNEP

管理理事会では，決議25/5において，水俣条約交渉を進める際にINCが配慮すべき事項が合意された。そこでは，第28段落（d）において「他の環境条約において規定されている活動との不必要な重複を避けるために，条約間で協調と調整を行うべきである」と記されている。また，同じ段落（g）では「組織の効率性と事務局の合理化を図る」とも記されている（UNEP 2009b: 22）。交渉ガイドラインとして，これほど具体的な内容を盛り込むのは異例なことであるといわれる。ここから，UNEP側も，関連条約を意識した，効率のよい水俣条約の制度設計をめざしていることがうかがえる。[7]

以上をふまえれば，水俣条約交渉でUNEPが質の高い情報を提供した背景には，交渉国とUNEPの双方が効率的な交渉をめざしたことがあったと考えられる。UNEPに対する情報提供の期待があったとしても，UNEP自身が提供可能なデータベースをもっていなければ，こうした期待に応えることはできなかったであろう。この点において，水俣条約交渉では，UNEPには高い情報能力があったので，その期待に十分に応えることができたと考えられる。第2節以降では，UNEPの組織改革に着目し，交渉国とUNEPが効率的な交渉を志向するようになった経緯と，UNEPが交渉国からの情報提供の期待に応えることができた背景とを明らかにする。

2　UNEPの起源
1970年代

▶ UNEPの設立と既存の機関との関係

UNEPは，1972年に開催された第1回国連人間環境会議の成果を受けて，国連システムの下に環境保護に特化した機関を設置する必要性が認識され設立された（Desai 2006: 137）。UNEPに託された任務は，国連人間環境会議で採択された人間環境宣言に示される26の原則を実行に移すというものであり，原則と同様，非常に曖昧なものであった。UNEPの設立を決定した第27会期国連総会決議2997号は，UNEPが国連システムにおいて環境行動の中心であり，国連システム内での調整を行うことをその任務として採択した。UNEPには，

環境評価，環境管理，活動の支援といった，国連人間環境会議で採択された行動計画の勧告を実行する責任を総体的に負うことが想定されたものの，UNEPはその実行・執行役というよりも，むしろ調整・促進役と考えられた（Gray 1990: 294-295）。

UNEPにこのような位置づけが与えられた背景には，環境分野においてすでに複数の国連機関が存在していたことがあった。1970年代には，環境分野に特化した国際機関は存在しなかったものの，多くの国連専門機関が人間環境分野に何らかの法的責任を担っており，既存の機関が幅広く環境政策に従事していた（Ivanova 2007: 345）。国連の専門機関の中では，例えば世界気象機関（WMO）が，大気汚染や気候変動への懸念から，大気や気象の監視および研究調査に大きくかかわっていた。また国連食糧農業機関（FAO）は，土壌，水，森林・水産資源に関連するさまざまな環境問題にかかわっていた。世界保健機関（WHO）も，大気や水質の汚染といった，人体の健康に悪影響を及ぼす環境問題にかかわっていた。国際原子力機関（IAEA）も，放射線による環境汚染問題で中心的な役割を担っていた。また，国連システム下の他の機関の中では，国連開発計画（UNDP），国連貿易開発会議（UNCTAD），国連工業開発機関（UNIDO）や世界銀行傘下の機関などが，環境関連の活動に従事していた。

これら既存の機関の間では，活動の重複や権限争いが頻繁に起こっていた。これに対処するために，組織同士をうまく管理し，連携や包括性をもたせることが検討された。しかし，既存の機関の担当分野は農業，健康，労働，交通，産業発展など多岐にわたっており，これらをうまく管理したところで，国際環境問題を扱うには依然として過度に分裂的であると認識されていた（Ivanova 2007: 346）。このような状況にあって，国連組織内の環境ネットワークの中心に位置するブレーン機関の設置が求められたのである（Ivanova 2007: 349）。このとき，設置が求められたのは，専門機関や実施機関といった新たな官僚機構ではなかった。というのは，環境分野にかかわる既存の機関が，自らの権威や予算を新設の機関に奪われることを懸念していたからである。したがって，既存の機関との競争を避けるため，UNEPに与えられた機能は既存の機関の調整・促進的役割にとどまり，現場で実際に活動する機能は与えられなかった（Ivanova 2007: 345, 347）。

第Ⅲ部　交渉外の要因の検討

▶ UNEP の使命と役割

　このように UNEP は，その名の通りに「国連の環境プログラム」であって，政府，国際機関，非国家アクターの活動を俯瞰したうえで，必要な環境活動を特定し促進することが，その役割であった（Ivanova 2007: 347, 352）。すなわち，直面する環境問題の解決において既存の専門機関をうまく調整し活用することによって，国連システム内で環境問題の比重を高めることが UNEP に求められた。UNEP の主要な役割として，より具体的には以下の 3 つが想定された。第 1 に情報の収集と評価である。これには，環境問題の監視，収集したデータの評価，環境問題の動向の予測と科学調査，政府や他の国際機関との情報交換が含まれる。第 2 に，環境問題の管理である。これには，多国間の話し合いを通じた目標や基準の設定，国際合意の作成やその履行計画の作成が含まれる。第 3 に国際支援活動である。これには，環境問題にかかわる技術支援や教育，情報の共有などが含まれる（Ivanova 2007: 346; Head 1978: 271）。このように，新たな環境問題の出現にうまく対応できるように，UNEP に託す任務はあえて曖昧な形で示され，柔軟性を帯びたものとなった（Ivanova 2007: 347）。

　当初託された任務の中に，今日では UNEP の中心的活動とみなされている国際環境条約の設置は，明確には盛り込まれていなかった（Gray 1990: 295; Desai 2006: 137）。UNEP 設立直後，環境条約の形成を UNEP の重要な機能として盛り込むべきだとする意見もあれば，人間環境宣言の中の，国際環境法の作成に向けた国家協調を促す 22 条が間接的に同機能を想定しているとみなす意見もあった（Gray 1990: 295）。こうして，最初の 10 年間は，環境条約の設置をめぐる管理理事会からの総体的な指示なしに，環境条約は場当たり的に作られた（Petsonk 1990: 362）。

　第 1 回 UNEP 管理理事会において UNEP の関与が合意された，1973 年に採択されたワシントン条約は，UNEP が環境条約の設置にかかわった初めての条約となった（Stanley 2012: 45）。それ以降，UNEP に他の環境条約の形成を支援するように求める声が高まり，UNEP に立法機能に近い役割が与えられることとなった（Bacon 1975: 256）。その一環として，UNEP 管理理事会は，UNEP 事務局長に対し，専門家との法的協議を通じて法・原則を作成する権限を与えた（Head 1978: 285）。こうしたプロセスで最も重要な位置を占めたの

が，一連の環境法に関する上級政府官僚専門家会議（Senior Government Officials Expert in Environmental Law）であった。ここで専門家集団には，環境法の定期的な評価体制を確立することや，条約の形成や履行に貢献することが求められた（Stanley 2012: 98）。最初の会議が1981年にモンテヴィデオで行われたことをきっかけに，環境条約に対するUNEPの役割は具体的なものとなっていった。このような形で，UNEPの環境条約に対する役割，すなわち特定の環境問題について科学的コンセンサスの形成を模索し，その環境規制のための策を練り政治的指示を行う，という一連の流れが確立されたのである（Petsonk 1990: 365）。このようにして，1980年代初めまでには，UNEPは国際環境条約の形成に重要な役割を担うようになったとされる（Stanley 2012: 98）。

3 UNEPの危機
1980年代〜90年代前半

しかし，UNEPは環境ガバナンスにおける自己の地位と権威の衰退に直面することとなる（UNEP 2002a: 24）。こうした状況に直面する中で，後述するように，UNEPは環境分野の支え役になるだけの十分な自律性を確立することができなかった（Ivanova 2007: 352）。

▶危機の背景（1）——環境問題への解決アプローチの変化

UNEPが危機的状況に陥った理由は主に2つあった。第1の理由は，環境問題をめぐる国際的なアプローチが変化したことであった（UNEP 2002a: 24）。1987年に公表された報告書『我ら共有の未来（Our Common Future）』において，「持続可能な開発」という概念が初めて取り上げられた。これは，経済発展と環境保護を対極としてではなく両立するものとして位置づけるものである。それ以降，開発を志向する途上国を環境協調に呼び込むための手段として，この概念が注目を集めるようになった。とりわけ，1992年の地球サミットにおいて，環境分野での国際的な取り組みに関する行動計画として採択されたアジェンダ21は，環境問題に開発問題の要素を加えることの再確認であった。それ

以降，環境協調は，持続可能な開発という，より大きな文脈の中でますます取り組まれるようになった。こうした流れの中であらゆるタイプの機関が新設され，環境問題にかかわる重要な任務がこれらの機関に委ねられるようになった。

新設された機関の中でも，特にUNEPの活動に大きな影響を与えたのは，1992年の地球サミットの成果を受けて設置された「持続可能な開発委員会（CSD）」であった。国連内に環境問題に特化した新たな機関を設置することが，それまで環境分野における国連内のアンカー（まとめ役）であったUNEPの弱体化につながるのは必至であった（Desai 2006: 142）[9]。他にも，地球環境ファシリティ（GEF）が設置されたこと，さらには世界銀行が環境面での活動の幅を広げ，UNEPの活動との重複がますますみられるようになったことも，UNEPの弱体化に寄与したといわれる（Ivanova 2007: 352）。

さらに，UNEP自身が設立当初の期待に応えられずにいたことも，弱体化を促した。というのは，UNEP設置後も，UNEPの任務であった環境活動を担う既存の専門機関との間の連携は，依然として欠如していた。その大きな理由はUNEPの本部がナイロビに存在していたことであるといわれる。すなわち，多くの国連機関がジュネーブやニューヨークに置かれる中で，UNEPの所在地がナイロビであることが，他の機関との調整を困難にしたのである[10]。このように，UNEPは関連組織に自己の権威を示すことができず，政治的に孤立して資金的基盤も軟弱になっていった。加盟国からの支持が低迷したことによって，加盟国からUNEPへの中核的な資金基盤である環境基金（Environment Fund）への拠出額は，1980年代から90年代終わりにかけて，大幅な減少をみせた（Desai 2006: 142）。このようにUNEPには，環境分野の中心的な機関になる潜在性があったものの，貿易分野における世界貿易機関（WTO）や労働分野における国際労働機関（ILO），健康分野におけるWHOのような，プレゼンスが大きな存在にはなりえなかった（Ivanova 2007: 352）。

▶ 危機の背景（2）――国際環境条約の成立

第2の理由として，UNEPの大きな成果である国際環境条約が，皮肉にもUNEPの弱体化に寄与した（Desai 2006: 141）。1972年の国連人間環境会議以降，科学的証拠の蓄積に伴い，数十年で国際環境条約の数は急速に増加し，国連レ

ベルで採択された主要な条約は，今日では 45 に上る（Joint Inspection Unit 2008: 10）。その一方で，個別に運用される条約間の活動における重複や齟齬，多数の条約を同時に遵守することの負担が，1990 年代に徐々に懸念されるようになった（UNEP 2014: 2）。こうした状況を受け，限られた資源で最適な効果を生むための資源配分のあり方をめぐって，効率性の問題が議論されるようになった（UNEP 2002a: 24）。

　こうした議論は，前項の持続可能な開発アプローチの考え方からも大きく影響を受けた。というのは，そもそも環境条約は，環境問題ごとに深く専門的な解決を模索することを主眼に置いているため，環境問題間の横断，すなわち環境条約間の連携は二の次となる。他方で持続可能な開発とは，環境問題間の相互の連続性さらには環境問題と開発問題の連続性を重視するマクロ的視点に立つものであって，専門分化とは対極に位置する。後者の見方に立てば，環境条約が専門的かつ個別に運用されるのは望ましくなく，環境条約間の関係性を意識しながら包括的に運用することが重要になる。つまるところ，環境ガバナンスのアプローチとして持続可能な開発概念が定着する中で，多数の条約が調整されることもなく並存することの弊害が，より認識されるようになったのである。

　世界中に散在する条約事務局間の活動の調整が必要であれば，当然ながらその役割は UNEP が担うと期待されるかもしれない。しかし，国際環境条約がいったん発効すると，条約の運用権限はその条約事務局が担い，その条約は UNEP の管理下から外れて独自に機能する。そこで UNEP が条約運用に果たせる役割はほとんどなく，あったとしても条約事務局の表面的な活動を調整する程度にとどまる（Desai 2006: 141）。というのは，そもそも既存の組織の調整役として設立された UNEP は，環境条約についても，その立法を助ける以上の機能をもちえなかったからである。これは，世界に散在する条約事務局の分裂と不調和を管理するための中心的役割の不在を意味する（Desai 2006: 142）。このように，UNEP が形成を牽引してきた環境条約の行き詰まりに対し，UNEP 自身が十分に対応できるだけの権限を有していなかったために，UNEP の存在自体に疑問が呈されることとなった。

　以上のように，1990 年代に，持続可能な開発概念の台頭と環境条約の散在

という2つの要因が，環境分野におけるアンカーとしてのUNEPの存在を脅かし始めた。UNEPがこうした変化に自ら適応することができなかったのは，そもそも機関同士の調整役として設立されたUNEPに内在する制度的脆弱性ゆえであると指摘される（Gray 1990: 308）。そこで，UNEPが環境分野の中心的機関としての地位を取り戻すためには，改革を通じて自己の制度的基盤を強化する必要があった。

4 UNEPの改革
1990年代後半以降

　前節でみられたUNEPの衰退は，1990年代後半からUNEPの組織内で意識され始めた。衰退の原因として，UNEPが依拠する制度基盤の欠陥が指摘され，抜本的な組織改革がめざされることになった。本書が扱うUNEPの改革とは，1990年代後半から今日まで漸進的に取り組まれてきた，UNEPの組織のトップである事務局長（Executive Director）の主導で行われてきた，UNEPの組織全体の効率性を模索する試みのことである。この改革は，テプファー（1998～2006年）とシュタイナー（2006～2016年）という2人の事務局長によって率いられた。ただし，着任時期によって組織が抱える問題は異なり，また各事務局長の組織のあり方への信念も異なることから，2人の間で改革の方向性は自ずと異なった。前者は，主にUNEPと環境条約を含むその他の組織との連携を強化して，環境ガバナンス全体の秩序化に尽力した。他方，後者は前者が対処しきれなかった，UNEPが担うあらゆる活動の効率化を，よりミクロ・レベルで模索することをめざした。[11]

　改革の出発点として，1997年にはUNEP管理理事会でナイロビ宣言が採択された。そこでは，これまでそうであったように，UNEPは今後も環境ガバナンスのリーダーを務める主要な国連機関であり続けるべきであると強調され，UNEPを「生き返らせる」ためのさまざまな試みが打ち立てられた（Desai 2006: 145）。そのためには，あらゆる環境分野の機関の間の調整を行うとともに，環境条約間の連携を高めることで，UNEPが携わる環境ガバナンスの有効性

を高めることが重要であると考えられた（UNEP 2014:5）。本節では，改革の中でも環境条約に関連のある動きに焦点を絞って，改革の一連の流れを紹介する。より具体的には，第1に環境条約の有効性の向上，第2に複数の異なる環境条約の統合または調整，第3に環境問題以外のガバナンス領域との整合性の確保という3方向の動きがあったことを示す。

▶UNEP 事務局長のイニシアティブ

まず，環境分野の国連システム全体の改革の方向性について検討するために，1998年に国連事務総長によって環境と人間居住タスクフォースが設けられた。そして，当時の UNEP 事務局長であるテプファーがこれを率いた（Desai 2006: 144）。このタスクフォースは，環境分野における条約の拡散がどのように UNEP の存在感の後退につながったかを精緻に分析した。そして，環境分野における国連機関間の活動に齟齬やギャップが存在することを指摘し，資源の効率的配分を阻害して国連の存在感や信頼性を下げているという懸念を示した（Desai 2006: 144）。このタスクフォースが出した報告書は国連総会で議論され，国連事務局および政府間レベルで，さまざまな改善の方向性が提示された。その主たる成果は，2つの新たなフォーラムの設置である。一つは，環境活動面において国連機関の間の調整を行う環境管理グループ（Environmental Management Group: EMG）の設置である。もう一つは，政府間のハイレベル政策対話のためのグローバル閣僚級環境フォーラム（Global Ministerial Environment Forum: GMEF）の設置である（Desai 2006: 145）。

1つ目のフォーラムである EMG は，1999年の国連総会決議 53/242 に基づき，国連システム内の機関同士の環境活動を調整することを目的として 2001年に設置された。EMG のメンバーとしては，国連の専門機関やプログラム，条約事務局を含むその他の国連の組織が含まれた[12]。これはまた，環境条約については，UNEP がこれまで以上に影響力を発揮することをめざすものであり，発効後の環境条約に対して，これまで UNEP に介入の余地がなかったことへの問題認識があった（Desai 2006: 145）。そこで，EMG において UNEP 事務局長は，環境分野の活動を担う国連機関の間の調整を行う会議の議長を，さらに，国際環境条約の事務局との間の調整を行う会議の議長も定期的に務めた。

新たに設置されたもう一つのフォーラムである GMEF は閣僚級の議論を通じた政治フォーラムである。これは，環境ガバナンスの変革を実現するには，何らかの政治的アプローチが必要であるという認識に立って設立されたものである。そして，GMEF の下に，国際環境ガバナンスに関する公開閣僚級政府間会合（Open-ended Intergovernmental Group of Ministers or their Representatives on International Environmental Governance: IGM）が設置された。これには，環境分野の既存の制度の弱点を包括的に評価し，環境ガバナンスを強化するための施策を練るという任務が与えられた。そして，環境条約間の齟齬や重複に関する問題を主な議題として，計6回の会議が開催された（Desai 2006: 145）。2002年に開催された最後のカルタヘナ会議では，上記の問題に UNEP がどのように対処するかについて初めて具体的な提案がなされ，カルタヘナ・パッケージ（UNEP/GCSS. VII/1）として採択された（UNEP 2002b）。

▶ カルタヘナ・パッケージ

　カルタヘナ・パッケージの第8段落（n）では，環境条約改革の大きな方向性として，関連する条約を束ねるクラスター・アプローチが有効的であるとされた。そして，条約事務局の統合や交渉議題の調整，条約間の連携を高めるにあたって，まずは環境条約と UNEP の間の協調のあり方について検討すべきであると提案された（UNEP 2014: 5-6）。そのうえで，各段落ではその具体的な方向性が示された。例えば第27段落では，化学物質や生物多様性にかかわる条約において，国別報告システムの条約間の調整が模索されているように，共通する問題を扱う環境条約間で連携を高めるために，UNEP は環境条約事務局と協力して，これをサポートするべきであることが提案されている（UNEP/GCSS. VII/1: paragraph 27）。

　また第28段落では，条約の有効性を高めるために，環境条約の有効性に関する定期的な評価を行うことが提案された。そこには，条約を定期的に評価することによって，環境条約間の連携を促進するための UNEP の能力を強化できるという考えがあった（UNEP 2014: 5）。とりわけ有効な条約には，遵守システム等の遵守確保機能と途上国への技術移転や資金供与が，他の条約と整合性をとる形で備わっていることが重要であると強調された。環境条約の遵守と執

第6章　UNEPと国際環境条約

行に関するガイドラインがUNEPによって作成されれば，交渉国はこれを参照しながら有効的に条約を整備できると提案された（UNPE/GCSS. VII/1: paragraph 28）。

第29段落では，条約間の諸活動を調整することの重要性が強調された。具体的な活動として，締約国会議のスケジュールや周期，報告システム，共通する問題に対する科学的評価，能力構築や技術移転が挙げられた。さらに，条約事務局をできる限り同じ場所に置いて連携を促すことで，条約運用の総体的な有効性を高めるべきであることが提案された（GCSS. VII/I: paragraph 29）。

以上のような改革の方向性に関する具体的な提案が出されたのは，カルタヘナ・パッケージが初めてのことであった。そして，2002年の持続可能な開発に関する世界首脳会議で採択されたヨハネスブルク実施計画は，カルタヘナ・パッケージを完全に実施するよう促した。

▶ 共同議長案報告書と一つの国連

2005年には，世界首脳会議の成果文書が出されたが，そのフォローアップの一環として，第60回国連総会で非公式協議プロセスが設置された[13]。その会合の成果として，「共同議長案報告書（A Co-Chairs' Options Paper）」が提出された（Rouassant and Maurer 2007）。そこでは，環境条約を含む今日の環境ガバナンスは一貫性がなく分裂的であるとして，あらゆる欠陥が指摘された。そして，環境ガバナンスを強化するための7つの処方箋（building blocks）が提案された。中でも，分野横断的な知見からは，国連システム全体で環境問題の開発・貿易・保健問題といった関連領域への統合を推し進めるべきであることが提案された（building block 2）。環境条約については，上記のカルタヘナ・パッケージと同様に，環境条約を分野ごとに運用することで資源効率を高めるべきであることが強調された。具体的には，条約間の協調と調和を高め，また関連する条約をあわせて運用することで，各条約事務局の活動を合理化することが提案された（building block 3）。

また2006年には，国連事務総長が開発・人道支援・環境の3分野における国連システム・ハイレベル・パネルを設置した。このパネルが提出した報告書「ひとつの国連（Delivering As One）」（A/61/583）は，開発・人道支援・環境の

第Ⅲ部　交渉外の要因の検討

3分野にわたる国連システムの長所と短所について分析している。そして，分野横断的な知見から，開発と環境の分野における国連の活動は相互に調整がなされておらず，全体的に一貫性に欠けることが指摘された。環境ガバナンスについては，その強化のために，国連システム内で現状に対して独自に調査を行うべきだという勧告がなされた（UNEP 2014: 7）。

▶国連合同監査団による報告書

　この勧告を受けて，2008年に国連合同監査団（JIU）は，『国連システムにおける環境ガバナンスの管理調査』という報告書を作成し，これがUNEPの改革に大きな弾みをもたらすこととなる（Joint Inspection Unit 2008）。この報告書は国連システムにおける環境ガバナンスにきわめて批判的であって，今日の環境ガバナンスの脆弱性は，環境条約の分裂と国連システム全体におけるガバナンス戦略の欠如に由来すると評価した。

　そして，その改善策として12の勧告が提示された。環境条約の運用の効率化にかかわるものとしては，カルタヘナ・パッケージで指摘された提案をより具体化した勧告が3つ出された。第1に，条約事務局の合理化についてふれられる（勧告4）。国連事務総長はUNEP事務局長の協力を得て，新たな条約事務局を設置せずに環境条約を形成・運用する方針を国連総会に対して提案するべきだと提案した。第2に，環境条約の有効性レビューについてふれられる（勧告5）。国連総会は，条約間の調整と一貫性を担保するために，環境条約の履行活動を定期的に調査し評価するというUNEPの任務遂行能力を高めるよう尽力すべきであるという。そして，カルタヘナ・パッケージに沿って，その進展を国連総会に報告する体制を整えるべきであると提案した。第3に，環境に関する活動を国際機関と環境条約事務局が共に管理し調整するための共同戦略を作るように国連事務総長が促すべきだと提案した（勧告7）。

　この国連合同監査団の報告書は，2009年の第25回管理理事会による決議で取り上げられた。この管理理事会の決議25/1の第27段落では，締約国は，その環境条約と同様の問題に取り組む他の環境条約との間でいかに協調と調整を高めるかを考慮するという方針が合意された（UNEP 2009b: 14）。そして，その例としてバーゼル条約，ロッテルダム条約，ストックホルム条約の間の調整の

試みが挙げられた。また，同じく環境ガバナンスに関する決議25/4では，地域ごとの閣僚・政府高官レベルの協議グループ（Regionally-representative, Consultative Group of Ministers or High-level Representatives）が設置された。そして，第11回UNEP管理理事会グローバル閣僚級環境フォーラム特別会合において，環境ガバナンスへの対処策を提示するよう，同協議グループに要請した（UNEP 2009b: 18）。

▶ ベオグラード・プロセス

2010年に地域ごとの閣僚・政府高官レベルの協議グループは，ベオグラード・プロセスと呼ばれる，環境ガバナンスにかかわる5つの目標を提出した（UNEP 2009c）。これは新たな目標というよりも，これまでの改革の議論をよりハイレベルな政治会合で取り上げて実効性を高めるための，改革の集大成であった。目標の中で本書の射程と関連するものは，2点挙げられる。第1に，環境領域において，UNEPが権威ある稼働的な国際機関になることが掲げられた。第2に，国連システム下において，環境条約を含む環境活動の有効性，効率性，一貫性を確保する必要性が再度強調された。

さらに，目標の達成にあたっては，漸進的なアプローチと包括的なアプローチの双方が用いられるべきであるとされた（UNEP 2009c）。漸進的な改革については，国連合同監査団の報告書における勧告を考慮し，環境条約間の連携を高めることが提案された。また，包括的な改革については，排他的ではない5つの選択肢として，①UNEPの強化，②持続可能な開発のための新たな包括的機関の設立，③世界環境機関（World Environment Organization）のような新たな国連専門機関の設立，④国連経済社会理事会と持続可能な開発委員会の改革，⑤現存する諸制度の改革と合理化が挙げられた。これら5つの選択肢は，2回目の国際環境ガバナンスに関する閣僚・政府高官レベルの談話グループ（Consultative Group of Ministers or High-Level Representatives on IEG）の会合で採択された，2010年のナイロビ・ヘルシンキ成果において再確認された。

▶ 改革の3つの方向性

以上のような一連の改革の流れをふまえると，環境条約における効率性の志

第Ⅲ部　交渉外の要因の検討

向には，3つの方向性があったことがうかがえる。

　第1に，環境条約自体の有効性を高める試みである。これは，上でみた報告書の中で，環境条約の履行と遵守を促進するために，遵守システムや資金供与の重要性が何度も指摘されたところに表れている。さらに，既存の条約の評価を行い環境条約の運用に生かすべきであるという提案も，これと軌を一にする。このように，これまでUNEPがかかわる余地がなかった条約の運用にUNEPがより積極的に関与するという改革の一つの方向性がみてとれる。第2に，複数の異なる環境条約を統合または調整することで，締約国会議や活動状況の報告といった，物理的な条約運用の無駄を省き，その効率性を高める試みである。ここまで述べてきたさまざまな提案では，化学物質条約であるバーゼル条約，ロッテルダム条約，ストックホルム条約の間の連携を促進する試みが，その具体例として何度も挙げられた。そして第3に，持続可能な開発アプローチの下，環境問題とそれ以外の問題領域との間でガバナンスの整合性を保とうとする試みである。これは，上記の報告書の中で開発，人道，貿易，保健といった問題と環境問題の間の分野横断的な調整を行う必要性が指摘されているところに表れている。そもそも，持続可能な開発というアイデアは，環境問題を人間の営みの発展という文脈の中で広くとらえることで，関連する多数の問題領域を統合しようとする試みであった。これをふまえれば，分野横断的なガバナンスの整合性の模索は，第2の方向性として述べた複数の条約の統合・調整と合致するものであった。

　次節では，この3つの大きな改革の方向性がどのように水俣条約交渉に影響を与えるに至ったかを，その具体的なプロセスを考察する。

5　UNEPの改革が水俣条約交渉に与えた影響

　第1節で概観したように，水俣条約交渉で情報が豊富に提供された背景には，UNEPによる効率性の志向，交渉国による効率性の志向，そしてそれに対応するだけの情報能力がUNEPにあったことを指摘した。本節では，これらの

3つの要素は，前節で明らかとなった，UNEPにおける環境条約をめぐる改革によって促されたことを示す。

▶UNEPによる効率性の模索

まず，水俣条約交渉におけるUNEPの効率性志向は，関連条約の統合・調整および持続可能な開発アプローチの2方面から，改革の影響を受けたと考えられる。第1節で述べたように，第25回管理理事会において，関連条約を念頭に置きながら制度設計を行うという水俣条約の交渉方針が決定された。この背景には，前節までで明らかとなった，化学物質3条約間の統合・調整の試みが念頭にあったと考えられる。化学物質3条約の締約国は，バーゼル条約，ロッテルダム条約，ストックホルム条約の運用コストの削減をめざし，条約事務局の行政の統合を図った。そして2006年には，3つの条約事務局を，各条約の頭文字をとって，BRS事務局として統合した。そして，2007年から08年にかけて，45カ国から成る三つ巴の共同作業部会が3回開催され，10年には3つの締約国会議が初めて同時に開催された（Joint Inspection Unit 2008: Paragraph 58）[15]。こうした化学物質条約間の調整の試みは，2014年のJIUの報告書要旨の第19段落（e）において，条約事務局間の調整を通じて条約間の連携と運用効率が向上したと評価された。そして，そのさらなる進展として締約国会議の同時開催が取り上げられた（Joint Inspection Unit 2014）。

この流れと軌を一にして，化学物質3条約において，資金メカニズムの統合も図られた。先に述べたように，2009年にはUNEP事務局長シュタイナーがリーダーシップをとる形で，3つの化学物質条約に共通した資金メカニズムを作る動きがあった。これは，ストックホルム条約下で正式な資金メカニズムが設置されないことを懸念し，その第4回締約国会議において，その他の化学物質条約と合わせた統合的な基金を作ることが提案されたことに端を発する[16]。こうした資金メカニズム統合の動きは，上述の条約事務局の調整と呼応する形で進められ，化学物質3条約と国際的な化学物質管理のための戦略的アプローチ（SAICM）を履行するための総合的な能力構築を目的とした国連特別プログラムが設置されることとなった[17]。

さらに，先に述べた持続可能な開発アプローチへの傾倒も，水俣条約交渉の

方針に影響を与えたと考えられる。持続可能な開発アプローチの視点からは，水銀は化学物質の一つであって，他の化学物質をめぐる規制との重複や連携を見据え，化学物質領域のガバナンスというマクロの視点から水俣条約を運用することが肝要となる。こうした統合的な視点は，上述の化学物質3条約の調整に影響を与えただけでなく，水俣条約交渉において，他の化学物質条約との連関を意識するよう後押ししたと考えられる。水俣条約のINC交渉を統率する水俣条約暫定事務局は，化学物質3条約の統合事務局であるBRS事務局の中に設置された。これをふまえると，化学物質3条約間の調整の議論が，水俣条約交渉に影響を及ぼすのは，きわめて自然な流れである。その結果，水俣条約交渉の中で，UNEPの交渉資料や交渉国の発言において，化学物質3条約間の調整については何度も議論に上ったと考えられる。

以上をまとめると，環境条約の効率化と持続可能な開発アプローチを志向する改革の流れとが，水俣条約交渉において，UNEPによる効率性の模索を規定したと分析できる。

▶交渉国による効率性の模索

また，交渉国による水俣条約交渉の効率性の模索は，第1節で概観したように，他の化学物質条約の締約国会議における交渉の停滞に端を発するものであった。このような，交渉の停滞を回避して効率的に交渉を進めたいという交渉国の意向には，前節でみた改革に通ずるものがあったと考えられる。

そもそも，1990年代終わりにUNEPが改革に着手した背景には，加盟国が非効率な環境ガバナンスに不満を抱いていたことがあった。遡れば，冷戦後の1990年代初頭は，環境問題の解決に向けた協調の機運が最も高まった時期であり，UNEPの組織運営や環境条約を運用するための予算は確保しやすかった。例えば，1992年の地球サミットの開催や，先駆的な環境条約として知られるオゾン層保護条約，気候変動枠組条約の形成は，こうした協調機運が高い時期の成果であった。ところで，先に述べたように，1990年代半ば以降，環境条約の間で調整がなされていないことや，条約の成果が上がっていないことに批判が高まった。このような環境条約に対する不信感は，「Green Fatigue」として指摘されるところである（von Moltke 2005: 175; Najam et al. 2006）。そし

第 6 章　UNEP と国際環境条約

て 1990 年代の終盤にかけて，徐々に環境問題の解決に向けた協調の機運は低迷していった。加盟国からの環境基金への拠出額は大きく減少し，限られた国家予算の中から環境分野に支出することに慎重になっていったことは，上で示した通りである[18]。環境条約については，条約運用コストを負担する締約国は，条約運用にかかる費用について，より高い説明責任・透明性を求めるようになった[19]。すなわち，条約運用費の事後的な報告ではもはや不十分とされ，予算の計画段階から効率性に考慮することが求められた。

　以上のように，環境ガバナンス改革には限られた財源によってガバナンスの有効性を最大化しようという国々の思惑があり，改革の試みは今日もなお続いている。このことに鑑みれば，交渉国による水俣条約交渉における効率性の志向は，無駄のない条約運用をめざす改革の試みと軌を一にするものであったと分析できる。

▶UNEP の情報能力

　水俣条約交渉時点において提出可能なデータを UNEP がもちえたのも，改革によるものであったと考えられる。すなわち，改革の中で，環境条約の有効性を高めるために UNEP の情報機能が強化され，遵守の確保に関連する資料が作成された。第 5 章では，水俣条約交渉で提出された資料について，資金メカニズムに関する報告書は 2006 年に作成された資料がもととなっており，遵守システムに関する報告書は 02 年と 07 年に作成された資料がもととなっていたことを指摘した。前節でみたように，環境条約の有効性を高めるという改革の文脈の中で，遵守の重要性が再認識され，遵守確保に不可欠と考えられる資金メカニズムと遵守システムへの注目が高まった。これが，上述の資料が作成される契機であった[20]。

　そもそも，条約交渉に提出するための資料を作成するのは水俣条約暫定事務局であるが，UNEP 組織内の各部局が所有しているデータがもととなる。具体的には，上述の資金メカニズムや遵守システムといった条約制度に関するデータは，環境条約など環境法関連を担当する環境法・条約局が所有する。このような条約制度に関するデータを，環境法・条約局が 2000 年代に充実させるに至ったのは，改革によるものであった。環境法・条約局はそのウェブサイト

159

第Ⅲ部　交渉外の要因の検討

において，同部局に関連するUNEPでとられた改革を紹介している。その中で，改革の大きな節目として，改革が初めて宣言された1997年のナイロビ宣言を挙げている。また，10年以上にわたる環境ガバナンス改革の遂行に環境法・条約局が尽力してきたとして，その方針に影響を与えた主要な決議と取り組みが列挙されている[21]。その中には，前節で述べた，環境条約の有効性レビューの必要性を指摘した2002年のカルタヘナ・パッケージや2008年の国連監査団の報告書が含まれる。

　そして，今日の環境法・条約局の活動戦略の中核として位置づけられるのが，「環境条約の作成と定期評価に関する第4モンテヴィデオ・プログラム (Fourth Programme for the Development and Periodic Review of Environmental Law: Montevideo Programme IV)」である。これは，一連の改革の下で環境法・条約局が行ってきた活動をふまえたうえで，この先10年にわたる環境条約の包括的戦略として，2009年のUNEP管理理事会で採択されたものである。この文書の内容をみてみると，環境条約の有効性に関する項目では，目標として「有効的な履行・遵守・執行の達成」が掲げられている（UNEP 2009d: 2）。そして目標の達成手段として，(g) 項では，「二国間・多国間環境条約の下に設置される遵守システムや報告システムについて比較分析を続ける」と示されている（UNEP 2009d: 3）。また (h) 項では，「履行と遵守を後押しするために，資金メカニズムや技術移転，遵守や経済誘引の有効性について分析する」と盛り込まれている（UNEP 2009d: 3）。

　以上のように，UNEPの改革が初めて宣言された1997年のナイロビ宣言から今日に至るまで，環境法・条約局はUNEPの改革に大きく影響を受けながら活動を展開し，既存の条約制度の分析・評価を通じてデータを構築してきたことがわかる。2000年代に作成された，上記の資金メカニズムおよび遵守システムに関する資料は，条約の有効性を高めるという改革の文脈の中で，こうした新たなデータをもとに作成されたものである。ここにおいて，UNEPの情報提供者としての能力基盤は，UNEPの一連の改革によって培われたと分析できる。

第6章　UNEPと国際環境条約

▶ストックホルム条約交渉の場合

　他方，ストックホルム条約交渉においては，本章で述べてきた水俣条約交渉に寄与した3つの要因は欠如していた。第1に，交渉国の間に改革の機運が十分に浸透していなかったと考えられる。UNEP改革の宣言が初めてなされたのが1997年のナイロビ宣言であったことをふまえると，ストックホルム条約の交渉が開始された1998年の時点では，まだUNEP組織内でも改革の具体的な方向性を模索する段階にあった。同時に，水俣条約交渉で停滞の危機感を搔き立てた化学物質3条約については，ストックホルム条約交渉時には，まだ同様の危機感は認識されていなかった。すなわち，ロッテルダム条約は1998年に採択されたばかりで，バーゼル条約では授権条項に基づき，遵守システムが2002年に設置される直前であった。このように，改革の機運も交渉停滞への危機感も依然として薄かった交渉国は，ストックホルム条約交渉では，UNEPに情報の提供を強く要求するには至らなかった[22]。すなわち，交渉国による効率性の模索は，ストックホルム条約の交渉時には顕著ではなかった。

　第2に，改革の機運がUNEPの組織内に十分に浸透していなかったと考えられる。したがって，UNEP管理理事会で水俣条約に対して合意されたような，効率的に交渉を進めるという方針がUNEP内に共有されていなかった。すなわち，UNEP側の効率性の模索も当時は限定的であったのである。

　第3に，UNEPの情報提供の能力基盤は，改革の一環として徐々に環境法・条約局において培われたものであった。このことに鑑みると，ストックホルム条約の交渉時に，もし仮に交渉国が詳細な情報を要求したとしても，UNEPはこの時期，こうした期待にまだ応えることはできなかったはずである。

6　UNEPの強み

　本章では，UNEPによってとられた環境条約をめぐる改革がさまざまな方面から作用し，水俣条約交渉におけるUNEPの情報提供を導いたことを明ら

第Ⅲ部　交渉外の要因の検討

かにした。本章の分析をふまえると，水俣条約における三位一体制度の成立は，環境条約の効率性・有効性を高めることをめざした，UNEPによる改革の一つの成果ととらえることができよう。環境条約の制度設計において，交渉国に過去の経験から学習する意思があったとしても，交渉国は学習するための情報を十分に持ち合わせていない。約四半世紀にわたる環境条約の運用に関する情報の収集と分析は，UNEPのような恒久的かつ専門的な国際機関のみが担うことのできる任務である。すなわち，組織内で長年培ってきた条約制度の知識や交渉の知恵を，中立的な立場から交渉国に提供して条約の形成を助けるというのが，UNEPの役割であり，強みであるといえる[23]。UNEPが環境条約に対して担うこうした役割について，デサイは，次のように述べる。

　　超国家的な法律が存在しない中で環境条約のような国際レベルの法律を作るには，何らかの国際機関の力を借りなくてはならない。立法過程において促進的な役割を担う国際機関は，立法に関連するデータを掌握し，そのデータを立法に活用するだけの十分な能力を有している必要がある。こうした知識ベースの強みが立法促進者としての権威を高める（Desai 2006: 138）。

実際に水俣条約交渉において，UNEPは，情報提供者として期待される役割を十分に果たすことができたといえるのではないだろうか。

■注
1)　国際組織の役割や活動について包括的に論じた書としては，城山（2013b）や山田（2018）を参照されたい。
2)　本章で扱うUNEP改革について邦語で執筆された数少ない論稿としては，例えば横田（2004）や星野（2009: 253-276）を参照されたい。
3)　この会合は，「The Ad hoc Open-ended Working Group (OEWG) to Prepare for the Intergovernmental Negotiating Committee (INC) on Mercury」と呼ばれる。
4)　「UNEPの役割とは，あくまで中立的な立場から交渉をサポートすることであって，交渉国の要請に応じる形でUNEPは情報提供を行う。したがって，情報提供を通じてUNEPが一定の方向へと交渉を誘導するようなことはない」（長井正治・元UNEP環境法・条約局副局長へのインタビュー，2017年7月17日，ナイロビ）。
5)　長井正治・元UNEP環境法・条約局副局長へのインタビュー（2017年7月17日，ナイロビ）。
6)　効率よく交渉を行おうという意欲は，EUやスイスといった先進国に限らず，一部の途上国も共有していたと考えられる。例えばジャマイカも，遵守システムおよびその有

第 6 章　UNEP と国際環境条約

効性に関する調査報告の提示を求めた（Earth Negotiations Bulletin 2009d: 3）。
7)　ただし，UNEP の交渉に対する役割はあくまで中立的なものである。
8)　この環境法の中に環境条約も含まれる。
9)　「これにより，環境分野における権威の所在が分裂した」（長井正治・元 UNEP 環境法・条約局副局長へのインタビュー，2017 年 7 月 17 日，ナイロビ）。
10)　「当時は機関同士のやりとりはファックスを用いて行われており，地理的な障壁は大きく立ちはだかった」（猪又忠徳・元国連合同監視団へのインタビュー，2016 年 11 月 25 日，東京）。
11)　同 5)。
12)　環境管理グループのウェブサイト（http://unemg.org/about-us）（2017 年 8 月 29 日最終アクセス）。
13)　非公式協議プロセスとは,「The Informal Consultative Process on the Institutional Framework for the UN's Environmental Activities」のことである。
14)　同 5)。
15)　この共同作業部会の正式名称は,「Ad hoc Joint Working Group on Enhancing Cooperation and Coordination among the Basel, Rotterdam and Stockholm conventions」である。
16)　http://www.brsmeas.org/Implementation/ResourceMobilization/ConsultativeProcessonFinancingOptions/tabid/2880/language/es-CO/Default.aspx（2017 年 8 月 30 日最終アクセス）。
17)　http://www.unep.org/chemicalsandwaste/special-programme/overview（2017 年 8 月 30 日最終アクセス）。
18)　1990 年代初頭から終盤にかけての環境問題の解決に向けた協調の機運の変遷と改革の関係については，元国連合同監査団の猪又忠徳へのインタビュー（2016 年 11 月 25 日，東京）および長井正治・元 UNEP 環境法・条約局副局長へのインタビュー（2017 年 7 月 17 日，ナイロビ）に基づく。
19)　元国連合同監査団の猪又忠徳へのインタビュー（2016 年 11 月 25 日，東京）。
20)　同 5)。
21)　環境法・条約局がどのように改革に対応してきたかについては，同部局の次のウェブサイトに記されている。http://staging.unep.org/delc/EnvironmentalGovernance/tabid/54638/Default.aspx（2017 年 8 月 29 日最終アクセス）
22)　本章第 1 節では，水俣条約では INC 交渉のための準備会合で情報が要請されたことを示した。「準備会合が開催されたのは水俣条約が例外であり，こうした準備会合はストックホルム条約では開催されなかった」（長井正治・元 UNEP 環境法・条約局副局長へのインタビュー，2017 年 7 月 17 日，ナイロビ）。このようにストックホルム条約では，交渉国が INC 交渉開始前に情報を要請する機会はなかったが，水俣条約と同じく INC 交渉の中では情報を要請する機会はあった。したがって，情報を要請する機会の有無が両条約間で，UNEP による情報提供の程度に違いをもたらしたわけではない。
23)　ジェイコブ・デュア水俣条約暫定事務局長へのインタビュー（2017 年 6 月 29 日，UNEP 国際環境技術移転センター）。

163

第7章

先進国の水銀政策

アメリカ，EU，日本

　水俣条約の交渉過程を分析することによって，分配問題への対処を規定した交渉内要因として，先進国による条約への積極姿勢と譲歩があったことを突き止めた。具体的には，膠着状態の中でアメリカを含む先進国の積極姿勢への転換が引き金となり，水俣条約が成立した。また，遵守システムと独立基金の設置も，先進国による交渉戦略の転換の産物であった。

　これらをふまえて本章では，水俣条約交渉において先進国によって譲歩がなされた要因を突き止める。とりわけ，先進国において水銀政策がすでに進展していたことによって譲歩が可能になったのではないか，という推論を検証する。すなわち，水銀という化学物質は，高い蓄積性と拡散性を内包しているため，安全性を確保するには一地域の規制では限界がある。先進地域で強力な水銀規制を完備しても，他の地域の規制が弱いと，その効果は半減してしまう。そのため，先進国は国際的な水銀規制に積極的になれたと考えられるのである。

　本章では，条約の規制範囲と比較して，先進国が条約交渉開始以前に，どの程度の水銀政策をとっていたのかを探る。これによって，分配問題の対処を導いた交渉外要因を明らかにする。

第Ⅲ部　交渉外の要因の検討

1　国内政策の視角

▶国内政策に着目する理由

　本書が分配問題への対処を規定する交渉外要因として，主要国の国内政策に着目するのは，国際条約は主要国の国内政策と相互に連関していると考えられるからである。国際条約は，国による締結後に国内政策の一部として実施されるため，国際レベルの要因が国内レベルに影響を及ぼす。この見方は，コヘインとナイによって提示されたアウトサイド・イン（外部要因の内部化）と通ずるものである（Keohane and Nye 1977）。他方で，主要国の既存の国内政策が国際条約を規定する側面もあり，この見方は国内レベルの要因が国際レベルの動向に影響を及ぼすという，インサイド・アウト（内部要因の外部化）の見方に沿ったものである（Rogowski 1989; 山本 1989）。

　それでは水俣条約では，2つのレベルの間にどのような結び付きがみられるであろうか。本書はドレズナーと同様の見方に立ち，条約交渉はその国の従来の関連国内政策によって規定されると考える（Drezner 2008: 5, 39-40）[1]。国内政策は，政策決定過程における政権，議会，利益団体，世論などの意向の集積であり，国内アクターがその時点で受け入れ可能な規制レベルとみなすことができる（Drezner 2008: 40）。このような見方を環境条約交渉に当てはめた場合，国際交渉で議論される汚染物質に対して強力な国内規制を実施している国は，その時点の政策からの調整コストが小さいため，必然的に条約交渉にも積極的になる。逆に強力な国内規制をもたない国は，多大な調整コストを強いる条約交渉に消極的になると考えられる（Drezner 2008: 5, 46, 47）[2]。

　ただし，ドレズナーは既存の国内政策が国家の「選好」を決めると論じるのに対し，本書は，既存の国内政策が条約交渉における「交渉のあり方」を規定するという見方に立つ（Drezner 2008: 39）。すなわち，条約交渉における交渉戦略，すなわち交渉国が相互利益を見出そうと創造的な交渉に積極的になれるか否かは，過去にとられた国内政策の規制レベル，いわゆる既存の政策能力に

第7章　先進国の水銀政策

依存するという見方に立つ。

▶アメリカ，EU，日本に着目する理由

　本章では，先進国の中でも，水俣条約交渉において特に中心的な役割を果たしたアメリカ，欧州連合（EU），日本に焦点を当て，その国内の水銀政策を分析する。[3] 一般に環境政策において，アメリカとEUは他国に最も影響力をもつ中核的な先進国とみなされる（Vig et al. 2004）。実際に，化学物質3条約を含むこれまでの環境条約交渉においても，アメリカとEUは交渉を大きく左右してきた。また，EUは地域連合であるが，国際交渉においてEUの交渉官は一地域として立場を表明する。したがって，各EU加盟国の水銀政策ではなく，EUが地域として取り組んできた水銀政策に着目することに意味がある。これに加えて日本を分析するのは，世界で最初の水銀被害である水俣病を経験した日本が，水俣条約交渉においてリーダーシップをとったためである。交渉分析では，日本のリーダーシップはさほど明示的ではなかった。しかし，交渉前の準備会合であるアジア・太平洋諸国グループの地域会合において，水銀問題をめぐる認識共有の促進や意見調整に大きな役割を果たし，合意形成に大きく寄与した。

▶水俣条約における主要な規制項目

　各国の比較分析に入る前に，水俣条約の内容を再確認しておきたい。水俣条約は，水銀および水銀化合物の人為的排出から人の健康と環境を保護することを目的として掲げる。そして，水銀の産出から使用，廃棄に至るまでの，水銀のライフサイクル全体に規制をかける。これに伴い，3条では鉱山からの水銀の産出および国際貿易，4条では水銀添加製品，5条では製造工程での水銀の使用，7条では人力小規模金採掘（ASGM）における水銀の使用，8条では大気への排出，9条では水・土壌への放出，10条では水銀の暫定的保管，11条では水銀廃棄物，12条では汚染サイト（水銀により汚染された場所）に関する規制が定められている（表序-1も参照）。

　これらの規制の多くは途上国にかかわるものであって，先進国に大きく関係のあるものは少ない。まず，3条の水銀鉱山は，先進国ではすでに閉鎖されて

いる。例えば，世界最大規模の水銀鉱山であったスペインのアルマデン鉱山は，2004年に生産を停止した（植月 2011:7）。また日本でも，水俣病などの公害問題の発生以来，相次いで鉱山が閉山し，1974年にはすべての企業が鉱山からの水銀生産を停止した。7条の人力小規模金採掘についても，途上国で盛んに行われる一方，先進国でその実態はない。

その一方で，3条の水銀の国際貿易，4条の水銀添加製品，5条の製造工程での水銀の使用，8条の大気への排出については，先進国はこれまでに国内政策を進めてきたものの，依然としてさらなる政策努力を要する領域である。したがって本章は，水銀規制項目の中でも，3-5条，8条という4つの条文に焦点を当て，アメリカ，EU，日本の水銀政策について探る。その際，4条と5条を「製品・製造工程における水銀の使用」として1項目にまとめ，3条の水銀の「国際貿易」，8条の「大気への排出」と並べて3項目に分類する。

まず4条は，電池やスイッチ（電気開閉器），一定含有量以上の照明ランプ，化粧品，気圧計や体温計といった計測機器など，禁止製品のリストに掲載された水銀添加製品について，2020年までにその製造，輸出入を禁止するものである。これまで，先進国の国内市場では，すでに水銀が添加されていない代替製品にとってかわられてきた一方で，水銀添加製品の輸出入については，特に措置はとられてこなかった。また5条では，塩素アルカリ工業，水俣病の原因になったプラスチックの原料であるアセトアルデヒドの製造工程，そしてプラスチックの原料になる塩化ビニルモノマーやポリウレタンなどの製造工程での水銀使用を規制する。塩素アルカリ工業では，塩素・苛性ソーダ（水酸化ナトリウム）の生産過程で塩水を分解する際に生産性の高い手段として，1800年代に水銀法が開発され，先進国で広く用いられた。[4] 先進国では，今日までに水銀を使用しない他の手法への切り替えが大きく進んだものの，完全に問題が解決されたとは言い難い。例えばヨーロッパでは，水銀法由来の旧設備の多くが耐用期限前に建てられたものであって，2001年の時点で，ヨーロッパの塩素生成の54%が依然として水銀法に依存していた（植月 2011:5）。

この4・5条は，3条の水銀の国際貿易の規制と密接に関連している。というのは，先進国では，水銀添加製品および製造工程における水銀の使用は減少したものの，先進国で過去に使用された水銀が再利用され，途上国に輸出され

てきたからである。すなわち，輸出先の途上国では，水銀鉱山が閉鎖されたにもかかわらず，小規模金採掘，化粧品，塗料および農薬などの分野でますます水銀が使用されるようになったのである（植月 2011: 7-8）。その結果，アフリカや中南米といった途上国では，金採掘労働者や地元民の健康への影響や現地の環境汚染が懸念されている。このように，先進国によるこれまでの水銀問題への対処が，途上国への水銀問題の輸出を招いた側面がある。このような理由から，第3条では，水銀の輸出入の禁止または制限が規定されている。

　また第8条は，産業からの水銀の大気への排出の規制をめざしたものである。水俣条約では，石炭火力発電所，産業用石炭燃焼ボイラー，非鉄金属（鉛，亜鉛，銅，工業金）製造に用いられる製錬および焙 焼の工程と廃棄物の焼却設備，セメントクリンカーの製造設備などが，水銀排出源として規制対象となっている。大気への排出の中でも，特に石炭燃焼による水銀の排出は，2010年時点で世界全体の水銀排出の24％を占め，37％を占める小規模金採掘に次いで多くなっている（UNEP 2013）。また，アメリカとEUの双方において，石炭火力発電所が水銀の最大の大気排出源となっており，先進国が取り組むべき課題の一つとなっている。

2　水俣条約成立前の水銀政策
政策形成過程と政策の中身

　本節は，アメリカ，EU，日本のそれぞれの政策を紹介する3つの項から成る。各項の分析は，前段と後段の二段構成となっている。前段では，アメリカ，EU，日本の各々の環境政策の形成過程を理論的に概観する。いずれの国でも，1960，70年代に生じた公害問題を受け，大気・水質・土壌といった汚染への対処を通じて環境法の整備が進んだ。そして，個別の汚染物質やより細かな規制については，必要に応じてこれらの基本法の改正を重ねたり，また新たな法律を作ったりすることで対処されてきた。しかし，環境政策の政策決定過程は，アメリカ，EU，日本の間で大きく異なる。これは，政治・行政制度が異なることに加え，国家と社会の間の関係（state-society relations）に関する見方が異

なるため，規制への考え方にも違いが表れているということにほかならない。

　後段では，水俣条約交渉が開始される以前にとられてきたアメリカ，EU，日本の具体的な水銀政策を概観する。製品・製造工程における水銀の使用，水銀の大気への排出，水銀の国際貿易という3つの項目において，アメリカ，EU，日本が水俣条約の交渉以前に，どのような国内政策をとってきたかを分析する。水俣条約に盛り込まれた上述の項目に対しては，いずれの国でも，国内政策の中で従前から取り組まれてきた。そこでは，水銀に特化した規制を設けるというよりも，1960，70年代に制定された水質，大気，土壌の管理に関する基本法の中で，水銀が有害物質の一つとして位置づけられ，規制対象となってきた。ただし，水銀の大気排出，製品・製造工程における水銀の利用については，いずれの国でも対策がとられてきた一方で，国際貿易については対策が講じられてこなかったため，国際貿易は本節では登場せず，次節において検討される。以下の分析では，アメリカ，EU，日本の政策は政策形成過程の違いを反映して相違をみせるものの，いずれの国でも水銀政策は総じて大きく進んでいたことを示す。

2-1　アメリカ

▶ **多元主義構造**

　アメリカの伝統的な規制政策では，政府は規制主体，産業は被規制主体として，互いに独立し対峙するものと位置づけられてきた。その根底にあるのはアメリカの市場に対する自由放任主義（laissez-faire）の考え方である。政府は，市場やそこで活動する産業に介入するべきではないとして，市場や産業界からの独立を基本的な立場とする。そこでは，私的利益の政策へのインプットは，政策の正統性を確保するために必要不可欠なものと考えられた。このようなアメリカの利益表出構造は，多元主義から説明されるものである（Latham 1952; Truman 1993）。多元主義によれば，社会において多種多様な利益をもつアクターは，同一の利益をもつ団体の間の競争や連携を通じて，政策に自己利益をインプットするという。

　このような多元主義構造はアメリカの統治体制の特徴であって，憲法で規定された明確な権力分立の影響を受けている。他の政策と同様に，環境政策の形

成過程には，立法，行政，司法がかかわる（Kraft 2002: 45）。中心となって環境政策を実施するのは，行政組織である環境保護庁（EPA）の役割であるが，権力分立の下，大統領府，連邦議会，連邦裁判所といった政府機関からの影響を強く受ける。そして，これらの機関同士の力関係が，企業や環境保護団体など利益団体にとっての政策インプットのチャネル（経路）を規定する（Fiorino 2012: 339）。

　例えば議会は，立法，予算の配分，政策実施の監視を通じて，EPAの活動に影響を及ぼす（Fiorino 2012: 340）。また，大統領府もEPAに対して大きな権限を有する。EPA長官や高官の任命，議会へのEPAの予算の提案，政策の優先順位の付与や規制評価において影響力を有する（Fiorino 2012: 340; Vig 2012）。さらに，政策決定の際には，議会での拒否権や大統領権限の行使を通じて，独自の影響力を及ぼすことができる（Vig 2012）。予算配分についても，年度予算や長期支出計画を大統領が議会に付する際，政策の優先順位について意向を添えることができる（Vig 2012: 314）。特に大統領府の中でも行政管理予算局（Office of Management and Budget: OMB）は，EPAがとろうとする政策がもつ経済的効果についての評価を担当する。EPAによる規制において，経済的な便益がその費用を上回ることを要請し，複数の選択肢の中から社会全体の便益を最大化する政策を選ぶことをEPAに対し求める（Vig 2012: 321; Fiorino 2012: 340）。さらにOMBは，政策決定プロセスを政治化することで，ホワイトハウス（政権の中枢）に政策権限を集約させる試みであるともとらえられる（Vig 2012: 308; Moe 1985）。このようなOMBの影響下で，EPAは設立以来40年間，政策を通じた経済的費用と環境の便益の適切なバランスを模索し続けてきた（Fiorino 2012: 344）。

　司法もまた，EPAに対して大きな影響力を有する。多くのEPAの政策は，既存の法律と照らし合わせたうえで，その正当性が法廷で問い直される。そして，判決で差し止めや無効となる場合には，EPAに政策の変更が求められる（O'Leary 1993; Weiland 2007）。これは，1946年の行政手続法によって，連邦政府の行政決定から悪影響を受けるいかなる当事者も，当該問題を連邦巡回区控訴裁判所（the U.S. Courts of Appeals）に提訴する権限が保障されているためである（Fiorino 2012: 340）。とりわけ，提訴を頻繁に行うのは州政府である。そ

第Ⅲ部　交渉外の要因の検討

の理由の一つは，州政府は連邦裁判所に提訴するという憲法で保障された特別な権利を有しているためである（Scheberle 2012: 408）。さらに重要な理由として，州政府と連邦政府の間の環境政策をめぐる補完性が挙げられる。州政府は多くの環境政策において重要な役割を担うが，中でもインフラストラクチャーや公衆衛生にかかわる環境政策における州政府の役割は，連邦政府に比してきわめて大きい（Scheberle 2012: 397）。一般に環境政策では，EPA が定める環境規制基準は，州が採用すべき最低基準として設定される。そして，州政府の規制基準は連邦政府の基準よりも厳しくてもよいが，緩くてはならないとされる（Fiorino 2012: 343）。したがって，連邦政府よりも高いレベルの環境規制をとる州は多く，こうした先進的な州が産業利益を強く反映した連邦政府の政策の緩さを法廷に訴えるケースが多くみられる。

　以上のような権力分立の中で，環境政策の中核に位置する EPA は，大統領，議会，司法といった外的機関にあらゆる影響を受ける。そして，多元主義構造の中で，さまざまなチャネルからインプットされる産業団体の利益を考慮しながら，環境政策を形成することが求められる。

▶アメリカの水銀政策

　アメリカの水銀政策に目を転じると，水銀のみに特化した規制は少なく，むしろ環境法の中で，水銀は一汚染物質として規制がなされてきた。水銀政策に関連する環境法としては，1963 年に制定された「大気浄化法」，48 年に制定された「水質浄化法」がある。また，2005 年には体温計やスイッチといった水銀含有機器が「一般廃棄物規制法（Universal Waste Rule）」の規制対象に加えられた。また，水銀に特化した法律としては，1996 年の水銀含有充電池管理法がある。以下では，製品・製造工程における水銀の利用，水銀の大気への排出の2つの項目についてアメリカがとってきた水銀政策について概観する。その際，議論がより大きかった大気への排出に重点を置く。

(1) 製品・製造工程に関する規制

　1980 年には，製品・製造工程におけるアメリカの水銀使用は，使用の多い順に，電池（1052 t），塩素アルカリ産業（358 t），塗料（326 t）であった。1980 年から 97 年にかけての間に，アメリカ国内の産業における水銀使用は，2225 t

第7章　先進国の水銀政策

から381 t に減少した。この成果の背景には，州・連邦レベルの電池における水銀使用の規制や，塗料における水銀使用の禁止，塩素アルカリ製造施設の閉鎖が進んだことがあった（USEPA 2006: 36）。

とりわけ，アメリカとカナダの2国間五大湖有害物質戦略の下，1995年から2005年にかけて，産業製造工程における水銀使用が最も多かった塩素アルカリ産業では，塩素および苛性ソーダの生産における水銀使用は91％削減された（USEPA 2006: 37）。これにより，2006年までに国内の水銀排出を50％削減するという同戦略の目標は達成されたという。

削減努力の結果，2001年には製品における水銀使用は合計で245 t まで減少し，その内訳も大きく変わった。2001年時点で，その内訳はスイッチや有線機器が42％（103 t），計測機器が28％（69 t），歯科用アマルガムが14％（34 t），電気照明機器が9％（21 t）であった（USEPA 2006: 36）。このような水銀使用の規制については州政府の役割が大きく，連邦政府レベルでの規制は1996年の水銀含有充電池管理法があるのみであった。例えばニューイングランド地方の州政府が，連邦政府にとっての規制モデルとなるような水銀規制を率先して行ってきたことが大きく寄与したといわれる（USEPA 2006: 37）。

(2) **大気への排出に関する規制**

アメリカの水銀主要排出源は石炭火力発電である。1999年時点で水銀の大気への排出総量年間113 t のうち，石炭火力発電が48 t を占めた（USEPA 2006: 22）。1963年に大気浄化法が制定された当時は，連邦政府の規制権限は弱かったものの，1970年と90年の改正により，連邦政府の権限の拡大が模索された。そして，1970年には大統領権限でEPAが設立された。設立当時のEPAの権限は弱かったが，大気汚染に関する基本法として1990年に大気浄化法が改正され，EPAの権限が強化された。これ以降，EPAは有害大気汚染物質の排出を規制するための包括的な権限を与えられた。すなわち，EPAは大気浄化法を通じ，排出源の特定，排出量の測定，規制立案，規制を通じた人体の健康および環境への影響の測定といった一連の任務を担うようになった（Rallo et al. 2012: 1090）。

したがって，1990年以降，水銀による大気汚染の規制はEPA主導の下で進められてきたといえる。まず，1990年に改正大気浄化法の112条において，

第Ⅲ部　交渉外の要因の検討

石炭燃焼時や石炭ガス化施設から排出される 189 の有害大気汚染物質のうち，水銀および水銀複合物が最も重大な問題であると結論づけられた（Rallo et al. 2012: 1090）。また，クリントン政権の下で 1997 年に公刊された「議会に対する水銀調査報告書」および 1998 年に公刊された発電大気有害性調査（Utility Air Toxic Study）において，EPA は石炭火力ユーティリティ・ボイラーを，アメリカ最大の水銀汚染源と特定した（USEPA 1997, 1998）。このような，水銀に焦点を当てながら大気汚染を規制する動きは，後述するように，他の先進国ではみられなかった。

　アメリカの水銀の大気への排出規制は前進をみせるかのように思われたが，2001 年のブッシュ政権への政権交代を機に，同政策は低迷することとなる。ブッシュ政権期の 2000 年に出された連邦官報において，EPA は，大気浄化法 112 条を用いて石炭火力発電からの水銀排出を規制することが適切かつ必要だとして，前政権の方針を維持する姿勢を示した。しかし，その後ブッシュ政権下で政策決定の政治化は加速し，政策の進展は阻まれた（Rallo et al. 2012: 1090）。例えば，2003 年にブッシュ大統領が提案したクリアスカイズ法案（Clear Skies Bill）は，大気浄化法の改正を通じて既存の排出規制を弱めることをめざすものであった（Vig 2012: 17）。しかし，この改正案の議会での審議が行き詰まると，大気浄化法の改正を行わない代替手段によって，規制を弱めようとする動きがみられた。2004 年には，同じ大気浄化法でも，より緩やかな 111 条を発電所からの水銀排出規制に適用することが提案された（USEPA 2004a, 2004b）。これに沿う形で 2 つの法律の制定，すなわち大気浄化水銀規則（Clean Air Mercury Rule: CAMR）および大気浄化州際規制（Clean Air Interstate Rule: CAIR）が制定された。しかし後述するように，最終的にいずれも司法判決で無効となった。

　まず，2005 年に制定された CAMR は，石炭火力発電からの水銀排出に排出枠を設けて排出削減を行う規則である。これは，従来の大気浄化法で有害大気汚染物質の排出源として特定されているリストから発電所を除外し，発電所からの排出規制には，より緩やかな規制を新たに適用するというものであった。CAMR の立案過程で実施されたパブリックコメントでは，連邦レベルで初めての水銀汚染への対処の試みに意見を反映させようと，発電会社，環境運動団

体，州・市政府が6カ月の間に54万ものコメントを寄せ，これはEPA史上最多を記録したとされる。また同時期の2005年に，CAIRが市場ベースの排出権取引プログラムとして制定された。これは，東部28州において，二酸化硫黄（SO_2），窒素酸化物（NO_x）の排出規制をめざすものであり，そのために設置される排煙脱硝・脱硫装置とCAMRとの相乗効果で，水銀排出が削減されることが期待された（横山 2018: 36）。

一見，これら2つの規則は水銀排出を直接に規制する画期的な政策のように思われるが，実際はそうではなかった。これらの規則は，実質的には，発電・石炭産業が長期間にわたり莫大な量の水銀を排気し続けることを許し，その何十億ドルもの利益を守るものであった[7]。この背景には，ブッシュ政権から政治任用を受けたEPA担当官がEPA内の専門家集団や助言パネルによる勧告を無視し，産業ロビイストによって書かれた文言をそのまま規制に盛り込んだことがあった。すなわち，ブッシュ政権下のEPAの政策決定は客観的な分析や科学的知見に基づくものではなく，産業界の利益を勘案して行われたのである。その結果，EPA内で政策決定にあたって費用便益分析を行う際にも，政策の便益に対して費用が過大評価されることとなった[8]。この時期，EPAは先例のないレベルにまで政治化されたと批判されるが，水銀規制はその渦中にあったといえる[9]。

上述の連邦レベルでのCAMRの制定に伴い，州政府は，CAMRを履行するための独自の州規則を整備した。そして，2007年までには，23の州がCAMRよりも厳格な規則を採用するに至った。その結果，複数の州と機関が，CAMRは水銀規制を弱めるものだとして，連邦控訴裁判所による審議を求めて提訴した。諮問が数回行われた後，2008年に，コロンビア特別区連邦控訴裁判所は，大気浄化法で規制対象となっている排出源リストから発電所を除外することはできないとして，CAMRを無効にした（Rallo et al. 2012: 1090）。

こうした野心的な州は，CAIRにも反対姿勢を示した。排出権取引を採用するにすぎないCAIRは，実質的な削減効果を生まない緩い規制と理解され，排出権を州間で取り引きすることを16の州が禁止・制限するに至った（Rallo et al. 2012: 1090）。CAMRと同じように，複数の州がCAIRを連邦控訴裁判所に提訴した。2008年7月に，コロンビア特別区連邦控訴裁判所は，CAIRが

採用する二酸化硫黄および窒素酸化物を対象とした排出権取引プログラムは，風上の州が風下の州の汚染を助長することを禁止する大気浄化法の規定に明確に違反しているとして，無効判決を下した (USEPA 2008)。しかし，再審理を求める陳述に応じる形で，裁判所は当該規則を無効にはせず差し戻しするにとどめ，EPA が問題点を解決するまでの間は暫定的に効力を生じさせないという決定を行った (Rallo et al. 2012: 1090-1091)。

2009 年には，EPA は CAMR を制定し直すにあたって，連邦控訴裁判所の勧告に沿い，大気浄化法 112 条の下で発電所からの有害大気汚染物質の排出規制を行うことを表明した。これに伴い司法省は，最高裁判所に対しコロンビア特別区連邦控訴裁判所による CAMR の効力停止判決を取り消すよう求めた[10]。また CAIR についても，2010 年に，EPA は裁判所の意向に沿う形で CAIR に代わる規則を整備している旨を報告した[11]。このように，アメリカにおける水銀の大気への排出規制の試みは，紆余曲折を経ながらも，最終的には意味のあるものへと動き出したといえる。

▶アメリカの水銀政策の特徴

EPA が主導するアメリカの環境政策が，行政，議会，産業，政権，司法，州政府から大きく影響を受けることは，水銀政策形成の歴史から明らかであった。しかし，大気浄化法などの基本法が存在することによって，政治的な政策の振れ幅は司法によって制限された。このような，環境政策に積極的な一部の州政府が司法に訴えるという体制は，アメリカの環境政策の一つの特徴といえる。このような州政府の役割の大きさは，製品・製造工程をめぐる水銀政策においても同様にみられた。すなわち，連邦政府レベルの水銀規制は電池に関するものにとどまった一方で，国全体で水銀使用の大幅削減に成功した背景には，州レベルでの積極的な取り組みがあった。

以上をまとめると，アメリカは水俣条約交渉前の時点で，州が率先する形で国内の水銀政策は進んでいた。水銀の大気への排出については，当初の水銀に特化した排出規制の試みは頓挫したが，これは多くの州政府が規制に積極的であることの証左であった。実際に，大気への排出にかかわる上述の 2 つの規則は，修正を経て数年後に施行されるに至った。他方，水俣条約で規制対象から

除外された鉛やカドミウムについては，他の先進国と同様，アメリカにおいても水銀政策ほどには進展していない。というのは，これらの物質はあらゆるインフラ設備に使用されており，未だに規制が困難なためであるという[12]。

2-2 EU

▶ネットワークを通じた政策形成

アメリカとは対照的に，ヨーロッパ諸国では，国家と社会は緊密に連携しているとみなされる。したがって，政策形成において，産業と国家は協同してコンセンサスを作ることが重視されてきた。具体的には，労働者と経営者それぞれの産業頂上団体と政府が三者体制を形成し，その体制内で交渉を行い，政策を作り上げていく。通常，この政策決定手続きは，コーポラティズム体制と呼ばれる（Lehmbruch 1977）。ただし，EUという地域共同体レベルでの政策形成を考えたとき，国家を横断した利益調整が必要になる。したがって，EUの利益表出構造はコーポラティズムとは違った様相を呈する。特に1980年代半ば以降，EUの政策形成過程は，環境政策を含め，しばしば政策ネットワークの概念で説明される（Peterson 1995）[13]。

このような，ネットワークを通じた政策形成が環境分野において1980年代の半ばから顕著になった背景には，2つの流れがあった[14]。第1に，環境政策と他の政策との調整である。そもそも，EUの環境政策の立案においては，欧州委員会の環境総局が排他的な権限を握る（Schön-Quinlivan 2012: 95）。EUは設立当初，経済分野における政策や活動の統合をめざすためのものであって，経済と対極に位置する環境は統合の中心的な課題とはみなされていなかった。したがって，1957年に始まる欧州統合の最初の15年間は，環境にかかわる部局は存在しなかった。1973年に初めて5人から成る環境ユニットが産業総局内に誕生し，81年になってようやく，環境総局として独立した（Schön-Quinlivan 2012: 95）。環境総局は当初，運輸総局や企業総局といった経済関連の他の部局に比べて地位が弱かった。

しかし，1990年代に議論が進んだ環境政策統合（Environmental Policy Integration）を通じて，その権限は徐々に強化されてきた（Schön-Quinlivan 2012: 104）。環境政策統合とは，環境政策の形成と履行の双方において，環境分野以

第Ⅲ部　交渉外の要因の検討

外の事情を考慮し，また逆に，環境分野以外の政策形成においても，環境問題を考慮に入れるというものである（Udo et al. 2011: 116）。まず，1993年に出された第5次環境行動計画（1993-2000年）では，環境政策統合の必要性が初めて強調された（Udo et al. 2011: 116）。そして，政策立案は閉ざされた場で行われるのでなく，すべての社会・経済パートナーと一緒に形成していくべきであるとして，ボトムアップ・アプローチが提唱された。このような環境政策の統合をめざすための法的基盤としては，すでに1986年の単一欧州議定書があった。さらに，1997年のアムステルダム条約では，環境政策統合原則をEUのすべての政策および行動に適用することが法的に求められるようになり，環境総局内に政策統合を扱う特別部門が設けられた（Schön-Quinlivan 2012: 106）。そもそも環境問題は多くの他の問題領域を横断するものであって，他の部局とのこうした法的な調整は必至であった。2010年に環境総局は，環境政策統合が適用されるべき総局として，13の総局を選び出した（Schön-Quinlivan 2012: 106）。このように，環境総局は，他の総局に対して環境面について考慮することの重要性と，それが欧州統合のさらなる進展に資することを説得する役割を担ってきた。すなわち，総局間の政治的調整を通じて環境政策統合を率先することで，環境総局は欧州委員会における自己の権限の強化を図ってきたのである（Schön-Quinlivan 2012: 109）。

　環境政策統合の進展と軌を一にして，あらゆる社会・経済パートナーの政策形成過程への取り込みが進んだ。欧州委員会（Commission）は，農業団体，消費者団体，貿易団体，非政府組織（NGO），企業団体を含む政策領域の社会アクターを政策形成過程に統合し，社会市民団体の代表と会って，協議や情報交換を行うためのフォーラムを設けた（Schön-Quinlivan 2012: 105）。例えば，アデル，ジョーダン，ベンソンは，水銀を含む化学物質規制政策をめぐる政策決定過程の変化について，次のように分析する。1950年代から70年代初めにかけては，化学産業団体が政策形成に強力な影響力をもっており，利益調整は化学産業という単一セクター内で行われていた。しかし，1970年代のグローバル環境運動の盛り上がりを受け，80年代以降は産業団体と環境団体の間でセクターを超えたネットワークが形成され，セクターを横断して利益調整が行われるようになったという（Adelle et al. 2015: 478-483）。

第 7 章　先進国の水銀政策

　ネットワークを通じた政策形成を促進したもう一つの要因が，2002 年に欧州委員会によって採用された影響評価 (Impact Assessment) であった。これは，環境政策に限らず，EU 内のすべての政策に適用され，EU における政策決定過程の改善をめざすものである。従来の EU の環境政策は，EU 内の進歩的な国の政策の寄せ集めであり，拒否権プレーヤーを政治的に取り込むために，これに若干の修正を加えたものにすぎないといわれてきた (Adelle et al. 2012: 212)。したがって，帰結する政策は，基盤となる総合的な計画の伴わないつぎはぎのようなものであり，加盟国は，新たに作られる環境政策の中身を完全には理解していない場合がしばしばであったという (Adelle et al. 2012: 213)。また，その政策決定過程は過度に政治化し，問題解決を顧みない政治的産物として政策が制定されるにすぎないのであるといわれた (Adelle et al. 2012: 215)。

　しかし，1990 年代終わりに，このような政策の非効率性を解決するための「より良い規制 (better regulation)」を求める改革の動きが生まれた。例えば，2000 年には，欧州閣僚理事会が出したリスボン戦略の中に，環境規制を簡略化 (simplify) することが戦略として盛り込まれた。さらに，欧州委員会が2001 年に出したガバナンス白書の中核として，より良い規制の追求が位置づけられた。これらは，2002 年に欧州委員会によって出された環境行動計画 COM (2002) 278 として結実し，その中で，欧州委員会は政策形成過程の質と一貫性の向上をめざすこととされ，標準業務手順 (SOP)，すなわち影響評価が採用されることとなった (Adelle et al. 2012: 213)[15]。

　総局が主導して影響報告書をまとめることが求められるようになり，これによって多くのアクターが政策形成にかかわることとなった。総局は，政策形成において，その政策にかかわる法的・技術的問題をあらかじめ解決する必要があり，そのために国の政策担当者，欧州委員会の専門家，利益集団の代表，外部の専門家などから成るいくつもの作業部会と密に協力することとなった。さらに，公開の形で行われる大規模な協議の場が設けられ，政策の影響を考慮しつつもスムーズな政策決定が行われるようになった (Adelle et al. 2012: 214)。次の作業として，欧州閣僚会議と欧州議会に政策提案を提出する前にも，委員会の中の異なる総局との間で議論がなされ，必要に応じて提案に修正が加えられる (Adelle et al. 2012: 214)。こうして委員会レベルで採用された政策提案は，

179

欧州閣僚会議および欧州議会に送付され，たいていの場合，政策提案は合意に至る (Adelle et al. 2012: 215)。

以上のように，今日のEUの環境政策の形成過程は，多様なアクターの利益を調整することに重点が置かれており，多元主義に近い様相を呈しているように思われる。

▶ EUの水銀政策

今日のEUにおける水銀規制の多くは，2010年に策定された，産業関連の汚染をめぐる包括的な規制である産業排出指令 (IED, 2010/75/EU) によってカバーされている。この規制は，環境技術の進歩とEUの政治的な深化に鑑みて，独立していた既存の7つの指令を統合し，発展させたものである。本書が扱う水銀の大気への排出も製造工程における水銀の利用も，現在ではこのIEDでカバーされている。以下では，IED以前に存在していたIEDとは異なる指令において，2つの項目がどのようにEUで対処されてきたのかを概観する。[16]

(1) 製品・製造工程に関する規制

製造工程に関する水銀使用の規制も，現在では包括的なIEDでカバーされている。それ以前は，塩素アルカリ産業における水銀使用の規制が，個別の指令によって進められてきた。伝統的にヨーロッパの化学産業は，国家と強い結び付きをもっている。EUの前身である欧州経済共同体 (EEC) においても，1950，60年代には化学産業はEEC内で経済的に重要な国際的なセクターであり，化学産業連合は当時の産業総局 DG Ⅲ (Industry)（現在の DG Enterprise and Industry）に対してロビー活動を行っていた。化学産業の中でも，製造工程で水銀を使用する塩素アルカリ産業の連合であるユーロクロー (Euro Chlor) は，域内で特に重要なアクターであった。

まず1970年代には，グローバル環境運動の圧力を受け，重金属による長距離越境汚染や海洋生態系への影響について国際的な取り組みが試みられるようになった。その結果，海洋廃棄に関するオスロ条約や海洋汚染に関するパリ条約といった地域条約が成立した。これに後押しされる形で，欧州共同体 (EC) は水銀に関して初めて立法を行ったが，この時期は，化学産業の経済利益にさほど大きな影響を与えるものではなかった (Adelle et al. 2015: 478)。また1980

年代半ばまで、環境保護を訴える NGO などのアクターが、化学産業における水銀の使用について地域規制を強化しようと試みた。その結果、「塩素アルカリ電気分解工業による水銀排出の上限値及び品質目標に関する 1982 年 3 月 22 日の理事会指令 (Council Directive 82/176/EEC of 22 March 1982 on limit values and quality objectives for mercury discharges by the chlor-alkali electrolysis industry)」の中に、塩素アルカリ産業による水銀排出が規制対象として盛り込まれた。これによって、塩素アルカリ産業は高い規制レベルの下に置かれ、水銀法以外の方法を用いるよう強いられることとなった (Adelle et al. 2015: 478)。

また 1996 年には、統合的な公害の防止と管理を目的とした、統合的汚染防止管理指令 (IPPC 指令、96/61/EC) が導入され、大型工場による公害の防止が図られた。塩素アルカリ産業についても、水銀電解槽を使用する水銀法は利用可能な技術の中で最適なもの (Best Available Technology) ではないとして、規制の対象となった (植月 2011: 6)。しかし、IPPC 指令の制定にあたっては、国内の「適切な」管轄当局 (competent authorities) によって認められた場合に、塩素アルカリ施設における水銀法を許可する特別規定を政治的妥協として認めた。環境アクターが要請していたほどに強力な規制にはならなかったのであり、これは化学産業の影響力の強さを裏づけている (Adelle et al. 2015: 479)。このことは、2004 年時点で塩素アルカリ製造のうち 50％ が依然として水銀法を採用していたことにも表れている (Hontelez 2005: 48)。

他方で、製品における水銀の使用については IE 指令の範疇でない。しかし、電池や自動車、塗料、農薬などの製品における水銀使用は、今日まで一貫して化学物質管理規制の中で取り組まれ、水俣条約の規制レベルを満たす程度にすでに十分に規制がなされてきた (Hontelez 2005: 85)。例えば、1991 年には電池指令が制定され、水銀、カドミウム、鉛などの危険物質を含有する電池の製造や廃棄を規制した。また、2003 年には電気・電子機器を対象とした RoHS 指令 (ローズ指令) が制定され、水銀、鉛、カドミウム、六価クロム、臭素系難燃剤のポリ臭化ビフェニル (PBB)、ポリ臭化ジフェニルエーテル (PBDEs) という 6 物質の使用を原則的に禁止した。この背景には、域内で廃棄される電気・電子機器の大部分が、適正な処理がされずに処分されていることへの懸念があった。また、2006 年には REACH 規則 (化学物質の登録、評価、認可及び制

第Ⅲ部　交渉外の要因の検討

限に関する規則）が制定された。これは，化学物質の安全性や環境影響評価を製造・輸入業者に義務づける，厳格かつ包括的な化学物質規制である。これまで，化学物質の安全性評価は行政や公的機関が実施していたのに対し，REACH 規則では，安全性の実証は「事業者の責任」となった。これに呼応する形で，2007 年には化学物質の安全な管理を任務とする欧州化学物質庁（ECHA）が発足した。[17]

(2) 大気への排出に関する規制

アメリカと同様，EU でも石炭火力発電は全体の水銀排出の半分を占め，EU 最大の水銀排出源となっている。EU では，他の排出源からの水銀排出は減少傾向をみせる一方で，石炭火力発電からの水銀排出は唯一増加傾向にある（Zero Mercury 2005: 38）。実際，EU における水銀対策の包括的な方針をまとめた「水銀戦略」の中でも，石炭火力発電が EU における最大の水銀大気排出源として特定されている（Rallo et al. 2012: 1092）。

水銀の大気への排出に関する規制は，他国と同様に大気質規制の中で取り組まれてきた。主なものは，1996 年の環境大気質枠組み（Air Quality Framework）指令と，2004 年の大気中のヒ素カドミウム，水銀，ニッケル，多環芳香族炭化水素（Polycyclic Aromatic Hydrocarbons: PAHs）に関する大気質枠組み指令の4項目めにあたるもの（Daughter directive〈directive の下に作られる規制〉）である（Rallo et al. 2012: 1092）。石炭火力からの水銀排出については，廃棄物の石炭燃焼を規制する 2000 年の廃棄物焼却に関する指令がある。さらに，水銀のみに特化した規制ではないが，石炭火力発電からの水銀排出の削減を推し進めたものとして，2つの指令がある。1つ目は，農業・産業からの高濃度汚染物質を規制する，2008 年改正の統合的汚染防止管理（Integrated Pollution Prevention and Control: IPPC）指令である。2つ目は，大型発電所からの SO_2，NO_x，煤塵（ばいじん）を規制する 2001 年の大規模燃焼施設指令（The limitation of emissions of certain pollutants into the air from Large Combustion Plants）である。現在，これらの指令はすべて IED として統合されている。

▶ EU の水銀政策の特徴

以上のように EU では，製品における水銀の利用と大気への排出については

強力な対策が進められてきた。製品における水銀使用については，州政府が重要な役割を果たしたアメリカに対して，EU では地域全体で厳格な化学物質規制の中に組み込んで取り組まれてきた。また大気への排出に関しては，水銀に特化した規制はないものの，大気質にかかわるあらゆる指令によってカバーされてきた。また，アメリカに比して EU は気候変動政策に積極的であることをふまえれば，大気汚染物質の除去技術の導入が水銀削減に寄与した部分も多いと考えられる。他方で，製造工程，とりわけ塩素アルカリ産業における水銀の使用については課題もみられる。そもそも経済統合をめざしてきた EU において，化学産業は重要なセクターとして位置づけられてきた。その中でも，とりわけ重要な塩素アルカリ企業であったユーロクローは，EU の水銀を含む化学物質規制政策において絶大な影響力をもってきた。後述するように水銀法が廃止されている日本と違い，ヨーロッパの化学産業では未だに水銀法が製造方法として用いられている理由には，こういった EU 特有の事情がある。

2-3 日 本

▶政府と産業の協力関係

日本の環境政策は伝統的に，ヨーロッパ諸国のコーポラティズム体制のように，政府と企業の強い連携の上に形成されてきたが，1990 年代以降，EU のように多様なアクターが政策形成過程に参加する構図を表面化させるようになった。日本の環境政策の発展は，2 つの意味において，戦後復興と工業化の模索の過程と切り離せない。第 1 に，「日本の奇跡（Japanese miracle）」とも呼ばれる急速な経済成長には，環境問題という代償を伴った。第二次世界大戦後に日本の工業の復興が比較的速やかに進められたことは，世界にとって驚きをもって受け止められた。日本経済は，1955 年頃から石炭から石油へのエネルギー資源の転換を図る重化学工業化を政策として推進したことによって，1973 年の第 1 次石油ショックが発生するまで，年率 10% 前後の高度経済成長を遂げる時代に入った。こうした急成長の背景には，国際経済競争力の強化という国家的目標の下での官民を挙げた総力体制があった。その代償となったのは，工業化がもたらす環境破壊であり，当時，生産効率に関係のない公害対策に資金と人員を投入するといった考えはなかった（宮本 2014: 110-112）。

第Ⅲ部　交渉外の要因の検討

　水俣病を含む四大公害病は，こうした歴史的な文脈の中で発生したのである。例えば，水俣病を誘発した化学工業会社チッソは，水銀を触媒としたプラスチック原料であるアセトアルデヒドの製造において，世界トップの技術力をもっており，日本の新興化学工業をリードする存在であった（橋本 2000: 17; 宮本 2014: 77）。当時，日本の化学工業界とそれを指導する通商産業省（現経済産業省）の最大の課題は，化学製品の貿易自由化に備えて国際競争力を強化することであって，チッソは国家の経済戦力の一翼を担っていた（橋本 2000: 18）。

　第2に，経済政策において日本政府が産業界の利益を最大限に尊重する利益表出構造が，そのまま環境政策の形成過程を規定した点である（宮本 1981: 141-142）。これは，政府と産業界が一丸となって経済成長を模索する過程で確立されたものである。日本の規制に対する考え方は，アメリカとは対照的に政府の市場への介入であり，自民党の一党支配体制の下で政府と産業界とが密接に連携し合うことで経済政策を推し進めた。そのため，規制を目的とする環境政策については，被規制主体である産業界の利益に沿う形でなくては，政府は規制を進めることができないという構図ができていたのである（Schreurs 2003: 252）。

　こうした構図は，水俣病への対応に例証される。水俣病の公式確認が1956年であったのに対し，政府が公式に水俣病を認定したのはその12年も後の1968年であった。その背景には，化学工業界，そして日本の産業政策に占めるチッソの存在が大きかったことによって，政府，通産省，日本化学工業協会，チッソという政・官・業の「癒着(ゆちゃく)」が，水俣病の原因究明の妨害をも通じて，水銀被害への対応を遅らせたと指摘される（橋本 2000: 103; 宮本 2014: 75）。当時の水銀対策の原案を練っていた通産省から経済企画庁に出向していた職員（当時，課長補佐）は，その時の通産省の意向について，次のように証言している。

> 「頑張れ」と言われるんです。「抵抗しろと」と。〔排水を〕止めたほうがいいんじゃないですかね，なんて言うと，「何言ってるんだ。今，止めてみろ。チッソが，これだけの産業が止まったら日本の高度成長はありえない。ストップなんてならんようにせい」と厳しくやられたものね（NHK取材班 1995: 159）。

　また，チッソによる情報の隠蔽(いんぺい)もあった。1959年にチッソ附属病院が行った猫の実験で，チッソによる排水が水俣病をもたらした可能性がきわめて大き

いことが確認されていたにもかかわらず，チッソ上層部の判断で実験は中止され，その実験結果は秘匿された（高峰 2016: 15）。水俣病の公式認定後，1973年3月には，水俣病裁判で患者側が勝利する判決があり，同年7月には，患者とチッソの間で補償協定が締結された。その後も，行政から水俣病と認められなかった被害者が，裁判などで救済を求めて訴訟が続いた。徐々に補償をめぐる解決が進んだが，被害者と政府の間で裁判所の一時金をめぐる和解協議が膠着状態に陥る中，最終的に政府に解決策を働きかけたのは，自民党，社会党，新党さきがけの連立政権下である1995年に，水俣病を戦後未解決の問題として位置づけた社会党であった（高峰 2016: 43）。こうした一連の対応の不手際は，「国策」企業チッソによる水銀汚染をめぐってなすべきことをしなかった行政，政治，司法などの不作為であるとみなされる。[18]さらに皮肉なことに，チッソに原因があることが明らかになった後も，漁民を除く多くの住民は，小さな漁村であった水俣市の大きな経済基盤として町の支配的存在であったチッソの操業継続を求め，少数者の犠牲の上に立つ多数者の暮らしの維持を望んだ（高峰 2016: 15）。このように，産業と政府の結び付きが環境政策のあり方を規定したのである。

▶戦後の環境政策の進展

　日本における戦後の環境政策の進展は，次のようにまとめられる。[19]まず，1960年代半ばまでは，工業化による環境汚染が進む一方で，公害問題には目が向けられなかった。さまざまな公害問題の発生を受けてできた法律にはすべて，その目的として「産業との調和」条項が盛り込まれ，経済の発展と反しない限りで人的健康，環境を保全する趣旨が盛り込まれていた（宮本 1981: 133-134）。そして1960年代半ばから70年代半ばにかけて，深刻化する公害問題に対する市民運動が盛んになった。政策の決定権を握る経済成長派に対し，こうした環境問題への懸念の声を取り込んだのが環境派であった。環境派を構成したのは，一部の自民党議員，環境派の官僚機構，野党勢力である日本社会党，公害被害者団体，環境運動団体，市民団体，革新自治体であった（Broadbent 2002: 300）。教員，郵便局員，公的事務職，鉄道員といった公務員を代表する労働組合が環境派を支持しており，1990年代まで社会党はこれら組織の連合で

ある環境派の利益代表として国会で政府の経済成長への傾斜と環境政策の停滞を非難した。1967年には（旧）公害対策基本法が成立し，そこで初めて「健康がすべてに優先する」という原則が明記された。しかし生活環境の保全については，「経済の健全な発展との調和が図られるようにする」こととされていた（宮本 1981: 134）。さらに1970年の臨時国会（いわゆる公害国会）では，公害対策への政府の姿勢が経済優先であるという疑念を払拭するために，上述の産業界との調和条項はすべての公害関係の法律から削除することが決定された（宮本 1981: 135）。

このように環境政策が政治的に争点化される過程において，1965年頃から80年代終わりまで，通産省の主導の下，行政指導という形で，経済成長を損なわない，産業界の利益に即した環境政策が進められた。具体的には，産業への融資（loans）や環境に配慮した装置の導入にかかわる補助金，研究支援，企業の公害被害者への補償金の提供が行われた（Broadbent 2002: 309）。また国税および地方税といった税制上の優遇措置としては，公害対策費用の経営面での負担を軽減して対策を進めさせるために，公害防止施設やその設置に必要な土地などに対して減税や免税が行われた。この中でとりわけ大きな成果に結び付いたのは，公的な長期低金利資金の提供や技術指導と技術開発の支援策であった[20]。実際，1971年には3000億円であった公害防止投資額は急激な増加をみせ，75年には総額で約9500億円となった。

自己資金比率の低い日本企業にとって，非生産的な公害防止への投資は難しい状況にあったため，民間金融機関は，非生産設備投資である公害防止設備資金融資には消極的であった。公害対策を行う企業のための公的金融機関による融資事業は，民間金融機関の設備投資資金と比較して，償還期間が長期で，金利も1-2%程度低く，企業にとって有利な条件となっていた。しかし公的資金は，公害防止設備から未然公害防止のための生産設備に至るまで，幅広くリスクの大きい融資を対象にし，企業の公害対策への投資促進に成功した。これによって，公害を発生させている中小企業の工場移転，未然公害防止施設の建設譲渡事業，そして産業公害防止施設の設置にかかわる融資事業が行われた。この公的融資が大きな成果を生んだのをみて，民間金融機関も公害関連の融資を積極的に行うという好循環が生まれた。

第7章　先進国の水銀政策

　この時期，政策形成におけるインプットは，政治家，通産官僚と産業界に独占され，環境系のNGOが介入する余地はなかった。1971年には環境庁が発足し，通産省との調整の下に政策形成がなされるようになったものの，後者と比較して前者の権限は弱く，産業界の利益が優先されやすい構図は維持された（Schreurs 2003: 46）。さらに，政策形成が試みられる領域は，大気や水といった病気を誘発することが確認された深刻な産業汚染問題に限られ，有毒廃棄物問題といった長期的な対策を必要とする環境問題は野放しにされたままであった。つまるところ，当時の環境政策は，環境市民運動や訴訟を抑えて選挙戦への影響を防ぐという，政治戦略の一環であったのである。

　その後1990年代から2000年代初頭にかけては，日本は経済不況に陥り，政策の主眼は経済回復に置かれたため，国民も不況を懸念して環境市民運動に消極的になった（Upham 1989）。しかし，この時期には冷戦後の地球環境問題への国際的な協調機運の高まりから影響を受け，日本の環境政策の方向性が抜本的に変化した。政府も産業界も，世界で積極的な役割を担うチャンスを国際環境政策に見出すようになった（Schreurs 2003: 252）。さらに，国際社会や国際環境NGOの圧力を受け，国際環境政策の形成過程にNGOが参加し，政府，産業界，NGOの間で多元的な対話が行われるようになった（Schreurs 2003: 258）。というのは，国際環境交渉の行政能力を確保するためには，多様なアクターの知識を集約しなければならず，また環境面でのリーダーとみなされるためには欧米のようにNGOを活発化させる必要があると認識されたためである（Schreurs 2003: 258）。ただし，国際環境政策も環境省と通産省の調整の上に成り立ち，いずれの省庁がより強い国内連合を形成できるかによって，生まれる政策が環境志向か経済志向かに傾くかが決まるという点は国内環境政策と変わりはなかった（Schreurs 2003: 259）。

　以上のように，日本の環境政策は，伝統的には政府と産業界の強い結び付きの上で形成されてきたが，今日では国際化の影響も相まって，多様なアクターを含んだ，より開かれた決定過程を内包するようになっている。

第Ⅲ部　交渉外の要因の検討

▶日本の水銀政策
(1) 製品・製造工程に関する規制

　塩素アルカリ産業が依然として製造工程における主要な排出源であるアメリカやEUと比して、日本ではすでに1973年に塩素アルカリ産業における水銀法が全面的に禁止された。また、製品における水銀使用の削減も早くから取り組まれてきた。水銀の主な用途は、照明（蛍光灯など）、計測・制御器（体温計、血圧計など）、無機薬品（顔料、試薬など）や電池である。しかし今日では、水銀を使わない体温計や血圧計が普及し、照明器具も蛍光灯から水銀を使用しない発光ダイオード（LED）などへの転換が進んでいる（環境省 2014: 6）。また乾電池についても、1992年に水銀の使用が停止され、水銀電池は95年に生産が停止された。ボタン型電池には唯一微量の水銀が使用されているものの、この水銀は回収されリサイクルされている。水銀スイッチと水銀リレー（継電器）は特殊用途に使用されているものの、国内で製造される自動車には使用されていない（環境省 2014: 6）。また、医薬品、化粧品、農薬への使用は1974年に全面的に禁止されている（環境省 2014: 6）。[21]

　このように、製品と製造工程の双方において水銀使用の削減が大きく進んだのは、2つのレベルでの取り組みによるものであった。第1に、国レベルの規制によるものである。例えば、1967年に制定された公害対策基本法や93年に制定された環境基本法に基づく、環境基準などの目標値設定といった一般的な環境規制が挙げられる。また分野ごとにみると、1970年に制定された水質汚濁防止法、2002年の土壌汚染対策法における水銀排出等規制、68年の大気汚染防止法における有害大気汚染物質対策、70年の廃棄物の処理及び清掃に関する法律による水銀廃棄物の適正処理の確保が挙げられる。[22]このような国レベルの汚染物質の規制の中で、水銀も規制が進んできたのである。

　第2に、より重要なものとして、業界レベル、自治体・行政レベルの取り組みである。製造工程については、業界によって、水銀の代替技術や削減技術の導入、塩素アルカリ工業における水銀を使わない製造工程への転換が行われてきた。また、水銀添加製品については、水銀代替製品への切り替え、無水銀・低水銀製品市場の形成などを業界が率先して行ってきた。さらに、水銀リサイクル・システムの構築も進められた。産業界によって、また地方自治体と住民

の連携を通じて，乾電池や蛍光管などの水銀添加製品の分別収集が行われた。さらに，行政の要請を受け，水銀添加製品メーカーが製品の自主回収をしたり，新たな技術を用いて製品から水銀回収を行ったりしてきた（経済産業省 2014: 5）。

(2) 大気への排出に関する規制

日本の主要な水銀排出源は，セメント製造（5.3 t／年）と並んで鉄鋼製造（4.72 t／年）である。その一方で，EU やアメリカで主要な排出源であった，石炭火力発電や産業用石炭燃焼ボイラーからの排出は，それぞれ 0.83-1.0 t／年と 0.21 t／年となっており，相対的に低くとどまっている[23]。水銀の大気への排出については，基本法に当たる 1968 年の大気汚染防止法では，水銀は規制対象として指定されていない。大気汚染防止法の下で規制対象となっている物質は，煤煙（SOx, 煤塵, NOx），揮発性有機化合物（VOC），粉塵，有害大気汚染物質（HAPs），自動車排出ガスである[24]。しかし，これら有害大気汚染物質の排気削減技術が導入される中で，水銀の排出も大きく低減されてきたといわれる。例えば，水俣条約に関係する国内担保措置の議論に関する事業者へのヒアリングにおいて，日本化学工業協会は次のように発言している。

> ある化学企業の大気環境保全への取組状況ですが，先ほど来，説明しました電気集塵機あるいは脱硝，脱硫といった装置をつけ，かつ運転の管理強化によって，1970 年代，公害問題が起きたところを最優先課題として取り組んで，かなりのレベルまで低減させたというところが内容でございます[25]。

この点について，日本鉄鋼連盟も同じく次のように指摘する。

> 鉄鋼メーカー各社が所有する石炭焚ボイラーなどの施設では，大気汚染防止法などへの対応としまして，早い時期から排ガス対策を行っており，例えば除塵設備などの対策は水銀の排出削減にも寄与すると考えております。したがいまして，我々は先ほど述べたような施設からの水銀の大気排出は現に抑制されていると考えております[26]。

▶ 日本の水銀政策の特徴

日本は，アメリカ，EU と比較しても，製品・製造工程における水銀の使用を早くから禁止し，率先的に政策を進めてきた。また，石炭火力発電からの水銀排出が EU やアメリカで大きな問題となっている一方，日本では当該汚染源

からの排出は大幅に抑えられている。[27] これを可能にしたのは，日本の環境技術であった。日本の政策形成過程の特徴が，政府と産業界の一体性であることに鑑みると，環境政策は産業界からの大きな反対によって阻止されることが予想される。しかし日本の場合には，政府は産業界に補助金などを投じて，速やかに環境技術の導入を後押しした。一見逆説的に思われるが，これは，政府と産業界との間に強固な結び付きがあったゆえに可能になったと考えられる。第二次世界大戦後に政府の全面的な支援を通じて培われた日本の経済力を損なわずに公害問題に対処していくには，やはり政府による全面的な支援が必要であったのである。

2-4　アメリカ，EU，日本の比較

本節における比較分析から，アメリカ，EU，日本の水銀政策は，その重点分野や規制レベルに相違はみられたものの，いずれも水俣条約の成立前にすでに広範な水銀対策を実施していたことがうかがえた。このように，いずれの国でも水銀政策が進展したのは，同様に工業化による環境・健康被害を経験し，有害な化学物質から環境および国民の健康を守るために，同じペースで政策が進展したためであると考えられる。それでは，それぞれの水銀政策を水俣条約で規定された規制内容と照らし合わせた場合に，その規制レベルにはどのような差異があったのであろうか。次節では，水俣条約の成立にアメリカ，EU，日本はどのように対応し，そうした対応は各国の水銀政策にどのような影響を与えたのかを検証する。

3　水俣条約成立後の各国の水銀政策の進化

2013年に水俣条約が採択された後の締結に向けた対応は，アメリカ，EU，日本の間で異なった。アメリカは，水俣条約の履行については既存の国内法で十分に対応可能であるとして，条約を締結するための国内担保措置として，新たな議会立法を行うことはなかった。しかし，条約の交渉・成立と時期を同じ

第7章　先進国の水銀政策

表7-1　アメリカ，EU，日本における3項目の水銀政策比較

		アメリカ	EU	日本
製品・製造工程 (アメリカ，EU，日本ともすでに大部分に対応)	既存	州レベルでの取り組み	産業排出指令 ＊以前は有害化学物質に関するさまざまな指令で対応	環境基本法などの環境法の援用，業界レベルの取り組み
	新規	連邦レベルでの新たな方針	アルコラート製造における水銀使用の規制促進	実態としての規制を明文化
大　気	既存	大気浄化法 ＊大気浄化水銀規則，大気浄化州際規則は頓挫	産業排出指令 ＊以前は有害大気汚染物質に関するさまざまな指令で対応	大気汚染防止法
	新規	水銀に特化した新たな2つの規制を制定	新規の措置なし	大気汚染防止法の改正（水銀の項目を設ける）
国際貿易	既存	なし	なし	なし
	新規	水銀，水銀混合物輸出	水銀，水銀混合物，水銀化合物，水銀添加製品輸出／輸入	水銀，水銀混合物，水銀化合物，水銀添加製品輸出／輸入（水銀化合物の輸入は対象外）

くして，水銀政策は進展をみせた。他方でEUと日本は，水俣条約の締結を直接の目的とした国内担保措置として，条約と国内法の間の規定内容の齟齬を特定し，それを埋めるための追加的な法律を制定した。

このように，アメリカ，EU，日本の間で水俣条約への対応が異なる半面，いずれにも共通していたのは，条約の締結によって，各国の水銀政策がすべての規制項目において，最低限，条約レベルまで押し上げられた点である。本節以下で詳述するように，例えば，アメリカ，EU，日本のいずれも，水銀の国際貿易について何らの規制も策定していなかったが，水俣条約の成立を契機として，新たに法律を制定することになった。また，大気への水銀排出については，すでに政策を有していたEUでは追加的措置はとられなかった。それに対して，アメリカでは連邦レベルでの水銀排出規制が進められ，また日本でも既存法の改正がなされた。さらに，製品・製造工程における水銀使用については，日本では規制が明文化され，またEUではアルコラート製造における水銀規制につながった。そして，アメリカでは具体的な規制は制定されていないものの，

この項目について初めて国の戦略が出され，その中で今後の規制の方向性が示されている。

以下，本節の各項では，水俣条約が各国の水銀政策をどのように，またどの程度後押ししたかを，国ごとに探っていく。まず，条約締結に向けた国内担保措置をめぐるそれぞれの政府の対応について概観した後，本書が焦点を当てる①製品・製造工程における水銀使用，②水銀の大気への排出，③水銀の国際貿易規制の3項目について，各国の国内担保措置の内容を掘り下げる。表7-1は，前節で明らかになった既存の政策（各欄の上部）と，本節で提示する条約に後押しされた新規の政策（各欄の下部）について，国と項目に分けて整理したものである。

3-1 アメリカ

▶既存の政策に基づく条約締結

第3章で述べたように，アメリカはオバマ政権への交代後，条約設置への反対姿勢を一瞬にして翻した。そして，鉛やカドミウムを規制対象から除外することを条件として，水俣条約の設置に大きなリーダーシップを発揮した。その後のアメリカの条約締結過程は，EU，日本に比して特異であった。というのは，EUや日本は，条約締結に向けた国内法整備を行い，議会の承認を経たうえで条約を締結するという手続きをとった。これに対してアメリカは，議会の承認を経ずに，2013年に条約が採択されるとすぐに，どの国よりも早く，署名と締結を行った。ここでいう締結は受諾の形をとり，憲法上の権限に基づいて，大統領の専権で行政協定として結ばれたものである（sole-executive agreement）。この背景には，既存の水銀政策によって，条約の履行は十分に対応可能であって，新たな国内法整備は必要ないという法的根拠があった。したがって，EUや日本と違って，条約締結を目的とした新たな議会立法はなされなかった。その一方で，以下にみるように，条約の成立と前後して，新たな法律や政策指針が制定された。

▶3つの項目に関する規制

(1) 製品・製造工程に関する規制

　製品・製造工程における水銀使用について，2014年にEPAは，水銀添加製品に関する戦略（EPA Strategy to Address Mercury-Containing Product）を出した。そして，水俣条約の履行の一貫として，水銀の生産，製品・製造工程における水銀の使用を削減する方針を表明した（USEPA 2014）。この戦略では，そのための施策が設定された。具体的には，集められた水銀使用の実態に関する情報を分析し，具体的な削減計画を立て，必要に応じて自主的な取り組みと義務的な規制を使い分けながら削減を進めることが示されている。これに伴い2015年には，国内のリサイクル水銀に関する市場の動向や製品・製造工程における水銀使用の実態を把握するため，国内の主要な5つの水銀リサイクル業社に対して情報提供を要請した[28]。

　製品・製造工程における水銀の使用に関する規制はこれまで州レベルで取り組まれてきたため，水銀使用に関するデータは連邦レベルで把握されてこなかった。水俣条約の成立をきっかけとして，データ収集をはじめとする一連の政策が連邦政府レベルで取り組まれることとなった。

(2) 大気への排出に関する規制

　大気については，2009年に法的枠組みとして水俣条約を設置することが決まったのと前後して，水銀規制に関する国内法が制定された。2011年に，水銀の大気への排出を規制するものとしては，発電所からの水銀排出を規制する水銀・他大気有害物質基準（Mercury and Air Toxics Standards: MATS），そして，ボイラーからの水銀排出を規制する，汚染物質最大削減達成可能管理技術（Maximum Achievable Control Technology: MACT）規制が2011年に成立した。また，州レベルの水銀排出規制としては，同年に州横断型大気汚染規制（Cross-State Air Pollution Rule: CSAPR）が成立した。これらの制定後も，一部の条項において，規制対象となる物質や規制基準について，微修正・調整が行われている（最新の動向は，USEPAのウェブサイトを参照されたい〈https://www.epa.gov/mercury〉）。このうちMATSとCSAPRはそれぞれ，第2節で詳述した，無効となったCAMRとCAIRに替わるものである。

　CSAPRは，州際大気浄化規則の無効判決理由であった，風上にあたる州か

ら流れてきた SO_2, オゾン, NOx などの汚染物質が, 風下にある他州に影響を及ぼさないように考慮したものである (日本貿易振興機構 2012: 35-36)。これは, 有害オゾンの発生や粉塵・微粒子公害のもととなる, 他州にも悪影響を及ぼす発電所からの大気汚染物質の削減を, 汚染源のある当該州に義務づけて28の州の間で大気汚染状況の改善をめざすための規制である (日本貿易振興機構 2012: 36)。

また, ボイラーに関して制定されたのが, MACT規制である。このMACT規制は, 有害性大気汚染物質国家排出基準 (NESHAPs) によって規定される規制であり, 有害大気汚染物質に指定される187の物質のうち, 既存または新規のボイラーなどの施設および廃棄物焼却炉から排出される, 水銀や重金属などの有害大気汚染物質が規制対象として想定されている (日本貿易振興機構 2012: 25-26)。[29] EPAは, すでに2004年に工業用ボイラーMACT規制を公布していた。しかし, 汚染対策コストが高額であるとして, 規制対象の産業界や政界, 経済関連機関や団体からの多くの反対や訴訟にあい, 2007年に無効になったという経緯がある。法廷からも規制の見直しを求められた結果, 基準達成にかかるコストを軽減するために改定されたのがこのMACT規制である (日本貿易振興機構 2012: 26)。

MATSは, 2008年に無効となったCAMRに替わるものである。これは, 石炭・石油火力発電由来の水銀汚染にかかわる初めての国レベルの規制基準であり, 発電によって生じる水銀やその他有害な大気物による汚染から人々の健康と生命を守ることを目的とする。[30] 具体的には, これらの有害物質の排出をコントロールする先進的な技術を発電所に導入することを求めるものである。これによって, 例えば, 1年あたり1万7000人の死亡と1万1000人の心臓麻痺を防ぎ, さらに12万人の子どもを喘息から, 1万1000人の子どもを気管支炎から救うことができると見積もられている。このような, 火力発電所からの水銀排出に特化した大気規制は, 日本とEUには存在せず, 野心的な規制として評価される。

なおMATSは, MACT規制の一部であり, 発電所版MACT (Utility MACT) 規制とも呼ばれる (日本貿易振興機構 2012: 33)。アメリカ国内の大気汚染成分である水銀排出量の50%, 酸性ガス排出量の75%, 有毒金属20-26%

が発電所からの排出によるものである。多くの発電所では,水銀,重金属,酸性ガスの排出を抑える技術的対策がとられてきたものの,規制対象の石炭および石油火力発電施設の40％が新型の汚染対策設備を設置していないのが現状である。MATSの施行により,アメリカにある600カ所の発電所が管轄する1400基の石炭および石油火力発電施設が規制の対象となるといわれる（日本貿易振興機構 2012: 30）。第2節の分析と合わせると,すでに1990年に議会が水銀排出に関する基準の設置を求めていたにもかかわらず,これが最終的に実現するまでには10年もかかったことがわかる。[31]

以上をまとめると,当初は頓挫したアメリカにおける水銀の大気への排出規制の試みは,水俣条約設置の動きが弾みとなって,政策へと実現されたといえよう。

(3) 国際貿易に関する規制

水銀の国際貿易については,2008年に,水銀輸出禁止法が成立した。[32]これは,オバマ上院議員（のちの大統領）によって,2007年に水銀輸出禁止法案（S. 906）として提出されたものである。この法律の規制項目は輸出に限られ,規制対象は原則として金属水銀であるが,水銀混合物や水銀の合金も対象に含まれる（廣瀬 2011: 26）。[33]他方で,水銀化合物や水銀を用いた製品（体温計や血圧計など）,歯科用アマルガム,金属スクラップ,廃棄された電気製品,水や土壌中の水銀,産業廃棄物,金属水銀を含む石炭,石炭の燃焼によって生じる副産物等は,規制の対象とはなっていない。ただし,金属水銀を回収して再利用・販売する目的で,これらを輸出する場合などは,規制の対象になるとされる（廣瀬 2011: 26）。

3-2 EU

▶ EU水銀戦略と水俣条約批准パッケージ

EUでは,水銀規制をめぐる国際協調の機運の高まりを受け,2005年に20の対策からなる包括的な水銀戦略として,EU水銀戦略（EU Mercury Strategy）が採択された。これは具体的な法律ではなく,今後の政策の方針として,目標とロードマップ（行程表）を示したものである。EU水銀戦略では,水銀の排出,水銀輸出の禁止,水銀含有製品への規制や工業品製造過程における水銀使

用の制限に焦点が当てられた。実施にあたっては，2008年に水銀輸出禁止に関する規制が制定され，11年までに域内からの水銀の輸出を全面禁止する方針が示された。

また，2013年にEUが水俣条約に署名したことを受け，地域全体で水俣条約の批准と履行を確実に進めていくための第一歩として，欧州委員会は2016年に水俣条約批准パッケージを提案した。この批准パッケージでは，水俣条約の法規は，既存のEU法と重なる部分が多い一方で，水俣条約の批准にあたっては，EU法を一定程度調整する必要があることが示された（European Commission 2016a: 1）。とりわけ，域内の既存の政策では次の6つの点において水俣条約の規制範囲をカバーできておらず，追加的な域内措置が必要とされた（European Commission 2016b）。それは，①水銀の輸入，②特定の水銀添加製品の輸出，③特定の水銀添加製品における水銀使用，④製品および製造過程における新規の水銀使用，⑤小規模金採掘における水銀使用，⑥歯科用アマルガムの水銀使用である。この委員会による提案の原案は，2016年に欧州議会の環境委員会とEU理事会において議論された。そして，欧州委員会を合わせた三者の合同会議において議論を重ねた後，2017年に欧州議会の環境委員会によって，その修正案が採択され，同年3月の議会本会議で決議投票に付された。

▶**複数の政策案の提示**

欧州委員会による水俣条約批准パッケージの提案は，前節で詳述した政策決定過程の一環である影響評価分析の結果をふまえたものであった。まず，水俣条約とEU法で求められる規制レベルの差を調査したうえで，その差を埋めるための複数の政策案が提案された（COWI 2015: 29）。そして，各政策案における社会・経済的費用（影響）と必要な行政・政治的措置，環境への便益，他の条約締約国に対するシグナリング効果など，各政策がもたらす影響が勘案された。これらの影響を反映したスコア（点数）が，規制項目（製造過程における水銀使用，水銀輸出，水銀貯蔵など）ごとに付され，それを合算して，各政策案の影響スコアが算出された。

より具体的には，EU法の調整を必要最低限行ったうえで水俣条約を履行す

る「最低限の履行（Minimal Implementation: MI）シナリオ」と，条約で求められる最低限レベルを超えて履行する「水俣条約を超える（Beyond Minamata Convention: BMC）シナリオ」の2つの政策案が考えられた。これらは，基準となる現行（business as usual）シナリオと比較された（COWI 2015: 105, 118）。そして，スコアをふまえながら各政策案の間で経済，社会，環境，行政の側面における影響が比較・検討された（COWI 2015: 105）。

まず現行シナリオの下では，2005年のEU水銀戦略を履行することも，水俣条約を批准することもできないとされた。このような状況では，EUは，大気・海洋を通じたEU域外からの越境的な水銀汚染にさらされ続け，域内での水銀被害は解決されないと評価された。そして，現行シナリオは非現実的な政策案として位置づけられた。したがって，EUの水銀問題の解決にはグローバルな協調が必要であって，グローバルな水銀排出削減をめざす水俣条約を批准しなければ，他国の批准を阻むことになるとされた。そして，MIシナリオとBMCシナリオが現実的な政策案として示された（COWI 2015: 106）。MIシナリオについては，全体的なコストとして1年あたり300万から9800万ユーロが必要とされ，コストは最小限から中間レベルに抑えられることが示された。他方で，条約の規制レベル以上の措置をとるBMCシナリオについては，健康・環境面における便益が相当程度高まる項目として5項目が特定された。この中には，水銀輸入制限を通じた水銀供給の制限，水銀添加製品の製造および輸出の制限が含まれ，これにかかるコストが試算された。しかしその他の項目については，条約を超えて履行を行うことによって生じる効果はきわめて限定的であり，またコスト試算に関係する十分なデータが得られないという理由から，十分な分析結果は提示されなかった。

また，影響評価分析をベースとしたこの政策提案には，市民協議（Public consultation）を通じて，さまざまなステークホルダーの声が反映された（European Commission 2016a: 51）。まず，2014年にブリュッセルで開催されたワークショップにおいて，EUの加盟国内の当局およびステークホルダー（例えばBASF, Lightening Europe, 欧州電気事業連合〈Eurelectric〉），環境NGO（例えば欧州環境事務局〈European Environmental Bureau〉）の間で影響評価分析をベースとした協議が行われた。この協議の目的は，参加者から意見，データ，情報を得

ることで，影響評価分析において検討された影響の性質，規模，分布について，総体的な理解を深めることであった。また，このワークショップでの発言は，のちに補足として書式コメントの形で提出され，政策インプットとして提案書に加えられた。また，2014年8月14日からの3カ月間，より広範囲な市民協議が，"Your voice in Europe"というインターネット上で行われた。この調査の目的は，水俣条約の締結に伴うEU法の改正に対するステークホルダーの考えについて理解を深めることであった。対象となったのは，市民，政府機関，研究機関，学識者，NGO，コンサルテーション企業，民間企業であった。協議の実施が通知された主要なステークホルダーの中には，例えばユーロクロル，欧州携帯電池協会（EPBA），EEBやNGOなどが含まれた。

▶3つの項目に関する規制

以上のプロセスを経て出された条約批准パッケージでは，3つの項目について，次のように規制することが提案された。

(1) 製品・製造工程に関する規制

製造工程における水銀利用については，塩素アルカリ産業をはじめ基本的に水俣条約のレベルを満たす既存政策が存在した。その一方で，アルコラート製造における水銀利用については該当する規制がなく，これが最も重要な課題であると認識された。アルコラート製造では，EU域外では水銀を使用しない製法が一般となっているが，EUには水銀法を用いる企業が2社あり，水銀利用への対処が優先的課題とされた（COWI 2015: 16-17）。最低限の履行シナリオでは，アルコラート製造における水銀利用を段階的に廃止する場合に，代替製法への切り替えや使用削減に伴うコストとして，年間300万から9800万ユーロが必要であると試算された。他方，アルコラート製造の一部について代替製法が利用可能でない場合には，代替製造プロセスのための技術革新が必要となり，より多くのコストがかかるとされた（COWI 2015: 118）。

また，製品における水銀利用については，既存の政策で十分にカバーされているとして新たな措置はとられなかった。しかし，次に示すように，水銀添加製品の輸出入については，水俣条約批准パッケージの5条において対策が講じられた（European Commission 2016b）。これに加え，将来における新規の水銀添

加製品および製造工程における水銀利用に関しては既存の規定がなく，8条で新たに規定された（European Commission 2016b: 17）。

(2) **大気への排出に関する規制**

水銀の大気への排出に関する追加的な水銀政策の必要性について，EU委員会が行った調査では，現存のIEDでは，唯一，石炭由来の産業用ボイラーが部分的にしかカバーされていないという。それ以外の項目については，水俣条約が規制する大気への排出源はIEDによってすべてカバーされており，追加的措置は必要ないと結論づけられている（COWI 2015: 81-83）。したがって，アメリカのように水銀に特化した石炭火力発電からの排出規制は存在しないが，複数の規制や指令を通じて，引き続き削減が進められることとなった（Rallo et al. 2012: 1091）。

(3) **国際貿易に関する規制**

EU水銀戦略の実施の一環として，2008年の早期段階で制定されていた輸出禁止規則は，追加事項を盛り込んだうえで，16年に出された水俣条約批准パッケージに統合された（European Commission 2016b）。当初の輸出禁止規則では，①金属水銀，水銀化合物および水銀を使用した製品の輸入禁止，②輸出禁止の対象を水銀化合物ならびに水銀添加製品（体温計，気圧計および血圧計など）を含めるかは，今後の検討事項とされた。というのは，これらをめぐっては，規制を広範囲に適用することを支持する欧州議会と，狭い範囲での適用を支持するEU理事会の間で意見の食い違いが生じたためである（植月 2011: 10-13, 21）。

その後，上述の法規制の差に関する調査を通じ，2016年の批准パッケージでは，次のように規制が改められた。まず，水銀，水銀混合物（塩化水銀，酸化水銀，辰砂鉱石），水銀化合物（重量で95％以上の水銀含有量）に関して，3条1項においてその輸出が禁止（prohibit）されている。また，4条1項において，これらを貯蔵および廃棄以外の目的で輸入することを禁止している（European Commission 2016b: 15）。さらに，5条1項では，水銀添加製品（電池，スイッチ・リレー，ランプ類，計測器類）について，輸出と輸入の双方を禁止している（European Commission 2016b: 16）。このように，アメリカでは規制していない輸入や，規制対象となっていない水銀化合物や水銀添加製品を禁止対象として含め

3-3　日　本

▶ **法の改正・制定を通じた国内担保措置**

　日本では，水俣条約の締結にあたって，4つの追加的な国内担保措置がとられた。[34]　第1に，廃棄物処理法政省令改正であり，これは水銀の廃棄（水俣条約11条）について規定する。第2に，大気汚染防止法改正であり，水銀の大気への排出（水俣条約8条）について規定する。第3に，外国為替及び外国貿易法（以下，外為法）による措置であり，水銀の国際貿易規制（水俣条約3条6・8項，4条）について規定する。第4に，水銀による環境の汚染の防止に関する法律（以下，水銀汚染防止法）の制定である。水銀汚染防止法は，水銀添加製品の製造（水俣条約4条）や製造過程における水銀の利用（同5条）を含む，上記以外の水俣条約の規制項目について包括的に規定する。[35]　本書は，水銀の大気への排出，製品・製造における水銀使用，水銀の国際貿易の3つの項目に焦点を絞っていることから，ここでは上の措置のうち，大気汚染防止法改正，水銀汚染防止法，外為法による措置の3つの内容について詳述する。

　日本でもEUと同じく，2014年3月頃から条約締結に向けた国内法整備が動き出した。環境省内に小委員会が設けられ，環境大臣に答申がなされた。[36]　答申に基づき，環境省・経済産業省において法律案の検討が進められた。こうして，水銀全般と大気への排出をそれぞれにカバーする，水俣条約の国内担保法案2案，すなわち「水銀による環境の汚染の防止に関する法律案（閣法第36号）」および「大気汚染防止法の一部を改正する法律案（閣法第37号）」が，2015年3月10日に閣議決定されて，同日に国会に提出された。国会での審議を通じ，5月26日に衆議院本会議において，6月12日に参議院において全会一致で可決された後，両法律案は成立した（衆議院調査局環境調査室 2015: 47）。また，日本による水俣条約の締結をめぐる国会承認についても，「水銀に関する水俣条約の締結について承認を求める件（条約第4号）」が2015年3月10日に閣議決定された。そして，同日に国会に提出された後，衆議院においては5月12日に，参議院においても5月22日に承認され，両院において承認された。

2016年2月2日，水銀に関する水俣条約を受諾する旨の閣議決定が行われ，同日に条約は締結された（衆議院調査局環境調査室 2015: 47）。

先に述べた環境省内に設けられた小委員会を構成する委員は，自然科学と社会科学の双方の学識者，シンクタンク，非営利団体，地方行政機関など，さまざまな分野・組織から広く選出された。このように専門知識を集約することで，水俣条約に対応するための国内担保措置の具体的な内容が議論された。例えば，国内法規の細やかな定義に始まり，技術の利用可能性や技術導入のコスト，規制が業界に与える影響について議論された。

また，開催された3つの委員会の議論は，産業界の要人も参加する形で進められた。[37]事業者からのヒアリングとパブリックコメントの双方では，国内におけるさらなる水銀規制に対する産業界の容認姿勢がみられた。事業者からの声は，規制への反対というよりもむしろ，国内法の規制内容や文言といった細部について，産業界の実態をふまえたうえでの助言や要望が述べられた。例えば，委員会のヒアリングでは，事業者は，その産業における水銀発生メカニズムや，水銀規制装置の利用可能性と限界，市場への影響などについて15分程度説明を行う機会が与えられた。3つの委員会の議事録からは，事業者が業界特有の専門知識や知見を政策にインプットする様子がうかがえる。例えば，日本圧力計温度計工業会は，代替困難な特殊な圧力計については，事業に支障を来さないような規制への配慮を業界の要望として述べた。また日本照明工業会は，蛍光ランプについての条文規制と日本における蛍光ランプの区分を照らし合わせたうえで，水銀を使用した蛍光ランプの輸入が規制から外れてしまうことに懸念を示した。さらに，水銀リサイクル業に携わる野村興産は，水銀の処理・処分方法についての規制が厳しくなることで，これまで日本で取り組まれてきた水銀およびその他金属のリサイクルが滞らないよう，十分に配慮することを求めた。[38]パブリックコメントを通じた意見も，これらヒアリングでの声と同じく，規制への反対姿勢の表明ではなく，専門的知見からの立法整備への助言や配慮の希望であった。

▶3つの項目に関する規制

以上のような政策形成過程を経て，3項目に関する日本の水銀規制は，次の

ように新たに整備または調整されることとなった。

(1) 製品・製造工程に関する規制

製品・製造工程における水銀使用の規制はいずれも，新たに制定された水銀汚染防止法において規定されている[39]。製造工程における水銀使用の禁止については，水銀汚染防止法第5章の19条で定められているものの，現在これらの製造工程が日本で用いられている実態はないという[40]。また水銀添加製品については同法律第4章（5-18条）において定められている。主要な水銀添加製品である酸化銀電池，空気亜鉛電池，スイッチ・リレー，蛍光ランプ，非電気式計測器などに加え，13条から15条にかけては，新用途水銀使用製品（今後新規で水銀などを使用した製品）について規定している。先に述べたように，すでに日本では，自治体レベルの取り組みを通じて，ほぼすべての水銀添加製品が水銀不使用製品にとってかわられてきた。これをふまえると，同法による追加的措置の意義は，製品における水銀使用の規制を明文化したことに加え，今後考えうる新たな水銀用途への規制を盛り込んだ点にあるといえる。

(2) 大気への排出に関する規制

水銀の大気への排出に関して，改正大気汚染防止法では，国民の健康の保護と生活環境の保全という従来の大気汚染防止法の目的に加え，「水銀に関する水俣条約の的確かつ円滑な実施を確保するため工場及び事業場における事業活動に伴う水銀等の排出を規制」することが目的として付け加えられた[41]。これに伴い，排出基準や測定値の評価について，水銀に合わせた枠組みが新たに設定された。規制対象施設は，直接的に水銀排出を行う「水銀排出施設」と，これに比べて水銀排出がやや限定的な「要排出抑制施設」の2つに分けられる[42]。まず水銀排出施設については，水銀排出施設に関する排出基準を遵守することが求められ，その水銀濃度を測定して記録・保存することが義務づけられる。さらに，施設の設置や構造の変更を行う場合には，都道府県知事等に事前の届出が義務づけられる。なお，要排出抑制施設の設置者には，排出抑制のための自主的な取り組みが求められる。すなわち，自ら遵守すべき基準を作成したうえで，水銀濃度の測定・記録・保存を行い，その実施状況と評価を公表することとなっている[43]。

このように，日本は水俣条約の設置を機に，既存法である大気汚染防止法を

改正し，水銀の大気への排出を明示的に規制できるようになった。

(3) 国際貿易に関する規制

水銀に関する国際貿易については，1949年に施行された対外取引の管理・調整を目的とした外為法によって規制されることとなった[44]。規制対象となるのは，水銀，水銀混合物（水銀の合金を含む，水銀の濃度が全重量の 95% 以上），水銀化合物，水銀添加製品，これらの製品を部品として使用する製品の輸出入である。ただし，この中で水銀化合物の輸入は除外されている[45]。そして，規制対象の輸出入にあたっては経済産業大臣の承認を得ることが必要となった[46]。水銀添加製品としては，電池，スイッチおよびリレー，一般照明用のコンパクト形蛍光ランプおよび電球形蛍光ランプ，一般照明用の高圧水銀ランプ，電子ディスプレイ用の冷陰極蛍光ランプおよび外部電極蛍光ランプ，一定の保存剤（防腐剤）化粧品，気圧計，湿度計，温度計，圧力計，血圧計が指定されている。

日本では，アメリカで規制から除外された水銀化合物や水銀添加製品も規制対象となっており，より野心的な EU の規制に近いものとなっている。他方で，水銀化合物の輸入については禁止されていない点では，EU よりも緩い規制にとどまっているといえよう。

3-4 アメリカ，EU，日本の比較

水俣条約の成立をめぐるアメリカ，EU，日本の対応を比較すると，EUと日本は条約締結に向けた国内担保措置をとるために，国内法の策定に動いた。その過程は，ステークホルダーとの間の意見調整を行いながら，行政機構による調査と政策提案を行い，議会による承認を得るというものであった。このような政策形成への多様なステークホルダーの参加は，第1節で示したような，伝統的な企業優位の政策形成からの転換の証左ととらえることができる。このような政策決定過程を通じて，EU と日本では，水俣条約の締結にあたって，3 つの項目に対応するための規定が国内法に追加された。アメリカは，大統領制という統治体制の下で，水俣条約に関しては既存の国内法で対応可能であるという根拠に沿って，通常の議会立法を経ずに大統領権限で条約を締結した。しかしアメリカでも，条約の成立と前後して，3 つの項目をめぐって水銀政策は進展をみせた。

第Ⅲ部　交渉外の要因の検討

　既存の政策による対応に差があることに呼応して，各国の国内担保措置の内容も必然的に異なった。製品・製造工程における水銀利用については，いずれの国でもすでに大幅な利用削減を達成してきた一方で，水俣条約の成立は，規制の明文化と微調整を促進した。アメリカは州レベルで水銀利用の削減に大きな成果を上げてきたが，条約の成立を機に，連邦レベルで利用状況を把握し規制を行うための方針を打ち出した。日本でも，業界や自治体・行政が行ってきた取り組みを国レベルで明文化することにつながった。また，すでにさまざまな指令の下で水銀削減に取り組んできたEUでも，水銀が依然として利用されているアルコラート製造の規制を進めた。さらに日本とEUでは，新規の水銀利用を行う場合の規定が加えられた。

　また，水銀の大気への排出については，アメリカは，産業界の反対によって頓挫していた大気排出規制の制定に弾みをつけ，規制レベルの高い新たな法律を打ち出すことに成功した。日本は，これまで新技術の導入を通じて大気への排出の削減に大きな成果を上げてきた一方で，水銀の項目を加える形で既存の国内法を改正することとなった。他方でEUでは，大気排出規制は既存の法律でカバーされているとして，特に新たな措置はとられなかった。

　最後に水銀の国際貿易については，EUと日本はアメリカに比べて，より積極的な規制を整備した。すなわち，EUは禁止対象に水銀，水銀混合物，水銀化合物および水銀添加製品の輸出入を，日本は水銀化合物の輸出と，水銀，水銀混合物，水銀添加製品の輸出入を含んでいた。他方で，アメリカは，規制対象を水銀と水銀混合物の輸出に限っており，輸入についても規定しなかった。

　以上をまとめると，各国の水銀政策は，水俣条約の成立を機に，異なる政策の進展をみせた。こうした条約への対応の違いは，既存の水銀政策の進展が異なっていること，さらには前節で指摘した政策決定過程のあり方の違いを反映したものであった。

第 7 章　先進国の水銀政策

4 国内政策と条約交渉の連関

　本章の分析から，2つの含意が導出できる。第1に，水俣条約の締結以前に，アメリカ，EU，日本における水銀規制の各項目に関する政策は，すでに大きく進んでいたことが明らかになった。環境政策の形成過程はそれぞれ異なるにもかかわらず，経済成長の負の遺産である公害問題への対処の中で水銀政策がとられてきたという点は共通していた。このように，先進国において水銀政策が進んでいたことが，過去の政策努力を無駄にされまいとする交渉への積極姿勢を導いたと分析できる。途上国が水銀政策に取り組まないならば，大気・海洋の越境汚染を通じ，先進国にまで水銀被害は及ぶ。こうした状況に陥るのを防ぐため，第4章の条約交渉分析で明らかにしたように，先進国は譲歩を通じて，途上国も取り込んだ水俣条約の制度設計に尽力したのである。

　そして，資金供与と並ぶ技術移転に対する先進国の強みも，その積極姿勢に寄与したと考えられる。すなわち，先進国は体温計や電池，照明ランプなどの水銀代替製品や，発電所やボイラーからの水銀排出を抑制する技術を導入してきた。他方で，例えば気候変動問題においては，このような技術の開発は，先進国においても道半ばである。これをふまえれば，水俣条約では，先進国に関係する条約の履行，遵守のためのコストは，比較的小さくとどまったと考えられる。すなわち，すでに水銀政策をとってきた先進国は，自国の資源を途上国の資金供与に回すことに意欲的になれたと考えられる。このような見方は，国際制度に対する国家の主体性を強調するインサイド・アウトの考え方に沿ったものである（Rogowski 1989）。

　第2に，水俣条約は，先進国ですでにとられてきた水銀政策をさらに進展させた。一国の政府は，自国における水銀問題の解決をめざした政策をとりうるが，国際的な水銀問題を包括的に解決するインセンティブはもちえない。これは，アメリカ，EU，日本のいずれの既存政策の中でも，国際貿易に関するものが欠如またはその進展が相対的に遅かったところにうかがえる。すなわち，

第Ⅲ部　交渉外の要因の検討

途上国への水銀輸出がもたらす現地での水銀使用と水銀被害の解決に対しては，インセンティブのない先進国は，自ら単独では対応することが困難であった。また貿易以外の項目についても，水俣条約の成立は，利益団体の反対によって低迷していた先進国が国内で取り組んでいた既存の水銀政策を，間接的に後押しするという機能を果たした。このように，水俣条約の役割とは，水銀問題を「国際的な」問題として位置づけ，国々の政策の管理・連携をめざすことである。これは，国内政策を推進する役割を国際制度に見出すアウトサイド・インの考え方に沿ったものといえる（Keohane and Nye 1977）。

■注
1) ドレズナーは，既存の国内政策が国家の選好を決め，国家間の経済政策の調整（coordination）を規定すると論じる（Drezner 2008: 39）。
2) 同様の見方として，国内の削減費用が交渉国の条約姿勢を規定する一要因であると指摘される（Sprinz and Vaahtoranta 1994）。
3) 同様に複数の国の化学物質規制にかかわる政策を比較したものとしては，次を参照されたい。EU，ドイツ，日本の化学物質政策の違いを政策ネットワークの観点から分析したものとして安達（2015a）が，また日本とEUの化学物質政策の違いを政策形成にかかわる制度構造の違いから説明するものとして早川（2018）がある。さらに，バーゼル条約に対するアメリカとドイツの国内での対応の違いを，規範の調整から説明するものとして，渡邉（2011）がある。なお，化学物質条約の国内実施について論じたものとしては，増沢（2013）や鶴田（2013）を参照されたい。
4) 水銀法の他には，同じく1800年代に開発された隔膜法，1970年代に開発されたイオン交換膜法が存在する。
5) また，水銀に関連する他の法律としては，水銀排出に関する情報の報告を義務づける「緊急計画及び地域の知る権利に関する法律（EPCRA）」，1976年に制定され84年に改正された「資源保護回復法（RCRA）」，74年に制定された「安全飲料水法（SDWA）」，91年に制定された廃棄物の焼却に関する「都市焼却規則（Municipal Incinerator Rules）」がある（EPAのウェブサイト　https://www.epa.gov/mercury/environmental-laws-apply-mercury，2017年4月11日最終アクセス）。
6) "Comment Period on Mercury Emissions to End," *Washington Post*, Jun 29, 2004 (http://www.washingtonpost.com/wp-dyn/articles/A13188-2004Jun28.html?nav=rss_politics/specials/environment，2017年9月23日最終アクセス)
7) "January 2004: EPA Allows Industry Lobbyists to Write Mercury Regulation," *Los Angeles Times*, Mar 16, 2004, (http://www.historycommons.org/timeline.jsp?bush_env_specific_pollutants=bush_env_mercury&timeline=the_bush_administration_s_environmental_record，2017年9月23日最終アクセス）。

第 7 章　先進国の水銀政策

8)　同 6)。
9)　同 7)。
10)　一連の流れは，EPA のウェブサイトを参照 (https://archive.epa.gov/mercuryrule/web/html/，2017 年 4 月 10 日最終アクセス)。
11)　一連の流れは，EPA のウェブサイトを参照 (https://www.epa.gov/sites/production/files/2015-08/documents/cair09_ecm_analyses.pdf，2017 年 10 月 23 日最終アクセス)。
12)　アメリカの化学物質政策に詳しいアマンダ・ザン・ブリティシュ・コロンビア大学助教授へのインタビュー (2017 年 2 月 21 日，マサチューセッツ工科大学)。
13)　EU の化学物質政策の形成過程を政策ネットワークの視座から分析した論稿として，安達 (2015b) がある。
14)　EU における環境政策の決定過程について概観したものとしては，星野 (2009: 153-187) を参照されたい。
15)　具体的には，影響評価は 6 つの手順から構成される。①新たな政策によって解決されるべき問題を特定する。②当該問題に対応する政策目標を定める。③これらの目標を達成するための複数の異なる政策の選択肢を特定する。④各々の選択肢の経済，社会，環境に対する影響を分析する。⑤各々の選択肢のプラスとマイナスの影響を測定する。⑥実施される場合の政策監視・評価の計画をまとめる。そして，このプロセスの結果は，欧州委員会における総局が主導して報告書にまとめ，政策案として，政策決定者である欧州閣僚理事会と欧州議会に提出される。
16)　EU の政策には大きく分けて 3 種類のものが存在する。第 1 に，「規制」は，拘束力のある法的措置である。第 2 に，「指令」は，すべての EU 諸国が達成しなくてはならない目標を掲げた法的措置である。しかし，この目標を達成するための法整備は個別の国に委ねられている。第 3 に，「決定」は，EU 諸国や個別の企業といった対象となるアクターを縛るもので，アクターに直接に効力が及ぶ (https://europa.eu/european-union/eu-law/legal-acts_en#regulations，2017 年 3 月 20 日最終アクセス)。
17)　化粧品における水銀使用については，1976 年の化粧品規制がある。また，農薬や殺虫剤などにおける水銀の使用と販売については，1978 年の植物保護製品規則と 98 年の殺生物性製品規則がある。
18)　高峰武・論説主幹「事件史貫く『不作為』」『熊本日日新聞』2016 年 4 月 30 日付朝刊 3 面。
19)　日本の環境問題および環境政策の歴史の詳細については，宮本 (1981，2014) を参照されたい。
20)　以下，次の段落にかけての企業への融資事業については，環境省によって作成された資料を参照 (https://www.env.go.jp/earth/coop/coop/document/02-apctmj1/02-apctmj1-126.pdf，2019 年 7 月 5 日最終アクセス)。
21)　日本では鉱山からの水銀採掘は行っていないため，使用される水銀は，輸入あるいは国内で回収・リサイクルされたものである。
22)　産業構造審議会製造産業分科会化学物質政策小委員会制度構築 WG　中央環境審議会環境保健部会　水銀に関する水俣条約対応検討小委員会合同会合　報告書 (案) pp. 7 (https://www.meti.go.jp/shingikai/sankoshin/seizo_sangyo/kagaku_busshitsu/s

23) 2010年度水銀大気排出インベントリー（http://www.env.go.jp/air/suigin/2010inventry.pdf，2019年7月5日最終アクセス）。
24) 改正大気汚染防止法（水銀大気排出規制）説明会資料「大気汚染防止法の改正について〜水銀大気排出規制の実施に向けて〜」（http://www.env.go.jp/air/suigin/slide_mercury.pdf，2017年11月16日最終アクセス）。
25) 「水銀大気排出対策小委員会（第2回）議事録」（平成26年7月3日）（http://www.env.go.jp/council/07air-noise/yoshi07-09.html，2017年5月30日最終アクセス）。
26) 「水銀大気排出対策小委員会（第3回）議事録」（平成26年7月9日）（http://www.env.go.jp/council/07air-noise/yoshi07-09.html，2017年5月30日最終アクセス）。
27) 同23)。
28) "EPA News about Mercury, 2008 – Present" https://www.epa.gov/mercury/epa-news-about-mercury-2008-present（2017年9月23日最終アクセス）。
29) 規制対象となるのは，物質一種類を年間10t以上排出する施設または有害大気汚染物質を総合して年間25t以上排出する施設である。
30) 同28)。
31) 同6)。
32) 条文は次のウェブサイトより入手（https://www.gpo.gov/fdsys/pkg/PLAW-110publ414/pdf/PLAW-110publ414.pdf，2017年11月16日最終アクセス）。
33) ただし，水銀混合物や合金における水銀の比率に関しては明示されていない（廣瀬 2011: 26)。
34) また，水・土壌への水銀排出（水俣条約9条），汚染された場所（同12条）については，土壌汚染対策法および水質汚濁防止法でカバーしている。「水銀に関する水俣条約を踏まえた今後の水銀対策——世界の水銀対策をリード」（https://www.env.go.jp/press/uplode/upfile/100686/26422.pdf，2017年11月16日最終アクセス）。
35) 「水銀に関する水俣条約を踏まえた今後の水銀対策——世界の水銀対策をリード」（同上）。
36) 大気への排出対策については環境省大気・騒音振動部会の下に「水銀大気排出対策小委員会」が，水銀廃棄物対策については循環型社会部会の下に「水銀廃棄物適正処理検討専門委員会」が設けられ，それぞれ検討が進められた。水銀の廃棄と大気への排出以外の水銀対策については，環境省と経済産業省の合同会合である「産業構造審議会製造産業分科会化学物質政策小委員会制度構築WGと中央環境審議会環境保健部会水銀に関する水俣条約対応検討小委員会との合同会合」によって検討が進められた。この合同会合の検討を経て，2014年12月22日に「水銀に関する水俣条約を踏まえた今後の水銀対策について（第一次答申）」が中央環境審議会から環境大臣に答申された。また，大気・騒音振動部会の所掌に関係する事項については，2015年1月23日に「水俣条約を踏まえた今後の水銀大気排出対策（答申）」が，循環型社会部会に関係する事項については，同年2月6日に「水銀に関する水俣条約を踏まえた水銀廃棄物対策について（答申）」が，中央環境審議会から環境大臣に答申された（衆議院調査局環境調査室 2015: 47)。
37) まず，「水銀大気排出対策小委員会」では，計9つの事業者（電気事業連合会　電力

中央研究所，セメント協会，日本鉄鋼連盟，全国都市清掃会議，全国産業廃棄物連合会，日本環境衛生施設工業会，日本化学工業協会，日本鉱業協会，日本産業機械工業会）に対してヒアリングが行われた。答申の提出にあたってパブリックコメントの募集が行われ，2014年11月25日から12月24日にかけて40通の意見書が提出された（内訳は，地方公共団体2通，NPO等2通，民間企業6通，業界団体5通，個人25通である）（http://www.env.go.jp/council/07air-noise/y079-08b.html より入手，2017年4月2日最終アクセス）。

また「水銀廃棄物適正処理検討専門委員会」では，水銀回収事業者へのヒアリングとして野村興産が委員会に招聘された。答申の提出にあたって，2014年11月20日から12月19日にかけて行われたパブリックコメントの募集では，41通の意見書（119件の意見）が提出された（内訳は，地方公共団体2通，NPO 2通，民間企業11通，業界団体7通，個人または無記名19通である）（http://www.env.go.jp/council/03recycle/y039-05b.html より入手，2017年4月2日最終アクセス）。

最後に「中央環境審議会環境保健部会水銀に関する水俣条約対応検討小委員会」では，8つの事業所（日本照明工業会，電池工業会，日本圧力計温度計工業会，日本硝子計量器工業協同組合，日本医療機器産業連合会，日本試薬協会，野村興産，日本鉱業協会）に対してヒアリングが行われた。そして，答申に際して2014年11月14日から12月14日にかけてパブリックコメントの募集が行われ，計25通の意見書（71件の意見）が提出された（内訳は，地方公共団体2通，NPO3通，民間企業4通，業界団体4通，個人または無記名12通である）（http://www.env.go.jp/council/05hoken/y0512-05b.html より入手，2017年4月2日最終アクセス）。

38) 中央環境審議会環境保健部会水銀に関する水俣条約対応検討小委員会合同会合（第2回）議事録（http://www.env.go.jp/council/05hoken/y0512-02a.html より入手，2017年4月2日最終アクセス）。なお，本文で紹介した3つの事業者の発言は次のようなものであった。

日本圧力計温度計工業会は，「『業界としての要望』です。代替が困難な高温用ダイヤフラムシール圧力計は，実際の運用に支障を来さないよう配慮いただきたい。これが私どもの要望でございます」と述べた。

また日本照明工業会は次のように要望を述べた。「また，ここには書いていないのですけれども，もう一件お願いしたいことがございまして，現在，条約の和訳が外務省で進められております。条約の附属書のCompact Fluorescent lampの訳について，『コンパクト形蛍光ランプ』と訳されると聞いております。ただ，JISの定義ではコンパクト形蛍光ランプと電球型蛍光ランプというのが明確に区分されているために，この訳にすると電球型蛍光ランプが対象から外れてしまう。当工業会は電球型蛍光ランプも含めるべきだと考えておりましたので，そのように運用する所存でございますけれども，輸入品が規制できなくなる問題が生じるのではないかという懸念をしております」。

また野村興産は，次のように要望を述べた。「『条約担保措置の検討についての要望意見』ということで書いております。条約担保というのは非常に重要ではあるのですけれども，やはり今まで築き上げてきた資源循環が滞ることがないようにしていただきたい。この資源循環というのは何かというのは，今私どもの会社で，非鉄製錬業者

第Ⅲ部　交渉外の要因の検討

さんのほうから水銀を含んだスラッジが来ております。そのスラッジから水銀を抜いたものについてはまだ有用な金属が含まれておりますので、それをまた非鉄業者さんに返しているのですけれども、条約担保によって、水銀を処理・処分すること自体に非常に排出者のほうに負担がかかるとなるとこの資源循環システム自体が滞ることが考えられますので、それについては非常に気をつけていただきたいと思います」。

39) 規定については、「水銀による環境の汚染の防止に関する法律等の概要（説明会資料用スライド）」を参照（http://www.env.go.jp/chemi/tmms/law.html、2017年4月10日最終アクセス）。

40) 「水銀による環境の汚染の防止に関する法律等の概要（説明会資料用スライド）」27ページ（同上）。

41) 『水銀大気排出規制への準備が必要です！（環境省 水・大気環境局大気環境課）』(http://www.env.go.jp/air/suigin/leaflet_mercury.pdf、2017年11月16日最終アクセス）。

42) 水銀排出施設には、石炭火力発電所、産業用石炭燃焼ボイラー、非鉄金属製造施設、廃棄物焼却設備、セメントクリンカー製造設備が含まれる。また、要排出施設については、水銀等の排出量が相当程度多い施設で、排出を抑制することが適当であると判断される施設（製鉄の用に供する焼結炉と製鋼の用に供する電気炉）である。

43) 同41）。

44) 同34）。

45) また水銀化合物については、塩化第一水銀、酸化第二水銀、硫酸第二水銀、硝酸第二水銀、硝酸第二水銀水和物および硫化水銀、辰砂に含有される硫化水銀に限定されている。

46) 経済産業省「特定の水銀、水銀化合物及び水銀使用製品の輸出入管理」(http://www.meti.go.jp/policy/external_economy/trade_control/02_exandim/08_minamata/index.html、2017年11月16日最終アクセス）。

47) 同様の議論として、Baccini and Urpelainen (2014) は、特恵貿易協定（Preferential Trade Agreement）は、途上国において反対勢力が大きい経済分野の改革を後押しするとして、国際制度には国内政策を促進する役割があると主張する。

結　章

水俣条約の現在と展望

　本章では，まず本書の分析によって明らかとなった，三位一体制度が成立する条件について総括する。そして，水俣条約交渉における情報問題と分配問題への対処がもつ意味と理論的な意義について考察し，環境条約とは何か，について筆者の立場を示して本書を締め括る。

1　三位一体制度が成立する鍵

▶三位一体制度が合意に至った因果メカニズム

　本書の問いは，有効性が期待できる一方で内政干渉的な三位一体制度が，なぜ主権国家体系において成立しえたのかであった。そして，本書の分析上の課題は，合意形成がきわめて困難な，多数の国家による複数の争点をめぐる交渉において，問題解決に有効な包括的な制度と国々が政治的に合意可能な制度とが一致する条件を探ることであった。本書は制度デザインを決定する要因として条約交渉に着目し，分析手法として交渉議事録やインタビューをもとにした過程追跡法を用いながら，その交渉過程を分析した。
　第2章で概観したように，制度デザインをめぐる先行研究は，制度の成立要

図結-1　三位一体制度が合意されるまでの因果メカニズム

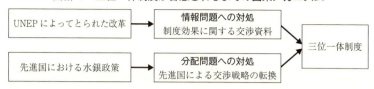

因を交渉国の利益に見出すものの、制度デザインが合意されるまでの交渉過程自体は分析の射程外に置いていた（Koremenos et al. 2001; Mitchell and Keilbach 2001）。また水俣条約に関する先行研究も、交渉過程を表面的に分析するにとどまっており、交渉過程で繰り広げられた取引の具体的なプロセスまでは明らかにしてこなかった（Andresen et al. 2013; Templeton and Kohler 2014）。さらに、条約自体の成立の説明を試みる先行研究の多くは、その成立要因（パワー、利益、共有認識）を交渉過程に見出してきたものの、合意を可能にする要因の性質やその有無が交渉外要因によって規定される可能性については十分に検討してこなかった。

　本書は、分配問題と情報問題に着眼し、交渉外要因を射程に含めることが可能な分析枠組みに基づいて包括的な交渉分析を行った。まず第3、4、5章では、水俣条約の交渉過程を分析し、そのうえでストックホルム条約の交渉過程との比較を行い、三位一体制度の成立を導いた要因を特定した。第6、7章ではこれらの要因を規定した交渉外要因を解明した。これによって、国際機関の情報機能と交渉国の国内政策という交渉外要因が交渉に影響を与えることで、分配問題と情報問題への対処を可能にし、交渉国が包括的な制度デザインである三位一体制度に合意できたことを明らかにした。本書で明らかとなった、三位一体制度が合意されるまでの一連の因果メカニズムは、図結-1にまとめられる。

▶ 他の環境条約への示唆

　本書の分析射程は水俣条約とストックホルム条約に限られるが、交渉における分配問題と情報問題への対処が制度デザインを規定するという知見は、表結-1に示されるように、他の環境条約の制度デザインを理解する際の手がかりとなる。例えば、気候変動問題をめぐって2015年に採択されたパリ協定の

結　章　水俣条約の現在と展望

表結-1　環境条約における分配問題と情報問題への対処

		情報問題への対処	
		○	×
分配問題への対処	○	水俣条約	モントリオール議定書
	×	パリ協定	ストックホルム条約

ように，先進国の政策能力が十分でない場合には，分配問題への対処が困難となり，UNEPを通じた情報問題への対処に成功したとしても，包括的な制度デザインに合意することは難しいであろう。パリ協定は法的枠組みである環境条約の形をとりつつも，排出削減目標の遵守に法的義務をもたせていない特殊なケースといえ，ここに分配問題の深刻さがうかがえる。

　また，モントリオール議定書では，三位一体制度を構成する3つの制度が，時間差はありつつも合意された。モントリオール議定書の交渉時には，独立基金や遵守システムを採用する既存の条約はなく，情報問題には十分に対処できなかった。しかし，アメリカの例外的な意欲の高さと代替技術の市場性の高さが分配問題への対処を可能にした。すなわち，両制度の有効性が全くわからない段階であったにもかかわらず，試験的かつ例外的にこれらを採用するに至ったといえる。[1)]

2　情報問題と分配問題をめぐって

▶ 情報問題への対処と国際機関

　制度がもたらす帰結に関して交渉国が有する知識や情報収集能力には限界がある。しかし，問題解決のために条約を形成する以上，どの制度を選択すればどのように問題解決につながるか，どの制度が将来的に締約国の間でどのような費用・便益配分を生むのかといった制度の効果に関する情報がなくては，交渉国は適切な制度設計を行うことはできない。情報収集のために交渉国が水俣条約交渉で行ったのは，過去から学習することであった。国が直面する制度の

選択は，グローバルかつ専門的な問題をめぐるものであり，国は過去の事例について自ら詳細な情報をもっていない。このように情報が不確実な状況において，専門的な情報の提供者である国際機関が既存の条約からの情報を精査し，交渉国の学習を促進する。本書は，環境条約交渉の新たな側面として，合意形成における制度の効果についての情報の重要性を指摘した。[2]

　もちろん，国際機関が提示しうる情報は，あくまで既存の条約における制度選択が実際に帰結としてどのような効果をもたらしたかであって，目の前の制度選択が将来に生む帰結との間にはギャップがある。しかし，学習を通じて帰結を理解しようと努力することによって制度設計のあり方に違いが生まれることは，ストックホルム条約交渉との比較分析から明らかであった。ただし本書は，制度の有効性を知ることによって，交渉国が自ずと有効な制度に合意できると論ずるのではない。交渉には分配問題という政治的障壁が依然として立ちはだかっている。したがって，制度の効果を知ることで有効な制度に合意できる可能性が高まるというのが本書の主張であることを断っておきたい。

　より具体的には，制度の効果を明確にすることによって，包括的な制度の合意が3つの方面から後押しされることを示した。第1に，最終的に有効な制度に合意するかは別として，交渉において交渉国が制度の有効性について考察する余地が生まれた。すなわち，制度の効果がわかることで，交渉国は費用・便益の観点から自国にとって好ましい選択肢を判別できるようになったと同時に，その選択肢が問題解決において有効かどうかを意識することができたのである。

　第2に，国連環境計画（UNEP）の資料では，制度の効果が複数の具体的なシナリオに基づいて提示された。これによって，交渉国は複数のシナリオをスタート地点として提案することができ，白紙の状態から始まる交渉をいくぶん体系化することができた。これは，複数の争点にまたがる多数国間交渉である海洋法条約の交渉を分析したライファの知見と合致する。彼は，マサチューセッツ工科大学（MIT）の研究グループが提示した科学的証拠に基づく具体的な予測シナリオを交渉国が参照できたことが合意形成の鍵となったと論じる（Raiffa 1982: 275-287）。

　第3に，最も重要なこととして，自国の利益にかなう制度が同時に過去の経験から有効であると裏づけられた交渉国は，その提案の正統性を武器に，自国

結　章　水俣条約の現在と展望

に有利な制度の選択肢を強く主張できた。そして，これが立場が対立する交渉国の交渉戦略の転換を引き出すことにつながった。ただし，最終的に合意形成につなげることができるかどうかは，結局のところ，分配問題に依拠する。

▶分配問題への対処と条約の規制範囲

　三位一体制度をめぐる交渉における分配問題への対処，すなわち最終的な合意形成は，先進国による交渉戦略のさらなる転換によって可能となった。国家の行動をうまく拘束し，問題解決につながることが大きく期待される包括的な制度であっても，交渉国の利益からあまりにもかけ離れていれば，政治的コストが高すぎるために，そもそも譲歩は導き出せないはずである。水俣条約とストックホルム条約の交渉比較分析によって明らかになった，もう一つの点は，分配問題への対処の鍵は既存の国内政策にあるということである。ただし，これは，先行研究が合意形成を規定する要因として国内の政治を論じるのとは異なる。本書が指摘するのは，交渉時点における国家の政策能力であり，これを勘案したうえで，条約の範囲を適切に設定できるかどうかが，分配問題への対処を左右するということである。

　ストックホルム条約と水俣条約の比較分析では，条約の範囲を左右する規制対象物質追加条項の有無が，アメリカそして先進国全体の交渉戦略のあり方の違いをもたらしたことを示した。そもそも交渉国は，条約の規制範囲や拘束性が，自国の現在の国内政策におけるそれからどの程度乖離（かいり）しているかについて強い関心をもつ。条約の規制にあわせて，自国の規制をどの程度調整する必要があるかをコストと認識する（Drezner 2008: 5, 46）。自国がすでにある程度の国内政策をとってきた場合には，追加的な国内規制にコストを払わずに済むため，その分の資金的余剰を途上国への資金供与に向けやすい。また，その政策能力の基盤をもとにして，より内政干渉的な遵守システムの設置にも積極的になれる。このように，政策能力の程度は，交渉戦略の柔軟性を規定する。この点，先進国の既存の政策能力が水俣条約の規制範囲に対して相対的に高かったことは，第7章の国ごとの水銀政策分析から明らかであった。このように，既存の政策能力の程度とは，条約の規制範囲に対して相対的に決まるのであって，その範囲を狭めたり拡げたりと操作することで，分配問題への対処，ひいては

条約制度の合意可能性を高めたり低めたりできるのである。

▶ 国際関係理論からの解釈

先に述べた知見は，国際関係理論からはどのように解釈できるのであろうか。

まず，情報問題への対処と関連して，国際関係理論の中でも制度にかかわる情報の役割を重視するのは，インスティテューショナリズムとコンストラクティヴィズムである。インスティテューショナリズムでは，国の選好は所与であり，そこに情報が作用することで，結果として生じる協調のあり方が変わってくるとされる。コンストラクティヴィズムでは，協調には交渉国の選好や認識の収斂が重要であり，この収斂に寄与するのが情報であるとされる。この立場からは，三位一体制度の設置は適切性の論理から説明されるはずである。すなわち，制度の有効性にかかわる情報を交渉国が入手したことで，水銀問題の解決にあたって三位一体制度を設置するべきであるという規範が交渉国間に形成されたために，当該制度の設置に合意できたという解釈である。

しかし，すでに指摘したように，制度の効果に関する情報は，条約交渉のゆくえを左右したにすぎない。つまり，交渉国は有効な制度を設置することへと選好を変えたわけではない。効率的に条約を運用するために，自国の利益にかなう範囲内で有効な制度を設置しようとしたのであり，むしろ変わったのは交渉戦略ととらえるべきである。これをふまえると，本書の分析知見はコンストラクティヴィズムよりもインスティテューショナリズムに近い立場を示したといえる。

次に，分配問題への対処について考える。三位一体制度の合意が制度の適切性をめぐる交渉国の共有認識によって説明されない以上，コンストラクティヴィズムが強調する分配問題への対処とは異なる。リアリズムの立場からは，大国の利益が反映されたときに協調は可能となり，協調には大国の利益が反映されているはずである。もしくは，大国がリーダーシップをとったときに協調は可能になるはずである。またインスティテューショナリズムでは，協調は交渉国が交渉における取引を通じて互恵的な利益を見出した結果であり，そこにはあらゆる国の利益が反映されているとされる。

利益の観点からは，三位一体制度には，先進国に限らず途上国の利益も反映

されている。すなわち，先進国が支持した遵守システムのみならず途上国の利益となる独立基金も盛り込まれている。そもそもグローバルな規模の環境問題は，一部の国のみが協調しても，協調に参加しない国からの汚染が拡散するため，問題の根本的な解決にはなりえない。三位一体制度が双方の利益を包摂していることは，協調には先進国から途上国まですべての交渉国の利益を反映させて参加を確保することが重要になる，という環境問題の本質が投影されているといえよう。

　大国によるリーダーシップに関しては，第3章で分析した条約の設置をめぐる交渉については，アメリカの譲歩が合意形成につながったことから，アメリカがリーダーシップをとったと解釈することもできる。また，第4章で分析した資金メカニズムと遵守システムをめぐる交渉についても，先進国の交渉戦略の転換が合意形成につながったことから，先進国がリーダーシップをとったと解釈できよう。他方で，アメリカの参加を促すために条約の規制範囲を限定したことは相互利益の創出と理解できる。また，先進国の譲歩が，イシュー・リンケージを通じた相互利益の創出によって可能になった側面も否めない。したがって，リアリズムとインスティテューショナリズムのいずれがよりよい説明を与えられるかは，交渉のどの側面に焦点を当てるかによって変わってくる。

　筆者は，国際関係理論はマクロ理論であり，いずれか一つの国際関係理論によってのみすべての現象が説明されるとは考えていない。国際関係理論の意義は，複雑な現象を理解可能なものにしてくれることにあり，それらの相対的効用は理解の対象となる個々の現象に依存するからである。

3　環境条約とは何か

▶環境条約と環境ガバナンス

　また，第6, 7章の分析からは，環境条約は環境ガバナンスの一つの構成要素であり，グローバル・レベル，国内レベルといった他のガバナンス・レベルと密接に連関しながら展開されていることがわかった。第6章では，水俣条約

交渉が既存の条約からの学習によって特徴づけられたのは，環境条約の形成や運用，UNEP におけるグローバル・レベルの環境ガバナンスの議論と密接に結び付きながら展開されてきたためであることが示された。まず，環境ガバナンスの運営の効率性を模索してきた交渉国からの要請に基づき，水俣条約交渉における効率化がめざされた。そして，環境ガバナンスの効率化をめざす中で 2000 年代に行われた改革によって，UNEP は情報提供者としての権威を強化でき，効率的な水俣条約交渉をとり行うことができた。さらに，個別の環境問題同士の関連を意識しながら環境問題を解決しようとする，持続可能な開発という総合アプローチが台頭した。これによって，個別の環境問題を専門的に解決しようとする環境条約の運用においても，他の環境条約が意識されるようになり，その結果，水俣条約でも他の条約の経験をふまえながら交渉が展開された。

他方で，第 7 章では，既存の国内政策が合意可能な条約の規制レベル・範囲を規定し，今度は逆に条約の規制レベルが国内政策を調整・促進するという，国内政策と環境条約の相互連関を示した。国際条約において，条約の交渉から締結，約束の遵守に至るまで，これらは手続き上，一アクターとしての国家の行動とみなされる。しかし実際には，国家は単独で動くことはできず，国家利益として還元されるさまざまな国内アクターの合意の上で，初めて何らかの行動をとりうる。こうした国内アクターの利益は国内政策に反映されているのであり，国際条約の交渉時の国内政策が，当該国にとって受容可能な国際規制のレベルを規定する (Drezner 2008: 40)。ここにおいて，水俣条約に限らず国際条約は，国家が独自に行ってきた国内政策を前提とするのであって，決して現実とかけ離れた理想を達成するための規制手段ではないといえる。つまり，国際条約に期待される役割とは，短期的には条約の規制レベルに基づき各国の国内政策を収斂させながら，長期的には漸進的に政策を押し上げていくことであるといえる。この知見は，国際制度に対する国家の主体性を強調するインサイド・アウトの考え方に同調しつつも (Rogowski 1989)，国内政策を推し進める役割を国際制度に見出したアウトサイド・インの考え方に沿ったものである (Keohane and Nye 1977)。これは，国内利益に縛られた国家政策に漸進主義を見出す立場と軌を一にする (Linbdlom 1959)。

結　章　水俣条約の現在と展望

▶環境条約に根ざす「政治」

　環境条約交渉が他のレベルのガバナンスの動向によって規定されるという上述の知見は，環境条約とは一体何であるか，を再考する手がかりを与えてくれる。環境条約はガバナンスを構成する他のあらゆる制度の中に「埋め込まれている」。これによって，環境条約の制度デザイン，すなわち環境条約がもちうる機能は，他のグローバル・レベルの制度や国内レベルの制度に制約または促進される。このことは，統治，さらには，より政策的な観点からは，本書が指摘した交渉外要因の操作化を通じて条約交渉を方向づけることができ，ひいては有効な制度デザインが合意される可能性を高めるうることを示唆している。先行研究では，環境条約の成立は交渉のゆくえ次第であるとみなされてきた一方，制度デザインは環境問題の性質に規定されるとみなされてきた。こうした見方に対し本書は，制度デザインは，問題の性質によってあらかじめ定まったものでも，予測不可能な交渉による偶然の産物でもなく，国々の政治的な意思と判断によって有効な制度を「設計」することが可能であることを強調する。

　ただし本書は，交渉国が有効な制度に合意する術を知ったうえで，すべてを計算し尽くして三位一体制度を設計したとは考えていない。

　もちろん，三位一体制度が合意されたのは，交渉国が上述の因果関係を念頭に置き，すべてを計算し尽くして交渉に臨んだからではない。むしろ，水俣条約交渉では，制度の有効性と合意可能性をつなぐ条件は偶然揃ったにすぎない。UNEPの改革が成果を出し始めた頃に水俣条約交渉が開始されたことで，交渉国はUNEPから制度の効果に関する豊富な情報を享受できた。また，水俣条約は1990年代につくられた他の多くの条約に比べて合意時期が遅かったことで，既存の条約におけるよりも多くの経験が蓄積されたことに加え，すでに先進国の水銀政策が熟しているという好条件が揃ったのである。

　しかし，将来的には，戦略的にこうした条件を揃えることで有効な制度の合意をめざすことは可能であるはずである。本書の文脈に即していえば，そのためには次の2つが重要となる。一つは，情報仲介役としてのUNEPの強みを活かし，採用する制度の効果について既存の制度の経験から学習することである。もう一つは，各国の既存の政策と照らし合わせたうえで適切な規制レベルを定めることである。解決がめざされる問題の性質によっては，UNEPによ

る情報収集をこれまでよりも一層強化する必要があるかもしれない。さらには，UNEPに加えてNGOなどの非国家アクターといった，本書では着目しなかった主体に情報提供の役割を担わせるという戦略も十分に考えられる。また，国内政策との関連では，条約を政策能力に合わせるだけでなく，国内政策が熟するまで，あえて条約の形成を待つといった戦略もあろう。

　このように，直面する環境問題の所在を見極めたうえで，条約交渉に及ぼしうる交渉外要因を広く精査しながら，交渉を展開させていくことが，有効な条約を設計する鍵である。一歩下がって考えてみれば，有効な制度設計を行うことは，一見すると当たり前のことのように思われるかもしれない。しかし，環境条約交渉は各国家が抱くさまざまな思惑が交錯する国際政治である以上，出発点となるのは常に政治合理性（合意可能性）なのであり，機能合理性（有効性）への到達には手腕が求められるのである。

　今日の環境ガバナンスの動向をみてみると，世界政府が存在しない国際社会では，国内政治と同じような法による統治は不可能であるようにも思われる。例えば，持続可能な開発目標（SDGs）に象徴されるように，総体的な目標を掲げて具体的な行動は各国の自主性に任せるという，ソフトな統治手法への傾倒がみられる（Abbott 2012a）。こうした傾向は，国家に法的拘束力のある規制を課すハードな統治手法を採用する環境条約においてすら，部分的にみられる。例えば先に述べたように，パリ協定は，国々が約束した削減目標に法的拘束力をもたせておらず，他の環境条約と比較すると法的色彩の薄いものとなっている。こうしたソフトな統治が歓迎される背景には，目標を緩やかなものにとどめることで，環境協調をコストとみる途上国も参加可能な協調枠組みを作ろうというガバナンスの工夫が隠れている。

　他方で本書が示したのは，法的な規制に基づくハードな環境条約も，環境ガバナンスを支える一つの統治形態として，依然として健在しているということである。国際関係学のいうところの「制度」とは，政治的合意というソフトな制度から国際法というハードな制度まで，広くあらゆる制度を含む。ただし，法化が進んだ国際法であっても，その形成過程の政治化は避けられない。水俣条約交渉のように，政治化した交渉をうまく「管理」することで，国際法が重視する法的規律を適用した統治を確保することができる。

結　章　水俣条約の現在と展望

4　水俣条約のゆくえ

　本書の分析射程は，条約の制度デザインであった。水俣条約で実現された制度は，遵守に関する理論と過去の環境条約における実施に鑑みると，有効性を秘めた包括的な制度である。独立基金と遵守システムが同時に成立したことは，モントリオール議定書で実施されたように，両制度は相互補完的に機能し，有効的かつ継続的な資金供与を後押しすることが期待できることを意味する。すなわち，遵守システムを通じて不遵守原因の特定が可能となるため，不遵守の是正にとってより有効になるように，資金供与を行うことができる。先進国は資金供与が有効に行われることを信頼できる限りにおいて，継続的に資金拠出を行うことができる。このように，両制度が合わさることで，有効な遵守確保が期待できるのである。

　ただし，制度デザインはこうした条約運用のあり方を方向づけるものの，詳細な制度運用については条約下で事前に規定されているわけではない。したがって，本書が着目した制度デザインの包括性は，必ずしも水俣条約の有効性を保証するものではない。将来的に水俣条約が締約国の遵守を確保し，ひいては水銀問題の解決を導く有効な条約になりうるかどうかは，ひとえに今後の条約運用にかかっている。とりわけ，モントリオール議定書が採択された1980年代終盤は，環境における国際協調への機運が世界的に最も高まった時期であって，今日の機運の高さと比べると大きな差があると指摘される。例えば，水俣条約下の独立基金SIPは，モントリオール議定書下の独立基金である多国間基金ほどには大規模な資金は集められないだろうという声が聞かれる。こうした制約の中で条約を有効的に実施していくにあたっても，国際機関が重要な役割を担いうるであろう（Chayes et al. 1998: 60-61）。UNEPの改革後に特に条約事務局との連携を強化してきたUNEPは，本書の分析対象であった条約交渉に限らず，条約運用についても知識と技術を蓄積してきた。国家の利益がぶつかり合う主権国家体系において，交渉において政治性と有効性をつなぐ情報仲

221

介者となる国際機関が,条約運用をめぐる国家間協調の鍵となるのではないかと考えられる。

■注
1) 元国連合同監査団の猪又忠徳へのインタビュー(2016年11月25日,東京)。
2) 交渉における情報の重要性とその理論的意義については,同じく水俣条約交渉を分析したUji(2019)も参照されたい。

あとがき

　私たちは今日，貿易，環境，開発，人権といったグローバルな課題に直面している。そこでは，政治と経済の問題が交叉し，また国家だけでなく企業や非政府組織（NGO）といった多くの主体が影響力をもつ。その結果，これらの問題領域において巻き起こる現象は混沌とし，その理解はしばしば困難を極める。筆者が専門とする政治学の一領域，国際政治経済学は，政治と経済の理論を手掛かりとしながら，複雑かつ難解な現象を紐解き，現象を「説明する」ことを可能にしてくれる。こうした学問的営みに興味を抱いたきっかけは，のちの指導教授となる鈴木基史先生による学部講義「国際政治経済分析」であった。現代のグローバルな課題について，新聞記事などでしかふれることのなかった筆者にとって，学問が提供してくれる切り口は斬新に映った。理論というレンズを通じてあらためて現象を眺めると，より多角的に観察でき，違う世界が見えてくるのである。

　こうした学問の魅力に惹かれ，大学院では，小学生の頃から継続して問題意識をもってきた地球環境問題を題材として，研究生活をスタートさせた。しかし，地球環境問題を，政治学からどのように扱うべきかの葛藤が始まった。地球環境問題は，国際関係学，経済学，社会学，環境学といったあらゆる学問領域を横断しており，分析の焦点が政治学から逸脱しやすい。また，常に政策と隣り合わせにある地球環境問題の研究は，容易に事例の羅列や政策提案と化してしまう。大学院や在外研究での学びを通じて，現在では，筆者の役割は，地球環境問題という事例を通じ，政治学一般に当てはまる政治・経済利益の追求主体の行動原則を科学的に明らかにすることであると考えている。博士学位論文がもととなっている本書は，このような考えを念頭に置いて書かれたものであり，水俣条約下の制度の合意形成に対する，筆者の政治学的な説明を本書において示している。他方で，随所に改善の余地は残っており，上記の役割を果たすにはまだまだ力不足であるが，今後の自身への戒めとさせていただきたい。

これまで研究を遂行できたのは，ひとえに周囲の人々とのご縁によるものである。まず，3回生の学部ゼミで，待鳥聡史先生から研究者，教育者としての信念，やり甲斐，そして苦悩を垣間見せていただいたことは，人生の選択において決定的な意味をもった。また，大学院時代には，大きな壁に直面するたびに親身になってアドバイスをくださり，待鳥先生の存在なしに研究生活を切り抜けることはできなかった。大学院では先輩，友人，後輩にも恵まれた。とりわけ，上條諒貴氏からは，研究上での議論を通じ，継続的に多くの刺激をいただいた。また，同じ研究室の土井翔平氏と柳蕙琳氏とは，研究生活において，兄弟姉妹のように互いに励まし合ってきた。さらに，直井恵先生とRobert Falkner先生からの度々の激励には，強く背中を押していただいた。これまでの研究生活を支えてくださった先生や仲間たちに，心から感謝の気持ちをお伝えしたい。

　本書の執筆にあたっては，国内外の多くの先生方からご助言をいただいた。また，政策担当者の方々へのインタビューを通じて，本書が机上の空論とならぬよう，現場の視点を学ばせていただいた。博士学位論文審査に携わってくださった中西寛先生と濱本正太郎先生には，刊行にあたって推敲の方向性をお示しいただいた。山田高敬先生，高村ゆかり先生，増沢陽子先生，三浦聡先生には，国際環境政治，国際環境法，国際関係学の観点から自己の研究を多角的に検討する貴重な機会を与えていただいた。花田昌宣先生，中地重晴先生は，それぞれ途上国における水銀被害の実態と水銀問題をめぐる国際協調が高まった背景についてご教示くださった。熊本日日新聞の高峰武氏，井芹道一氏からは，水俣病と日本の水銀政策の歴史について学ばせていただいた。国外では，Henrink Selin先生，Maria Ivanova先生，Oran Young先生，Ronald Mitchell先生からいただいたコメントが本研究の発展の大きな支えとなった。本書の完成を助けてくださった先生方，政策担当者の方々に，心から御礼を申し上げたい。

　刊行にあたって，編集をご担当くださった有斐閣書籍編集第二部の岩田拓也氏は，堅い学術論文を少しでも多くの読者に届くものとするために，経験の浅い筆者を導いてくださった。また，公益財団法人松下幸之助記念財団（現・公益財団法人松下幸之助記念志財団）からは，本書に対して松下正治記念学術賞と

あとがき

して出版助成金を頂戴した。審査委員の先生方からいただいたコメントは，修正作業において有益であった。そして，本書のカバーをデザインしてくださったデザイナーの Juho Viitasall は，博士論文の執筆においても，友人として筆者を支えてくれた。

このほかにも，多くの方々のお力添えを賜った。ここではすべての方のお名前を挙げることはできないが，記して感謝を申し上げたい。

これまでの筆者の研究生活を最も大きく助けてくれたのは，筆者を生み，育ててくれた両親，孝一と由美子である。筆者が小さい頃から，探求する自由な精神と国際的な価値観を養ってくれた。研究の道に進むわがままを許し，苦悩の連続であった大学院の日々を心配しながらも応援し，温かく見守ってくれた。妹・柚季，弟・孝節の，筆者の悩みを吹き飛ばすような明るさには，いつも心が救われた。常に筆者に寄り添い，ひたむきな愛情を注いでくれた家族への感謝の気持ちは，ここにはとうてい書き尽くせない。

最後に，最大の感謝の言葉を，筆者の研究者としての親である鈴木基史先生にお伝えしたい。4回生の学部ゼミ以来，修士，博士課程の指導教授であった鈴木先生は，右も左もわからないところから，これまで辛抱強く，筆者を政治学者として育ててくださった。頑固な筆者が完全に納得がいくまで，数え切れないほどの議論にお付き合いくださり，そこから学ばせていただいた着眼点は，結晶となって筆者を形作っているといっても過言ではない。

これまで鈴木先生の背中を見ながら歩んできたが，先生の，目の前の現象に純粋な疑問を投げては，既存の知識にとらわれることなく丹念に調べ，また自分自身に挑戦し続ける姿は，出会ったときから今日まで変わっておられない。研究には厳しくひたむきでありながらも，驚くほどに楽観的すぎるような一面があるのも，幅の広い研究者たる秘訣なのかもしれない。また，厳かな表情の裏にある，教育への熱意や門下生，院生，学部生への愛情には，今も驚かされるばかりである。学部時代の講義をきっかけに，筆者に研究・教育という人生の生き甲斐を与えてくださった鈴木先生に，本書を捧げたい。

2019年7月

宇治 梓紗

引用・参考文献

◆ 外国語文献

Abbott, K. W. 2012a, "Engaging the Public and the Private in Global Sustainability Governance," *International Affairs*, 88 (3): 543-564.

Abbott, K. W. 2012b, "The Transnational Regime Complex for Climate Change, Government and Policy," *Environment and Planning*, C30 (4): 571-590.

Abbott, K. W., and D. Snidal 1998, "Why States Act through Formal International Organizations," *Journal of Conflict Resolution*, 42 (1): 3-32.

Abbott, K. W. and D. Snidal 2000, "Hard and Soft Law in International Governance," *International Organization* 54 (3): 421-456.

Adelle, C., A. Jordan, and J. Turnpenny 2012, "Policy Making," In A. Jordan, and C. Adelle eds., *Environmental Policy in the EU: Actors, Institutions and Processes*, 3rd edition, Routledge, 209-226.

Adelle, C., A. Jordan, and D. Benson 2015, "The Role of Policy Networks in the Coordination of the European Union's Economic and Environmental Interests: The case of EU Mercury Policy," *Journal of European Integration*, 37 (4): 471-489.

Ahlgren, C. 2014, "Future Challenges to the Stockholm Convention on Persistent Organic Pollutants," Environmental Science, Bachelor Thesis 15 hp, Lund University.

Andonova, L. B., and R. B. Mitchell 2010, "The Rescaling of Global Environmental Politics," *Annual Review of Environment and Resources*, 35 (1).

Andresen, S., K. Rosendal, and J. B. Skjærseth 2013, "Why Negotiate a Legally Binding Mercury Convention?," *International Environmental Agreements: Politics, Law and Economics*, 13 (4): 425-440.

Axelrod, R., and R. O. Keohane 1985, "Achieving Cooperation Under Anarchy: Strategies and Institutions, *World Politics*, 38 (1), 226-254.

Baccini, L. and J. Urpelainen 2014, "International Institutions and Domestic Politics: Can Preferential Trading Agreements Help Leaders Promote Economic Reform?," *The Journal of Politics*, 76 (1): 195-214.

Bäckstrand, K. 2000, "What Can Nature Withstand? Science, Politics and Discourses in Trans-boundary Air Pollution Diplomacy," *Lund: Lund Political Studies*, 116.

Bacon, T. C. 1975, "The Role of The United Nations Environment Program (UNEP) in the Development of International Environmental Law," *Canadian Yearbook of Inter-*

national Law, 12: 255-266.

Bang, G. 2011, "Signed but Not Ratified: Limits to U.S. Participation in International Environmental Agreements," *Review of Policy Research*, 28 (1): 65-81.

Barrett, S. 2003, *Environment and Statecraft: the Strategy of Environmental Treaty-making*, Oxford University Press.

Bauer, S. 2009, "The Secretariat of the United Nations Environment Programme: Tangled up in Blue," In F. Biermann, and B. Siebenhüner eds., *Managers of Global Change: The Influence of International Environmental Bureaucracies*, MIT Press.

Bellanger, M., C. Pichery, D. Aerts, M. Berglund, et al. 2013, "Economic Benefits of Methylmercury Exposure Control in Europe: Monetary Value of Neurotoxicity Prevention," *Environmental Health*, 12 (3).

Birnie, P. W. and A. E. Boyle 1992, "International Law and the Environment," In P. H. Sand ed., *The Effectiveness of International Environmental Agreements*, Oxford University Press.

Blum, J. D., B. N. Popp, J. C. Drazen, C. A. Choy, and M. W. Johnson. 2013, "Methylmercury production below the mixed layer in the North Pacific Ovean," *Nature Geoscience*, 6: 879-884.

Bodansky, D. 1999, "The Legitimacy of International Governance: A Coming Challenge for International Environmental Law?," *American Journal of International Law*, 93 (3): 596-624.

Bodansky, D. 2003, "Climate Commitments-Assessing the Options," In E. Aldy et al., ed., *Beyond Kyoto: Advancing the International Effort against Climate Change*, Pew Center on Global Climate Change.

Böhmelt, T., and G. Spilker 2016, "The Interaction of International Institutions from a Social Network Perspective," *International Environmental Agreements: Politics, Law and Economics*, 16 (1): 67-89.

Broadbent, J. 2002, "Japan's Environmental Regime: The Political Dynamics of Change, In U. Desai ed., *Environmental Politics and Policy in Industrialized Countries*, MIT Press.

Brunnée, J. 2006, "Enforcement Mechanisms in International Law and International Environmental Law," In U. Beyerlin, P.-T. Stoll and R. Wolfrum eds., *Ensuring Compliance with Multilateral Environmental Agreements: A Dialogue between Practitioners and Academia*, Brill.

Bulkeley, H. et al. 2012, "Governing Climate Change Transnationally: Assessing the Evidence from a Database of Sixty Initiatives," *Environment and Planning C: Government and Policy*, 30 (4): 591-612.

Carruthers, Cam ed. 2007, *Multilateral Environmental Agreement: Negotiator's Handbook*, 2nd ed., University of Joensuu Department of Law, Joensuu.

Chayes, A. and A. H. Chayes 1995, *The New Sovereignty: Compliance with International Regulatory Agreements*, Harvard University Press（宮野洋一監訳 2018『国際法遵守の管理モデル──新しい主権のあり方』中央大学出版部）.

Chayes, A., A. H. Chayes, and R. B. Mitchell 1998, "Managing Compliance: A Comparative Perspective," In E. B. Weiss, and H. K. Jacobson eds., *Engaging Countries: Strengthening Compliance with International Environmental Accords*, MIT Press.

COWI 2015, "Study on EU Implementation of the Minamata Convention on Mercury Final Report"（http://ec.europa.eu/environment/chemicals/mercury/pdf/MinamataConventionImplementationFinal.pdf　2017年5月30日最終アクセス）.

De Chazournes, L. B. 2006, "Technical and Financial Assistance and Compliance: The Interplay," In U. Beyerlin, P.-T. Stoll and R. Wolfrum eds., *Ensuring Compliance with Multilateral Environmental Agreements: Dialogue between Practitioners and Academia*, Brill.

Desai, B. H. 2006, "UNEP: A Global Environmental Authority," *Environmental Policy and Law*, 36/ 3-4: 137-157.

DeSombre E. R. 2000, *Domestic Sources of International Environmental Policy: Industry, Environmentalists, and U.S. Power*, MIT Press.

DeSombre, E. R. 2010, "The United States and Global Environmental Politics: Domestic Sources of US Unilateralism," In R. Axelrod and S. Vandeveer eds., *The Global Environment: Institutions, Law, and Policy*, 3rd ed., CQ Press.

Ditz, D., B. Tuncak, and G. Wiser 2011, "US Law and the Stockholm POPs Convention: Analysis of Treaty-Implementing Provisions in Pending Legislation," *Center for International Environmental Law*（CIEL）, available at http://www.ciel.org/Publications/US_Law_and_Stockholm_POPs.pdf.

Dorn, A. W. and A. Fulton 1997, "Securing Compliance with Disarmament Treaties: Carrots, Sticks, and the Case of North Korea," *Global Governance*, 3: 17-40.

Downs, G. W., D. M. Rocke, and P. N. Barsoom 1996, "Is the Good News about Compliance Good News about Cooperation?," *International Organization*, 50 (3): 379-406.

Downie, D. L. 1995, "UNEP and the Montreal Protocol," In R. V. Bartlett et al. eds., *International Organizations and Environmental Policy*, Greenwood Press.

Drezner, D. W. 2008, *All Politics is Global: Explaining International Regulatory Regimes*, Princeton University Press.

Eriksen, H. H., and F. X. Perrez 2014, "The Minamata Convention: A Comprehensive Response to a Global Problem," *Review of European, Comparative & International*

Environmental Law, 23 (2), 195-210.

Fairman, D. 1996, "The Global Environment Facility: Haunted by the Shadow of the Future," In R. Keohane and M. Levy eds., *Institutions for Environmental Aid: Pitfalls and Promise*, MIT Press.

Faure, M. G. and J. Lefevere 2014, "Compliance with Global Environmental Policy: Climate Change and Ozone Layer Cases," In R. S. Axelrod, and S. D. VanDeveer eds., *The Global Environment: Institutions, Law, and Policy: Institutions, Law, and Policy*, CQ Press.

Fiorino, D. J. 2012, "Environmental Bureaucracies: The Environmental Protection Agency" In M. E. Kraft and S. Kamieniecki eds., *The Oxford Handbook of U.S. Environmental Policy*, Oxford University Press.

Fisher, R., W. L. Ury, and B. Patton 1981, *Getting to Yes: Negotiating Agreement without Giving in*, Penguin Books（金山宣夫・浅井和子訳 1998『ハーバード流交渉術〔新版〕』TBSブリタニカ）.

Franck, T. M. 1990, *The Power of Legitimacy among Nations*, Oxford University Press on Demand.

Fuller, P. and T. O. McGarity 2003, "Beyond the Dirty Dozen: The Bush Administration's Cautious Approach to Listing New Persistent Organic Pollutants and the Future of the Stockholm Convention," *William & Mary Environmental Law and Policy Review*, 28 (1): 1-34.

Gray, M. A. 1990, "The United Nations Environment Programme: An Assessment," *Environmental Law*, 20 (2): 291-319.

Haas, P. M. 1990, *Saving the Mediterranean: The Politics of International Environmental Cooperation*, Columbia University Press.

Haas, P. M., R. O. Keohane., and M. A. Levy eds. 1993, *Institutions for the Earth: Sources of Effective International Environmental Protection*, MIT Press.

Hagen, P. E. and M. P. Walls 2005, "The Stockholm Convention on Persistent Organic Pollutants," *Natural Resources and Environment*, 19 (4): 49-52.

Harrison, K., and L. M. Sundstrom 2007, "The Comparative Politics of Climate Change," *Global Environmental Politics*, 7 (4): 1-18.

Head, J. W. 1978, "The Challenge of International Environmental Management: A Critique of the United Nations Environment Programme," *Virginia Journal of International Law*, 18: 269-288.

Hoffmann, M. J. 2011, *Climate Governance at the Crossroads: Experimenting with a Global Response after Kyoto*, Oxford University Press.

Ivanova, M. 2007, "Designing the United Nations Environment Programme: A Story of

Compromise and Confrontation," *International Environmental Agreements: Politics, Law and Economics*, 7 (4): 337-361.

Jasanoff, S., and L. M. Martello eds. 2004, *Earthly Politics: Local and Global in Environmental Governance*, MIT Press.

Keohane, R. O. 1986, "Reciprocity in International Relations," *International Organization*, 40 (1): 1-27.

Keohane, R. O. 1984, *After Hegemony: Cooperation and Discord in the World Political Economy*, Princeton University Press (石黒馨・小林誠訳 1998『覇権後の国際政治経済学』晃洋書房).

Keohane, R. O. 1988, "International Institutions: Two Approaches," *International Studies Quarterly*, 32 (4): 379-396.

Keohane, R. O., and J. S. Nye 1977, *Power and Interdependence: World Politics in Transition*, Little Brown (滝田賢治監訳 2012『パワーと相互依存』ミネルヴァ書房).

Kohler, P. M., and M. Ashton 2010, "Paying for POPs: Negotiating the Implementation of the Stockholm Convention in Developing Countries," *International Negotiation*, 15 (3): 459-484.

Koremenos, B., C. Lipson, and D. Snidal 2001, "The Rational Design of International Institutions," *International Organization*, 55 (4): 761-799.

Kraft, M. E. 2002, "Environmental Policy and Politics in the United States: Toward Environmental Sustainability?," In U. Desai ed., *Environmental Politics and Policy in Industrialized Countries*, MIT Press.

Krasner, S. D. 1982, "Structural Causes and Regime Consequences: Regimes as Intervening Variables," *International Organization*, 36 (2): 185-205.

Latham, E. 1952, "The Group Basis of Politics: Notes for a Theory," *American Political Science Review*, 46 (2): 376-397.

Lehmbruch, G. 1977, "Liberal Corporatism and Party Government," *Comparative Political Studies*, 10 (1): 91-126.

Lindblom, C. E. 1959, "The Science of "Muddling Through"," *Public Administration Review*: 79-88.

Litfin K. T. 1994, *Ozone Discourses: Science and Politics in Global Environmental Cooperation*, Columbia University Press.

Marcoux, C., C. Peeters, and M. J. Tierney 2011, "Principles or Principals? Institutional Reform and Aid Allocation in the Global Environment Facility (GEF)," In *Political Economy of International Organizations Conference*.

McCormick J. 1999, The Role of Environmental NGOs in International Regimes, In N. J.

Vig., and R. S. Axelrod eds., *The Global Environment: Institutions, Law, and Policy*, CQ Press.

Mitchell, R. B. 1994, *Intentional Oil Pollution at Sea: Environmental Policy and Treaty Compliance*, MIT Press.

Mitchell, R. B., and P. M. Keilbach 2001, "Situation Structure and Institutional Design: Reciprocity, Coercion, and Exchange," *International Organization*, 55 (4): 891-917.

Moe, T. M. 1985, "The Politicized Presidency," In J. E. Chubb and P. E. Peterson eds., *The New Direction in American Politics*, Brookings Institution Press.

Morrow, J. D. 1994, "Modeling the Forms of International Cooperation: Distribution versus Information," *International Organization*, 48 (3): 387-423.

Najam, A., M. Papa, and N. Taiyab 2006, *Global Environmental Governance, A Reform Agenda*, International Institute for Sustainable Development.

North, D. C. 1990, *Institutions, Institutional Change and Economic Performance*, Cambridge University Press.

O'Leary, R. 1993, *Environmental Change: Federal Courts and the EPA*, Temple University Press.

Olson, M. 1965, *The Logic of Collective Action: Public Goods and the Theory of Groups*, Harvard University Press(依田博・森脇俊雅訳 1983『集合行為論——公共財と集団理論』ミネルヴァ書房).

O'neill, K. 2009, *The Environment and International Relations*, Cambridge University Press.

Ovodenko, A., and R. O. Keohane 2012, "Institutional Diffusion in International Environmental Affairs," *International Affairs*, 88 (3): 523-541.

Peterson, J. 1995, "Policy Networks and European Union Policy Making: A Reply to Kassim," *West European Politics*, 18 (2): 389-407.

Petsonk, C. A. 1990, "The Role of the United Nations Environment Programme (UNEP) in the Development of International Environmental Law," *American University International Law Review*, 5 (2): 351-391.

Putnam, R. D. 1988, "Diplomacy and Domestic Politics: The Logic of Two-level Games," *International Organization*, 42 (3) 427-460.

Raiffa, H. 1982, *The Art and Science of Negotiation*, Belknap Press of Harvard University Press.

Rallo, M., M. A. Lopez-Anton, M. L. Contreras, and M. M. Maroto-Valer 2012, "Mercury Policy and Regulations for Coal-Fired Power Plants," *Environmental Science and Pollution Research*, 19 (4): 1084-1096.

Raustiala K. 1997, "States, NGOs, and International Environmental Institutions," *Inter-

national Studies Quarterly, 41 (4): 719-740.
Raustiala, K. 2000, "Compliance and Effectiveness in International Regulatory Cooperation," *Case Western Reserve Journal of International Law*, 32 (3): 387-440.
Raustiala, K. 2001, *Reporting and Review Institutions in 10 Selected Multilateral Environmental Agreements*, UNEP, Nairobi.
Raustiala K. 2005, "Form and Substance in International Agreements," *The American Journal of International Law*, 99 (3): 581-614.
Rogowski, R. 1989, *Commerce and Coalitions: How Trade Affects Domestic Political Alignments*, Princeton University Press.
Romano, C. P. R. 2012, "International Dispute Settlement," In D. Bodansky et al. eds, *The Oxford Handbook of International Environmental Law*, Oxford Handbooks Online.
Rosenau, J. N., and E. -O. Czempiel eds. 1992, *Governance without Government: Order and Change in World Politics*, Cambridge University Press.
Rouassant, C. H. and P. Maurer 2007, *Informal Consultative Process on the Institutional Framework for the United Nations' Environmental Activities: Co-Chairs' Options Paper*.
Sandford R. 1996, "International Environmental Treaty Secretariats: A Case of Neglected Potential?," *Environmental Impact Assessment Review*, 16 (1): 3-12.
Schafer, K. 2002, "Ratifying Global Toxics Treaties: The US Must Provide Leadership," *SAIS Review*, 22 (1): 169-176.
Scheberle, D. 2012, "Environmental Federalism and the Role of State and Local Governments," In M. E. Kraft and S. Kamieniecki eds., *The Oxford Handbook of U.S. Environmental Policy*, Oxford University Press.
Schön-Quinlivan, E. 2012, "The European Commission," In A. J. Jordan, and C. Adelle eds., *Environmental Policy in the EU: Actors, Institutions, and Processes*, 3rd edition, Routledge.
Schreurs, M. A., and E. Economy eds. 1997, *The Internationalization of Environmental Protection*, Cambridge University Press.
Schreurs, M. A. 2003, *Environmental Politics in Japan, Germany, and the United States*, Cambridge University Press（長尾伸一・長岡延孝訳 2007『地球環境問題の比較政治学——日本・ドイツ・アメリカ』岩波書店）.
Schroeder, H., L. A. King, and S. Tay 2008, "Contributing to the Science-Policy Interface: Policy Relevance of Findings on the Institutional Dimensions of Global Environmental Change," In O. R. Young, L. A. King, and H. Schroeder eds., *Institutions and Environmental Challenges: Principal Findings, Applications, and Research Frontiers*,

MIT Press.

Selin, N. E., and H. Selin 2006, "Global Politics of Mercury Pollution: The Need for Multi-Scale Governance," *Review of European Community and International Environmental Law*, 15 (3): 258-269.

Selin, H. 2014, "Global Environmental Law and Treaty-Making on Hazardous Substances: The Minamata Convention and Mercury Abatement," *Global Environmental Politics*, 14 (1): 1-19.

Simon, H. A. 1997, *Administrative Behavior: A Study of Decision-Making Processes in Administrative Organizations*, 4 th ed., Fee Press.

Simon, N. and S. Dröge 2012, "Rio 2012 and Reform of International Environmental Governance," In B. Kofler, and N. Netzer eds., *On the Road to Sustainable Development: How to Reconcile Climate Protection and Economic Growth*, International Policy Analysis.

Sippl, K., and H. Selin 2012, "Global Policy for Local Livelihoods: Phasing out Mercury in Artisanal and Small-Scale Gold Mining," *Environment: Science and Policy for Sustainable Development*, 54 (3): 18-29.

Skodvin, T., and S. Andresen 2006, "Leadership Revisited," *Global Environmental Politics*, 6 (3): 13-27.

Sloss, L. 2012, *Legislation, Standards and Methods for Mercury Emissions Control*. CCC/195, IEA Clean Coal Centre: 1-43.

Sprinz, D., and T. Vaahtoranta 1994, "The Interest-Based Explanation of International Environmental Policy," *International Organization*, 48 (1): 77-105.

Stanley, J. 2012, UNEP The First 40 Years: A Narrative. UNEP.

Stokes, L. C., A. Giang, and N. E. Selin 2016, "Splitting the South: Explaining China and India's Divergence in International Environmental Negotiations," *Global Environmental Politics*, 16 (4): 12-31.

Streck, C. 2001, "The Global Environment Facility: A Role Model for International Governance?," *Global Environmental Politics*, 1 (2): 71-94.

Tallberg, J. 2002, "Paths to Compliance: Enforcement, Management, and the European Union," *International Organization*, 56 (3): 609-643.

Templeton, J., and P. Kohler 2014, "Implementation and Compliance under the Minamata Convention on Mercury," *Review of European, Comparative & International Environmental Law*, 23 (2): 211-220.

Thompson, A. 2010, "Rational Design in Motion: Uncertainty and Flexibility in the Global Climate Regime," *European journal of International Relations*, 16 (2): 269-296.

Toxics Link 2014, *Mercury Free India: Right Choices*, Downloaded from http://www.

toxicslink.org/docs/Mercury-Free-India.pdf

Tollison, R. D., and T. D. Willett 1979, "An Economic Theory of Mutually Advantageous Issue Linkages in International Negotiations," *International Organization*, 33 (4): 425-449.

Trasande, L., P. J. Landrigan, and C. Schechter 2005, "Public Health and Economic Consequences of Methyl Mercury Toxicity to the Developing Brain," *Environmental Health Perspectives*, 113 (5): 590-596.

Truman, D. B. 1993, *The Governmental Process: Political Interests and Public Opinion Berkley*, 2nd ed., Institute of Governmental Studies., University of California.

Udo, D., W. Reiners, and W. Wessels eds. 2011, *The Dynamics of Change in EU Governance*, E. Elgar.

Uji, A. 2019, "Institutional Diffusion for the Minamata Convention on Mercury," *International Environmental Agreements: Politics, Law and Economics*, 19 (2): 169-185.

Underdal, A. 1992, "The Concept of Regime 'Effectiveness'," *Cooperation and Conflict*, 27 (3): 227-240.

Underdal, A. 1998, "Explaining Compliance and Defection: Three Models," *European Journal of International Relations*, 4 (1): 5-30.

Upham, F. K. 1989, *Law and Social Change in Postwar Japan*, Harvard University Press.

Vanden Bilcke, C. 2002, The Stockholm Convention on Persistent Organic Pollutants, *Review of European, Comparative and International Environmental Law*, 11 (3): 328-342.

Victor, D. G. 1996, *The Early Operation and Effectiveness of the Montreal Protocol's Non-Compliance Procedure*, International Institute for Applied Systems Analysis.

Victor, D. G. 1999, "Enforcing International Law: Implications for an Effective Global Warming Regime," *Duke Environmental Law and Policy Forum*, (10): 147-184.

Victor, D. G., K. Raustiala, and E. B. Skolnikoff eds. 1998, *The Implementation and Effectiveness of International Environmental Commitments: Theory and Practice*, MIT Press.

Vig, N. J. 2012, "The American Presidency and Environmental Policy" In M. E. Kraft and S. Kamieniecki eds., *The Oxford Handbook of U.S. Environmental Policy*, Oxford University Press.

Vig, N. J., M. G. Faure, and M. E. Kraft eds., 2004, *Green Giants?: Environmental Policies of the United States and the European Union*, MIT press.

von Moltke, K. 2005, "Clustering International Environmental Agreements as an Alternative to a World Environment Organization," In F. Biermann, and S. Bauer, eds., *A*

World Environment Organization: Solution or Threat for Effective International Environmental Governance, Ashgate.

Wapner, P. 1996, *Environmental Activism and World Civic Politics*, State University of New York Press.

Weiss, E. B., and H. K. Jacobson eds. 1998, *Engaging Countries: Strengthening Compliance with International Environmental Accords*, MIT Press.

Weiland, P. S. 2007, "Business and Environmental Policy in the Federal Courts" In M. E. Kraft and S. Kamieniecki eds., *Business and Environmental Policy: Corporate Interests and the American Political System*, MIT Press.

Yoder, A. J. 2003, "Lessons from Stockholm: Evaluating the Global Convention on Persistent Organic Pollutants," *Indiana Journal of Global Legal Studies*, 10 (2): 113-156.

Young, O. R. 1979, *Compliance and Public Authority: A Theory with International Applications*, The Johns Hopkins University Press.

Young, O. R. 1989a, *International Cooperation: Building Regimes for Natural Resources and the Environment*, Cornell University Press.

Young, O. R. 1989b, "The Politics of International Regime Formation: Managing Natural Resources and the Environment," *International Organization*, 43 (3): 349-375.

Young, O. R. 1991, "Political Leadership and Regime Formation: On the Development of Institutions in International Society," *International Organization*, 45 (3): 281-308.

Young, O. R. 1998, *Creating Regimes: Arctic Accords and International Governance*, Cornell University Press.

Young, O. R. 2008, "The Architecture of Global Environmental Governance: Bringing Science to Bear on Policy," *Global Environmental Politics*, 8 (1): 14-32.

Young, O. R., and G. Osherenko 1993, "International Regime Formation: Findings, Research Priorities, and Applications," In O. R. Young, and G. Osherenko eds., *Polar Politics: Creating International Environmental Regimes*, Cornell University Press.

Hontelez, J. ed. 2005, *Zero Mercury: Key Issues and Policy Recommendations for the EU Strategy on Mercury*, European Environmental Bureau.

◆ 政府機関・国際機関刊行資料，交渉議事録

Earth Negotiations Bulletin 1998, *Report of the First Session of the INC for an International Legally Binding Instrument for Implementing International Action on Certain Persistent Organic Pollutants (POPS): 29 June-3 July 1998*, International Institute for Sustainable Development.

Earth Negotiations Bulletin 1999a, *The Second Session of the International Negotiating Committee for an International Legally Binding Instrument for Implementing Inter-*

national Action on Certain Persistent Organic Pollutants (POPS): 25-29 January 1999, International Institute for Sustainable Development.

Earth Negotiations Bulletin 1999b, *Summary of the Third Session of the International Negotiating Committee for an International Legally Binding Instrument for Implementing International Action on Certain Persistent Organic Pollutants: 6-11 September 1999*, International Institute for Sustainable Development.

Earth Negotiations Bulletin 2000a, *Summary of the Fourth Session of the Intergovernmental Negotiating Committee for an International Legally Binding Instrument for Implementing International Action on Certain Persistent Organic Pollutants: 20-25 March 2000*, International Institute for Sustainable Development.

Earth Negotiations Bulletin 2000b, *Summary of the Fifth Session of the Intergovernmental Negotiating Committee for an International Legally Binding Instrument for Implementing International Action on Certain Persistent Organic Pollutants (POPS): 4-9 December 2000*, International Institute for Sustainable Development.

Earth Negotiations Bulletin 2002, *Summary of the Ninth Session of the Intergovernmental Negotiating Committee for an International Legally Binding Instrument for the Application of the Prior Informed Consent Procedure (PIC) for Certain Hazardous Chemicals and Pesticides in International Trade: 30 September-4 October 2002*, International Institute for Sustainable Development.

Earth Negotiations Bulletin 2007, *First Meeting of the Ad Hoc Open-Ended Working Group to Review and Assess Measures to Address the Global Issue of Mercury: 12-16 November 2007*, International Institute for Sustainable Development.

Earth Negotiations Bulletin 2008, *Second Meeting of the Ad Hoc OEWG to Review and Assess Measures to Address the Global Issue of Mercury: 6-10 October 2008*, International Institute for Sustainable Development.

Earth Negotiations Bulletin 2009a, *GC-25/GMEF Highlights: Monday, 16 February 2009*, International Institute for Sustainable Development.

Earth Negotiations Bulletin 2009b, *Summary of the 25th Session of the UNEP Governing Council/Global Ministerial Environmental Forum: 16-20 February 2009*, International Institute for Sustainable Development.

Earth Negotiations Bulletin 2009c, *Summary of the Fourth Conference of the Parties to the Stockholm Convention on Persistent Organic Pollutants: 4-8 May 2009*, International Institute for Sustainable Development.

Earth Negotiations Bulletin 2009d, *Ad Hoc Open-ended Working Group (OEWG) to Prepare for the Intergovernmental Negotiating Committee on Mercury: 19-23 October 2009*, International Institute for Sustainable Development.

Earth Negotiations Bulletin 2010, *First Meeting of the Intergovernmental Negotiating Committee to Prepare a Global Legally Binding Instrument on Mercury (INC1): 7-11 June 2010*, International Institute for Sustainable Development.

Earth Negotiations Bulletin 2011a, *Summary of the Second Meeting of the Intergovernmental Negotiating Committee to Prepare a Global Legally Binding Instrument on Mercury: 24–28 January 2011*, International Institute for Sustainable Development.

Earth Negotiations Bulletin 2011b, *Summary of the Third Meeting of the Intergovernmental Negotiating Committee to Prepare a Global Legally Binding Instrument on Mercury: 31 October - 4 November 2011*, International Institute for Sustainable Development.

Earth Negotiations Bulletin 2011c, *Summary of the Fifth Meeting of the Conference of the Parties to Stockholm Convention on Persistent Organic Pollutants: 25–29 April 2011*, International Institute for Sustainable Development.

Earth Negotiations Bulletin 2012, *Summary of the Fourth Meeting of the Intergovernmental Negotiating Committee to Prepare a Global Legally Binding Instrument on Mercury: 27 June - 2 July 2012*, International Institute for Sustainable Development.

Earth Negotiations Bulletin 2013, *Summary of the Fifth Session of the Intergovernmental Negotiating Committee to Prepare a Global Legally Binding Instrument on Mercury: 13–19 January 2013*, International Institute for Sustainable Development.

Earth Negotiations Bulletin 2016, *Summary of the Seventh Session of the Intergovernmental Negotiating Committee to Prepare a Global Legally Binding Instrument on Mercury: 10–15 March 2016*, International Institute for Sustainable Development.

Earth Negotiations Bulletin 2018, *Summary of the Second Meeting of the Conference of the Parties of the Minamata Convention on Mercury: 19–23 November 2018*, International Institute for Sustainable Development.

European Commission 2016a, *SWD (2016) 17 final, Commission Staff Working Document Impact Assessment- Ratification and Implementation by the EU of the Minamata Convention on Mercury*, Brussels.

European Commission 2016b, *COM (2016) 39 final, Proposal for a Regulation of the European Parliament and of the Council on mercury, and repealing Regulation (EC) No 1102/2008*, Brussels.

Joint Inspection Unit 2008, *Management Review of Environmental Governance Within the United Nations System*, JIU/REP/2008/3, Joint Inspection Unit.

Joint Inspection Unit 2014, *Post-Rio+20 Review of Environmental Governance within the United Nations System*, JIU/REP/2014/4, Joint Inspection Unit.

UNEP 1998a, *Existing Technical and Financial Assistance Mechanisms in Support of*

Multilateral Environmental Agreements, UNEP/POPS/INC.2/4, UNEP.

UNEP 1998b, *Existing Mechanisms for Providing Technical and Financial Assistance to Developing Countries and Countries with Economies in Transition for Environmental Projects*, UNEP/POPS/INC.2/INF/4, UNEP.

UNEP 2002a, *Global Mercury Assessment*, UNEP Chemicals.

UNEP 2002b, *Report of the Governing Council on the Work of its Seventh Special Session/Global Ministerial Environmental Forum 13-15 February 2002*, UNEP/GCSS. VII/6, UNEP.

UNEP 2006, *Study of Possible Options for Lasting and Sustainable Financial Mechanisms*, UNEP/FAO/RC/COP.3/13, UNEP.

UNEP 2007a, *Compliance Mechanism under Selected Multilateral Environmental Agreements*, Division of Environmental Law and Conventions, UNEP.

UNEP 2007b, *Study on Options for Global Control of Mercury*, UNEP (DTIE) /Hg/OEWG.1/2, UNEP.

UNEP 2008a, *Report on Financial Considerations and Possible Funding Modalities for a Legally Binding Instrument or Voluntary Arrangement on Mercury*, UNEP (DTIE) /Hg/OEWG.2/3, UNEP.

UNEP 2008b, *Report on Implementation Options, Including Legal, Procedural and Logistical Aspects*, UNEP (DTIE) /Hg/OEWG.2/4, UNEP.

UNEP 2008c, *Report of the Ad Hoc Open-ended Working Group on Mercury on the work of its second meeting*, UNEP (DTIE) /Hg/OEWG.2/13, UNEP.

UNEP 2009a, *Report of the Ad Hoc Open-ended Working Group to Prepare for the Intergovernmental Negotiating Committee on Mercury*, UNEP (DTIE) /Hg/WG.Prep/1/10, UNEP.

UNEP 2009b, *Proceedings of the Governing Council/Global Ministerial Environment Forum at Its Twenty-Fifth Session*, UNEP/GC25/17, UNEP.

UNEP 2009c, *International Environmental Governance: Outcome of the Work of the Consultative Group of Ministers or High-Level Representatives*, UNEP/GCSS. XI/4, UNEP.

UNEP 2009d, *Fourth Programme for the Development and Periodic Review of Environmental Law: Note by the Executive Director*, UNEP/GC/25/INF/15. UNEP.

UNEP 2010a, *Key Concepts, Procedures and Mechanisms of Legally Binding Multilateral Agreements that may be Relevant to Furthering Compliance under the Future Mercury Instrument*, UNEP (DTIE) /Hg/INC.1/11. UNEP.

UNEP 2010b, *Options for Predictable and Efficient Financial Assistance Arrangements*, UNEP (DTIE) /Hg/INC.1/8, UNEP.

UNEP 2011, *Further Comparative Analysis of Options for Financial Mechanisms to Support the Global Legally Binding Instrument on Mercury*, UNEP (DTIE) /Hg/INC.3/4, UNEP.

UNEP 2012, *Report of the Intergovernmental Negotiating Committee to Prepare a Global Legally Binding Instrument on Mercury on the Work of its Fourth Session*, UNEP (DTIE) /Hg/INC.4/8, UNEP.

UNEP 2013, *Global Mercury Assessment 2013: Sources, Emissions, Releases and Environmental Transport*, UNEP Chemicals Branch.

UNEP 2014, *Background Information: Development of the "MEA Synergies" Debate, with a Particular Focus on the Biodiversity-Related Conventions and the International Environmental Governance (IEG) Reform Process* (https://www.cbd.int/doc/meetings/biodiv/brcws-2016-01/other/brcws-2016-01-unep-01-en.pdf).

UN Environment 2017, *Global mercury supply, trade and demand. United Nations Environment Programme, Chemicals and Health Branch*.

US EPA 1997, *Mercury Study Report to Congress; EPA-452/R-97- 003; US EPA Office of Air Quality Planning and Standards*, US Government Printing Office.

US EPA 1998, *A Study of Hazardous Air Pollutant Emissions from Electric Utility Steam Generating Units: Final Report to Congress; EPA-453/R-98-004a; US EPA Office of Air Planning and Standards*, US Government Printing Office.

US EPA 2004a, *Proposed National Emission Standards for Hazardous Air Pollutants; and in the Alternative, Proposed Standards of Performance for New and Existing Stationary Sources: Electric Utility Steam Generating Units*, Fed Regis 69: 4652-4752.

US EPA 2004b, *Supplemental Notice for the Proposed National Emission Standards for Hazardous Air Pollutants; and in the Alternative, Proposed Standards of Performance for New and Existing Stationary Sources: Electric Utility Steam Generating Units*, Fed Regis 69: 12398-12472.

US EPA 2006, *EPA's Roadmap for Mercury, EPA-HQ-OPPT-2005-0013* (http://www.epa.gov/mercury/roadmap.htm).

US EPA 2008, *N.C. v. EPA, 531F.3d 896 (D.C. Cir. 2008), modified on rehearing, _ F.3d_, Docket No. 05-1244* (D. C. Cir. Dec. 23, 2008).

US EPA 2014, *EPA Strategy to Address Mercury-Containing Products (September, 2014)*.

◆ 日本語文献

安達亜紀 2015a『化学物質規制の形成過程——EU・ドイツ・日本の比較政策論』岩波書店。

引用・参考文献

安達亜紀 2015b「EU 化学物質政策の変化とドイツ——政策形成と実施の観点からの考察『国際政治』180号, 17-29頁。

飯田敬輔 2009「ネオ・リベラル制度論——国連安保理改革にみる可能性と限界」日本国際政治学会編／田中明彦・中西寛・飯田敬輔責任編集『学としての国際政治』（日本の国際政治学1）有斐閣。

井芹道一 2008『Minamata に学ぶ海外——水銀削減』（熊本大学政創研叢書4）成文堂。

植月献二 2011「EU の水銀の輸出禁止及び安全貯蔵に関する規則」『外国の立法』248号, 3-22頁。

NHK 取材班 1995『チッソ・水俣工場技術者たちの告白 東大全共闘26年後の証言』（NHK スペシャル 戦後50年 その時日本は 第3巻）日本放送出版協会。

大芝亮・秋山信将・大林一広・山田敦編 2018『パワーから読み解くグローバル・ガバナンス論』有斐閣。

大矢根聡編 2013『コンストラクティヴィズムの国際関係論』有斐閣。

大矢根聡編 2016『日本の国際関係論——理論の輸入と独創の間』勁草書房。

グローバル・ガバナンス学会編／大矢根聡・菅英輝・松井康浩責任編集 2018a『グローバル・ガバナンス学1 理論・歴史・規範』（グローバル・ガバナンス学叢書）法律文化社。

グローバル・ガバナンス学会編／渡邊啓貴・福田耕治・首藤もと子責任編集 2018b『グローバル・ガバナンス学2 主体・地域・新領域』（グローバル・ガバナンス学叢書）法律文化社。

蟹江憲史編 2017『持続可能な開発目標とは何か——2030年へ向けた変革のアジェンダ』ミネルヴァ書房。

亀山康子 2010『新・地球環境政策』昭和堂。

亀山康子 2011「序論 環境とグローバル・ポリティクス」『国際政治』166号, 1-11頁。

環境省 2014『水銀規制に向けた国際的取組「水銀に関する水俣条約」について』環境省環境保健部環境安全課。

経済産業省 2014「水銀に関する水俣条約を踏まえた今後の水銀対策について報告書（平成26年12月22日）」産業構造審議会製造産業分科会化学物質政策小委員会制度構築 WG 中央環境審議会環境保健部会水銀に関する水俣条約対応検討小委員会合同会合（https://www.meti.go.jp/shingikai/sankoshin/seizo_sangyo/kagaku_busshitsu/seido_wg/pdf/report01_01.pdf 2017年5月30日にアクセス）。

阪口功 2006『地球環境ガバナンスとレジームの発展プロセス——ワシントン条約と NGO・国家』国際書院。

信夫隆司編 2000『地球環境レジームの形成と発展』国際書院。

衆議院調査局環境調査室 2015『水銀問題の概要』（2015年6月）衆議院調査局環境調査室。

城山英明 2013a「行政組織に関する国際条約等の規定と国内実施——原子力安全規制機関の場合」『論究ジュリスト』7号, 68-70頁。

城山英明 2013b『国際行政論』有斐閣。

鈴木基史 2017『グローバル・ガバナンス論講義』東京大学出版会。

高峰武 2016『水俣病を知っていますか』岩波書店。

高村ゆかり 2013「環境条約の国内実施——国際法の観点から」『論究ジュリスト』7号, 71-79頁。

鶴田順 2013「有害廃棄物の越境移動に関する国際条約の国内実施」『論究ジュリスト』7号, 39-45頁。

中地重晴 2013『水銀ゼロをめざす世界——水銀条約と日本の課題』(水俣学ブックレット11) 熊本日日新聞社。

中野かおり 2013「水銀による環境汚染・健康被害の防止に向けて——水銀に関する水俣条約の採択」『立法と調査』347号, 112-123頁。

西谷真規子編 2017『国際規範はどう実現されるか——複合化するグローバル・ガバナンスの動態』ミネルヴァ書房。

日本貿易振興機構 2012『米国における水質・大気排出規制の動向』(https://www.jetro.go.jp/ext_images/jfile/report/07000985/report.pdf 2017年5月30日最終アクセス)。

橋本道夫編 2000『水俣病の悲劇を繰り返さないために——水俣病の経験から学ぶもの』中央法規出版 (報告書版を引用, 以下よりダウンロード。http://nimd.env.go.jp/syakai/webversion/pdfversion/houkokusho.pdf)。

早川有紀 2018『環境リスク規制の比較政治学——日本とEUにおける化学物質政策』ミネルヴァ書房。

廣瀬淳子 2011「2008年水銀輸出禁止法——アメリカにおける水銀規制の現状と課題」『外国の立法』No. 248, 23-36頁。

星野智 2009『環境政治とガバナンス』中央大学出版部。

星野智 2017「地球環境問題」滝田賢治・大芝亮・都留康子編『国際関係学——地球社会を理解するために〔第2版〕』有信堂高文社。

増沢陽子 2013「化学物質規制に関する国際条約の国内実施——ストックホルム条約の実施と国内法への影響」『論究ジュリスト』7号, 30-36頁。

松下和夫編 2007『環境ガバナンス論』京都大学学術出版会。

宮本憲一 1981『日本の環境問題——その政治経済学的考察〔増補版〕』有斐閣。

宮本憲一 2014『戦後日本公害史論』岩波書店。

山田哲也 2018『国際機構論入門』東京大学出版会。

山本吉宣 1989『国際的相互依存』(現代政治学叢書18) 東京大学出版会。

山本吉宣 2008『国際レジームとガバナンス』有斐閣。

横田匡紀 2004「持続可能な発展のグローバル公共秩序と国連システム改革プロセス——国連環境計画の事例」『国際政治』137号, 118-137頁.
横山隆壽 2018「米国における火力発電に関わる水銀を含む有害大気汚染物質排出規制の歴史的推移」『武蔵野大学環境研究所紀要』7号, 25-40頁.
渡辺昭夫・土山實男編 2001『グローバル・ガヴァナンス——政府なき秩序の模索』東京大学出版会.
渡邉智明 2011「『環境と貿易』の規範と国内政治——バーゼル条約をめぐる米独の対応を事例として」『国際政治』166号, 85-98頁.

索　引

▶ アルファベット

CAIR　→大気浄化州際規制
CAMR　→大気浄化水銀規則
CSAPR　→州横断型大気汚染規制
ECHA　→欧州化学物質庁
EMG　→環境管理グループ
EPA　→環境保護庁
EU　→欧州連合
GEF　→地球環境ファシリティ
IED　→産業排出指令
INC　→政府間交渉委員会
IPPC 指令　→統合的汚染防止管理指令
JIU　→国連合同監査団
MATS　→水銀・他大気有害物質基準
OEWG　→公開作業部会
POPs　→残留性有機汚染物質
REACH 規制　181
SAICM　→国際的な化学物質管理のための戦略的アプローチ
SIP　→特定の国際的な計画
UNEP　→国連環境計画
WSSD　→持続可能な開発に関する世界首脳会議

▶ あ 行

アメリカ　85, 129, 167, 192
アルコラート製造　198
イシュー・リンケージ　108, 113, 117, 133
逸脱事例　4
因果メカニズム　4, 21, 212
インスティテューショナリズム　13, 32, 55, 58, 216
影響評価分析　197
塩素アルカリ産業　180, 188
欧州化学物質庁（ECHA）　182
欧州連合（EU）　167, 177
　——水銀戦略（EU Mercury Strategy）

195
オゾン層保護条約　12
オゾン・ユニット　98
　ナショナル・——　115

▶ か 行

改　革　155
外国為替及び外国貿易法（外為法）　200, 203
化学物質　152
　——3 条約　18
　——条約　143, 156, 157
学　習　213
過程追跡　21
カドミウム　86
カルタヘナ・パッケージ　152, 154, 160
環境ガバナンス　4, 14, 149, 152-154, 158, 217, 220
環境管理グループ（EMG）　151
環境基金　148
環境基本法　188
環境条約　4, 12, 54, 217, 219
　国際——　146, 149
環境政策統合　177
環境総局　178
環境大気質枠組み　182
環境法・条約局　128, 159, 160
環境保護庁（EPA）　131, 171, 175
管理理論　32, 36, 40
気候変動枠組条約　12
規制対象物質　86, 123, 133
　——追加条項　130, 215
既存の条約　66, 76, 80, 97, 107, 115
既存の政策　203, 205
規　範　54
協　議　197
行政協定　192
共同議長案報告書　153
クイック・スタート・プログラム　80

245

クリアスカイズ法案(Clear Skies Bill)　174
グループ単位　72
合意可能性　3, 61, 219
公開作業部会(OEWG)　12, 71
公害対策基本法　186, 188
公害防止　186
交渉外要因　60, 165
交渉過程　55, 60
交渉関連資料　73
交渉資料　94, 118, 127, 128, 142
交渉戦略　107, 113, 117, 134, 215
効率性　150, 156, 157
——の問題　149
合理的選択制度論　33
国連環境計画の改革　150
国際環境条約　146, 149
国際関係学　13, 15, 32, 49, 220
国際関係理論　54, 58, 216, 217
国際機関　56, 141
国際的な化学物質管理のための戦略的アプローチ(SAICM)　8, 12, 79, 80, 157
国際貿易　170, 195, 204
国内政策　166, 215, 218
国内担保措置　190, 200, 203
国内担保法案　200
国内法　131
国内要因　55
国連環境計画(UNEP)　7, 141, 218
——管理理事会　10
——グローバル水銀パートナーシップ　12, 79
国連監査団の報告書　160
国連合同監査団(JIU)　154
国連システム　145, 151, 153, 154
国連特別プログラム(UN Special Programme)　18, 109, 115, 157
国連人間環境会議　144
コンストラクティヴィズム　13, 32, 55, 216
コンセンサス　72
コンタクト・グループ　72, 111, 113

▶ さ 行

産業排出指令(IED)　180-182, 198

三位一体制度　2, 31, 46
残留性有機汚染物質(POPs)　6
事業者からのヒアリング　201
資金供与・技術支援・能力構築委員会　110
資金メカニズム　77, 80, 95, 98, 99, 102, 105, 109, 114, 125
自主的な協調枠組み　20
自主的枠組み　17, 48, 71, 74, 79, 84
持続可能な開発　147, 218
——アプローチ　149, 156-158
——委員会　148
——概念　149
——に関する世界首脳会議(WSSD)　8
——目標　220
執行理論　32-34
州横断型大気汚染規制(CSAPR)　193
州政府　172, 173
授権条項　19, 97, 99, 103
遵　守　17, 32
——委員会　42, 97, 106, 111
——システム　1, 2, 18, 41, 45, 47, 59, 77, 93, 96-99, 103, 106, 110, 116, 127
小委員会　200
情報問題　21, 63, 65, 89, 94, 118, 128, 212
条約事務局　149, 152-154
資　料　75, 125
水銀汚染防止法　200, 202
水銀議定書　17
水銀政策　165
水銀戦略　182
水銀・他大気有害物質基準(MATS)　193
水銀添加製品に関する戦略(EPA Strategy to Address Mercury-Containing Product)　193
水銀問題　4
水銀輸出禁止　196
——法　195
ステークホルダー　197
ストックホルム条約　9, 19, 21, 76, 78, 87, 97, 103, 113, 115, 121, 161, 212
制　裁　34
政策能力　133, 166, 215
制　度　13

索　引

――設計　16, 214, 220
――デザイン　1, 16, 56, 57, 59, 219
――の帰結　64, 94
――の効果　63, 65, 75, 77, 90, 104, 113, 117, 214
　包括的な――　2
　有効な――　219
製品・製造工程　172, 188, 193, 203
　――における水銀の利用　170
政府間交渉委員会(INC)　12, 93
　――交渉を開始するための準備会合　142
政府間のハイレベル政策対話のためのグローバル閣僚級環境フォーラム(GMEF)　151, 152
世界水銀アセスメント　10
石炭火力発電　173, 174, 189
先進国　81, 99, 100, 133, 165
選択肢　73, 75-77, 90, 94, 104, 113, 125, 214
相互利益　54

▶ た　行

大気汚染防止法　189, 202
　――改正　200
大気浄化州際規制(CAIR)　174, 193
大気浄化水銀規則(CAMR)　174, 194
大気への排出　170, 203
第4モンテヴィデオ・プログラム　160
多元主義　170
多国間基金　44
多人数プレーヤー間の複数の争点をめぐる交渉　21
地球環境ファシリティ(GEF)　18, 38, 39, 45, 78, 80, 95, 102, 105, 108, 148
　――プラスオプション　114, 115, 117
地球サミット　7, 147
チッソ　184
通産省　186, 187
締　結　131, 190, 200
統合的汚染防止管理指令(IPPC指令)　181
統合理論　32, 41, 46
特定の国際的な計画(SIP)　18, 114
独立基金　1, 2, 18, 43, 45, 47, 78, 93, 95, 102, 105, 108

途上国　6, 82, 83, 99, 100

▶ な　行

内政干渉　99, 106
ナイロビ宣言　150, 160
鉛　86
日　本　167, 183
任意基金　19, 80
認　識　55
ネットワーク　177
能力構築　37

▶ は　行

廃棄物処理法政省令改正　200
バーゼル条約　9, 19, 42, 115
罰　則　34
パブリックコメント　201
パリ協定　212, 220
パワー　54
非国家アクター　14, 15, 20
費用・便益　62
不確実(性)　63, 94
複数の制度をめぐる多数国間の交渉　61
不遵守対応措置　42, 97
不遵守手続き　42, 97
ブッシュ政権　174
フリーライド　33
紛争解決手続き　34
分配問題　21, 62, 90, 118, 129, 132, 134, 212, 215
ベオグラード・プロセス　155
報告システム　34
法的拘束力のある規制　1, 2, 17, 47, 71
法的枠組み　17, 20, 47, 58, 71, 74, 77, 81, 84, 88

▶ ま　行

水俣条約　1, 7, 58
　――批准パッケージ　196, 198
水俣病　5, 184
モントリオール議定書　19, 44, 97, 105, 213

247

▶ や 行

約　束　31
有効性　3, 61, 156
　　環境条約の――　154, 159
　　条約の――　152
　　制度の――　219
輸出禁止規則　199
より良い規制　179

▶ ら 行

リアリズム　13, 32, 54, 216

履　行　17
　　――委員会　111
　　――・遵守委員会　18, 116
　　――促進委員会　106
リーダーシップ　54, 59, 81
連　関　98, 100, 103, 108
ロッテルダム条約　9, 19, 97, 103, 113

▶ わ 行

ワシントン条約　146

●著者紹介

宇治 梓紗（うじ あずさ）

2012 年　京都大学法学部卒業。
2014 年　京都大学大学院法学研究科法政理論専攻修士課程修了。
2018 年　京都大学大学院法学研究科法政理論専攻博士後期課程修了。
　　　　 京都大学大学院法学研究科助教を経て，現職。
　　　　 　その間，ハーバード大学大学院（Graduate School of Government），スイス連邦工科大学チューリッヒ校（Center for Comparative and International Studies）にて在外研究。
現　在　京都大学大学院法学研究科講師。博士（法学）。
専　門　国際政治経済学，グローバルガバナンス。
主な著作　「水銀に関する水俣条約における三位一体制度の実現──理論と実践」（一）・（二）『法学論叢』181 巻 2 号・4 号（2017 年），"Institutional Diffusion for the Minamata Convention on Mercury," *International Environmental Agreements: Politics, Law and Economics*, 19 (2) (2019)，など。

環境条約交渉の政治学●なぜ水俣条約は合意に至ったのか
Designing an International Environmental Treaty: The Minamata Convention on Mercury

2019 年 9 月 25 日　初版第 1 刷発行

著　者　宇治梓紗
発行者　江草貞治
発行所　株式会社 有斐閣
　郵便番号　101-0051　東京都千代田区神田神保町 2-17
　電話(03)3264-1315［編集］　(03)3265-6811［営業］　http://www.yuhikaku.co.jp/
印　刷　株式会社精興社
製　本　大口製本印刷株式会社
Ⓒ 2019, Azusa Uji. Printed in Japan.

★定価はカバーに表示してあります。　　　　落丁・乱丁本はお取り替えいたします。

ISBN 978-4-641-14932-8

JCOPY　本書の無断複写（コピー）は，著作権法上での例外を除き，禁じられています。複写される場合は，そのつど事前に(一社)出版者著作権管理機構（電話03-5244-5088，FAX03-5244-5089, e-mail:info@jcopy.or.jp）の許諾を得てください。

本書のコピー，スキャン，デジタル化等の無断複製は著作権法上での例外を除き禁じられています。本書を代行業者等の第三者に依頼してスキャンやデジタル化することは，たとえ個人や家庭内での利用でも著作権法違反です。